수학 좀 한다면

디딤돌 초등수학 기본 5-2

펴낸날 [개정판 1쇄] 2023년 11월 10일 [개정판 2쇄] 2024년 1월 29일 **펴낸이** 이기열 **펴낸곳** (주)디딤돌 교육 **주소** (03972) 서울특별시 마포구 월드컵북로 122 청원선와이즈타워 **대표전화** 02-3142-9000 **구입문의** 02-322-8451 **내용문의** 02-323-9166 **팩시밀리** 02-338-3231 **홈페이지** www.didimdol.co.kr **등록번호** 제10-718호 구입한 후에는 철회되지 않으며 잘못 인쇄된 책은 바꾸어 드립니다. 이 책에 실린 모든 삽화 및 편집 형태에 대한 저작권은 (주)디딤돌 교육에 있으므로 무단으로 복사 복제할 수 없습니다. Copyright ⓒ Didimdol Co. [2402150]

내 실력에 딱!
최상위로 가는 '맞춤 학습 플랜'

STEP 1 On-line
나에게 맞는 공부법은?
맞춤 학습 가이드를 만나요.

교재 선택부터 공부법까지! 디딤돌에서 제공하는 시기별 맞춤 학습 가이드를 통해 아이에게 맞는 학습 계획을 세워 주세요.
(학습 가이드는 디딤돌 학부모카페 '맘이가'를 통해 상시 공지합니다. cafe.naver.com/didimdolmom)

STEP 2 Book
맞춤 학습 스케줄표
계획에 따라 공부해요.

교재에 첨부된 '맞춤 학습 스케줄표'에 맞춰 공부 목표를 달성합니다.

STEP 3 On-line
이럴 땐 이렇게!
'맞춤 Q&A'로 해결해요.

궁금하거나 모르는 문제가 있다면, '맘이가' 카페를 통해 질문을 남겨 주세요.
디딤돌 수학쌤 및 선배맘님들이 친절히 답변해 드립니다.

STEP 4 Book
다음에는 뭐 풀지?
다음 교재를 추천받아요.

학습 결과에 따라 후속 학습에 사용할 교재를 제시해 드립니다.
(교재 마지막 페이지 수록)

 ★ 디딤돌 플래너 만나러 가기

디딤돌 초등수학 기본 5-2

8주 완성
맞춤 학습 스케줄표

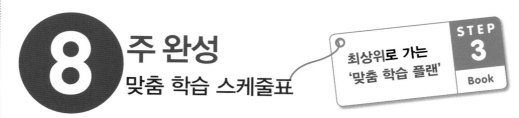

최상위로 가는
'맞춤 학습 플랜'

STEP 3 Book

짧은 기간에 집중력 있게 한 학기 과정을 완성할 수 있도록 설계하였습니다.
방학 때 미리 공부하고 싶다면 주 5일 8주 완성 과정을 이용해요.

공부한 날짜를 쓰고 하루 분량 학습을 마친 후, 부모님께 확인 check ☑를 받으세요.

❶ 수의 범위와 어림하기

1주					2주	
☐	☐	☐	☐	☐	☐	☐
월 일	월 일	월 일	월 일	월 일	월 일	월 일
8~11쪽	12~15쪽	16~19쪽	20~23쪽	24~26쪽	27~29쪽	30~32쪽

❷ 분수의 곱셈 / ❸ 합

3주					4주	
☐	☐	☐	☐	☐	☐	☐
월 일	월 일	월 일	월 일	월 일	월 일	월 일
46~48쪽	49~51쪽	52~54쪽	55~57쪽	60~65쪽	66~69쪽	70~72쪽

❸ 합동과 대칭 / ❹ 소수의 곱셈

5주					6주	
☐	☐	☐	☐	☐	☐	☐
월 일	월 일	월 일	월 일	월 일	월 일	월 일
82~84쪽	88~91쪽	92~95쪽	96~97쪽	98~99쪽	100~101쪽	102~103쪽

❺ 직육면체

7주					8주	
☐	☐	☐	☐	☐	☐	☐
월 일	월 일	월 일	월 일	월 일	월 일	월 일
116~119쪽	120~123쪽	124~127쪽	128~131쪽	132~134쪽	138~141쪽	142~145쪽

MEMO

월 일	월 일	월 일
22~23쪽	24~25쪽	26~27쪽
46~47쪽	48~49쪽	50~51쪽
73~75쪽	76~77쪽	78~81쪽
100~101쪽	102~103쪽	104~106쪽
124~125쪽	126~127쪽	128~129쪽
148~151쪽	152~154쪽	155~157쪽

효과적인 수학 공부 비법

시켜서 억지로   내가 스스로

억지로 하는 일과 즐겁게 하는 일은 결과가 달라요.
목표를 가지고 스스로 즐기면 능률이 배가 돼요.

가끔 한꺼번에   매일매일 꾸준히

급하게 쌓은 실력은 무너지기 쉬워요.
조금씩이라도 매일매일 단단하게 실력을 쌓아가요.

정답을 몰래   개념을 꼼꼼히

정답   개념

모든 문제는 개념을 바탕으로 출제돼요.
쉽게 풀리지 않을 땐, 개념을 펼쳐 봐요.

채점하면 끝   틀린 문제는 다시

왜 틀렸는지 알아야 다시 틀리지 않겠죠?
틀린 문제와 어림짐작으로 맞힌 문제는 꼭 다시 풀어 봐요.

디딤돌 초등수학 기본 5-2

12 주 완성
맞춤 학습 스케줄표

최상위로 가는
'맞춤 학습 플랜'

STEP 3 Book

여유를 가지고 깊이 있게 한 학기 과정을 완성할 수 있도록 설계하였습니다.
학기 중 교과서와 함께 공부하고 싶다면 주 5일 12주 완성 과정을 이용해요.

공부한 날짜를 쓰고 하루 분량 학습을 마친 후, 부모님께 확인 check ☑를 받으세요.

---

① 수의 범위와 어림하기

1주

월 일	월 일	월 일	월 일	월 일
8~9쪽	10~11쪽	12~13쪽	14~15쪽	16~17쪽

2주

월 일	월 일
18~19쪽	20~21쪽

---

① 수의 범위와 어림하기

3주

월 일	월 일	월 일	월 일	월 일
28~29쪽	30~32쪽	33~35쪽	38~39쪽	40~41쪽

② 분수의 곱셈

4주

월 일	월 일
42~43쪽	44~45쪽

---

② 분수의 곱셈

5주

월 일	월 일	월 일	월 일	월 일
52~54쪽	55~57쪽	60~61쪽	62~65쪽	66~67쪽

③ 합동과 대칭

6주

월 일	월 일
68~69쪽	70~72쪽

---

③ 합동과 대칭

7주

월 일	월 일	월 일	월 일	월 일
82~84쪽	88~89쪽	90~91쪽	92~93쪽	94~95쪽

④ 소수의 곱셈

8주

월 일	월 일
96~97쪽	98~99쪽

---

④ 소수의 곱셈

9주

월 일	월 일	월 일	월 일	월 일
107~109쪽	112~113쪽	114~115쪽	116~117쪽	118~119쪽

⑤ 직육면체

10주

월 일	월 일
120~121쪽	122~123쪽

---

⑤ 직육면체

11주

월 일	월 일	월 일	월 일	월 일
130~131쪽	132~134쪽	138~139쪽	140~141쪽	142~143쪽

⑥ 평균과 가능성

12주

월 일	월 일
144~145쪽	146~147쪽

효과적인 수학 공부 비법

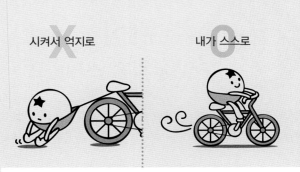

시켜서 억지로 ✕   내가 스스로 ○

억지로 하는 일과 즐겁게 하는 일은 결과가 달라요.
목표를 가지고 스스로 즐기면 능률이 배가 돼요.

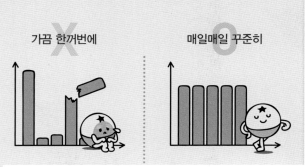

가끔 한꺼번에 ✕   매일매일 꾸준히 ○

급하게 쌓은 실력은 무너지기 쉬워요.
조금씩이라도 매일매일 단단하게 실력을 쌓아가요.

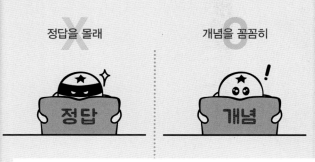

정답을 몰래 ✕   개념을 꼼꼼히 ○

모든 문제는 개념을 바탕으로 출제돼요.
쉽게 풀리지 않을 땐, 개념을 펼쳐 봐요.

채점하면 끝 ✕   틀린 문제는 다시 ○

왜 틀렸는지 알아야 다시 틀리지 않겠죠?
틀린 문제와 어림짐작으로 맞힌 문제는 꼭 다시 풀어 봐요.

2 분수의 곱셈

☐	☐	☐
월 일	월 일	월 일
33~35쪽	38~41쪽	42~45쪽

통과 대칭

☐	☐	☐
월 일	월 일	월 일
73~75쪽	76~77쪽	78~81쪽

5 직육면체

☐	☐	☐
월 일	월 일	월 일
104~106쪽	107~109쪽	112~115쪽

6 평균과 가능성

☐	☐	☐
월 일	월 일	월 일
146~151쪽	152~154쪽	155~157쪽

수학 좀 한다면

초등수학
기본

상위권으로 가는 기본기

5 2

개념 학습으로 잡는 올바른 공부 습관!

HELP!
공부했는데도
중요한 개념을 몰라요.

1 이 단원에서 꼭 알아야 할 핵심 개념!

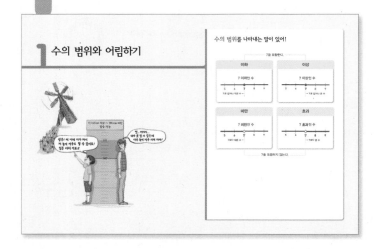

이 단원의 핵심 개념이 한 장의 사진 처럼 뇌에 남습니다.

HELP!
개념을 생각하지 않고
외워서 풀어요.

개념 강의로 어렵지 않게 혼자
공부할 수 있어요.

2 한 눈에 보이는 개념 정리!

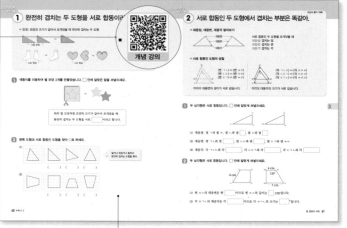

글만 줄줄 적혀 있는 개념은 이제 그만! 외우지 않아도 개념이 한눈에 이해됩니다.

문제를 외우지 않아도 배운 개념들이 떠올라요.

3 개념으로 문제 해결!

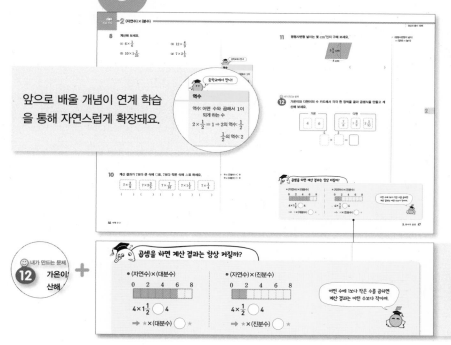

앞으로 배울 개념이 연계 학습
을 통해 자연스럽게 확장돼요.

치밀하게 짜인 연계학습 문제들을 풀
다보면 이미 배운 내용과 앞으로 배
울 내용이 쉽게 이해돼요.

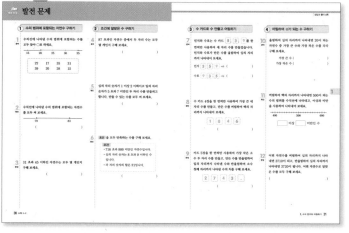

개념 이해가 완벽한지 확인하는 방법!
문제로 확인해 보기!

4 발전 문제로 개념 완성!

핵심 개념을 알면 어려운 문제는 없
습니다!

이 책의 **차례**

1 수의 범위와 어림하기 ⸺⸺⸺⸺⸺⸺ 6

1 이상과 이하 알아보기
2 초과와 미만 알아보기
3 수의 범위 나타내기
4 올림 알아보기
5 버림 알아보기
6 반올림 알아보기

2 분수의 곱셈 ⸺⸺⸺⸺⸺⸺⸺⸺⸺ 36

1 (분수) × (자연수)
2 (자연수) × (분수)
3 (진분수) × (진분수)
4 (대분수) × (대분수)

3 합동과 대칭 ⸺⸺⸺⸺⸺⸺⸺⸺⸺ 58

1 도형의 합동
2 합동인 도형의 성질
3 선대칭도형
4 선대칭도형의 성질
5 점대칭도형
6 점대칭도형의 성질

4 소수의 곱셈 86

1 (소수) × (자연수)

2 (자연수) × (소수)

3 (소수) × (소수)

4 곱의 소수점의 위치

5 직육면체 110

1 직육면체와 정육면체

2 직육면체의 성질

3 직육면체의 겨냥도

4 직육면체의 전개도

6 평균과 가능성 136

1 평균 구하기

2 평균을 이용하여 문제 해결하기

3 일이 일어날 가능성을 말로 표현하고 비교하기

4 일이 일어날 가능성을 수로 표현하기

1 수의 범위와 어림하기

수의 범위를 나타내는 말이 있어!

7을 포함한다.

이하

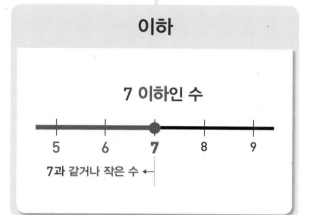

7 이하인 수

5   6   **7**   8   9

7과 같거나 작은 수 ←

이상

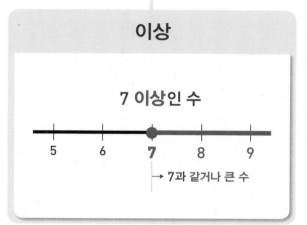

7 이상인 수

5   6   **7**   8   9

→ 7과 같거나 큰 수

미만

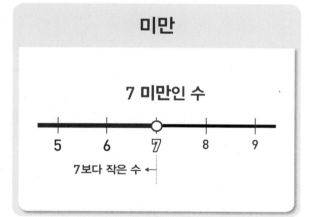

7 미만인 수

5   6   7   8   9

7보다 작은 수 ←

초과

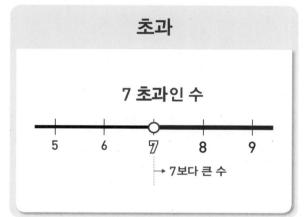

7 초과인 수

5   6   7   8   9

→ 7보다 큰 수

7을 포함하지 않는다.

① 12 이상인 수와 12 이하인 수는 12를 포함해.

● **이상**

12 **이상**인 수: 12, 13.7, 16 등과 같이 12와 **같거나 큰 수**

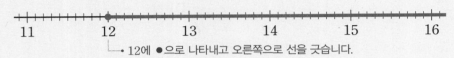

11   12   13   14   15   16

└ • 12에 ●으로 나타내고 오른쪽으로 선을 긋습니다.

● **이하**

12 **이하**인 수: 12, 9, 8.9 등과 같이 12와 **같거나 작은 수**

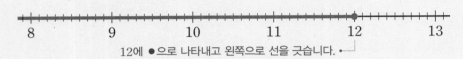

8   9   10   11   12   13

12에 ●으로 나타내고 왼쪽으로 선을 긋습니다. • ┘

12 이상인 수와 12 이하인 수는
12를 포함하므로
12에 ●으로 나타내.

---

1 수를 보고 ☐ 안에 알맞은 수를 써넣으세요.

| 36 | 40 | 67 | 45 | 30 | 55 |
| 75 | 50 | 23 | 61 | 42 | 29 |

(1) 50 이상인 수는 ☐, ☐, ☐, ☐, ☐ 입니다.

(2) 40 이하인 수는 ☐, ☐, ☐, ☐, ☐ 입니다.

---

2 수직선에 나타낸 수의 범위를 보고 ☐ 안에 알맞은 말을 써넣으세요.

(1)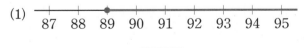

87   88   89   90   91   92   93   94   95

89 ☐ 인 수

(2)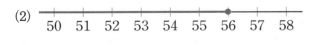

50   51   52   53   54   55   56   57   58

56 ☐ 인 수

② 53 초과인 수와 53 미만인 수는 53을 포함하지 않아.

● **초과**

53 초과인 수: 53.1, 54, 57 등과 같이 53보다 **큰 수**

‣• 53에 ○으로 나타내고 오른쪽으로 선을 긋습니다.

● **미만**

53 미만인 수: 52, 51, 49.8 등과 같이 53보다 **작은 수**

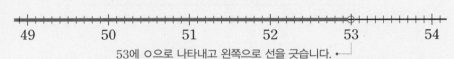

53에 ○으로 나타내고 왼쪽으로 선을 긋습니다. •‣

> 53 초과인 수와 53 미만인 수는
> 53을 포함하지 않으므로
> 53에 ○으로 나타내.

1

---

1 47 초과인 수에 모두 ○표 하세요.

| 47 | 31 | 70 | 28 | 52 | 43 |

2 34 미만인 수에 모두 ○표 하세요.

| 31 | 43 | 22 | 34 | 59 | 16 |

3 수직선에 나타낸 수의 범위를 보고 ☐ 안에 알맞은 말을 써넣으세요.

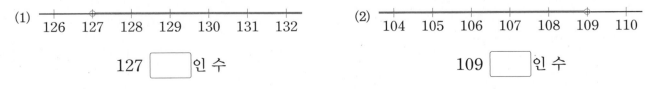

(1) 126 127 128 129 130 131 132

127 ☐ 인 수

(2) 104 105 106 107 108 109 110

109 ☐ 인 수

3 수의 범위를 이상, 이하, 초과, 미만을 이용하여 나타내.

● 수의 범위를 수직선에 나타내기

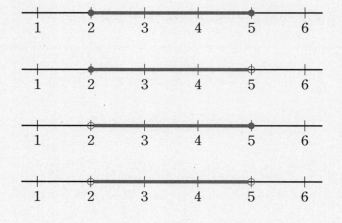

- 2 이상 5 이하 인 수
  └ 2와 같거나 크고 5와 같거나 작은 수

- 2 이상 5 미만 인 수
  └ 2와 같거나 크고 5보다 작은 수

- 2 초과 5 이하 인 수
  └ 2보다 크고 5와 같거나 작은 수

- 2 초과 5 미만 인 수
  └ 2보다 크고 5보다 작은 수

---

1 수를 보고 물음에 답하세요.

| 16 17 12 9 14 |

(1) 12 이상인 수에 ○표 하세요.

(2) 17 미만인 수에 △표 하세요.

(3) □ 안에 알맞은 수를 써넣으세요.

12 이상 17 미만인 수는 □ , □ , □ 입니다.

> ○표와 △표가
> 겹치는 수를 찾으면 돼.

---

2 수직선에 나타낸 수의 범위를 보고 □ 안에 알맞은 말을 써넣으세요.

(1)
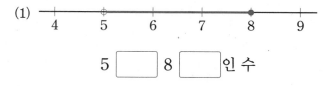

5 □ 8 □ 인 수

(2)
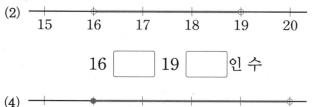

16 □ 19 □ 인 수

(3)

32 □ 36 □ 인 수

(4)
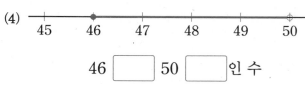

46 □ 50 □ 인 수

3 바르게 설명한 것에 ○표 하세요.

| 5, 6, 7, 8, 9는 5 이상 9 이하인 자연수입니다. |

| 18, 19, 20은 17 초과 20 미만인 자연수입니다. |

4 26 초과 35 이하인 수는 모두 몇 개인지 구해 보세요.

| 30   42   27   36   25   33   35 |

(   )

5 수의 범위를 수직선에 나타내어 보세요.

(1) 12 이상 15 미만인 수

10   11   12   13   14   15   16   17

(2) 25 초과 30 미만인 수

24   25   26   27   28   29   30   31

6 주어진 수를 포함하는 범위를 모두 찾아 기호를 써 보세요.

(1)

62

ㄱ 57 초과 62 미만인 수
ㄴ 60 초과 62 이하인 수
ㄷ 62 이상 68 미만인 수

(   )

(2)

83

ㄱ 71 이상 83 이하인 수
ㄴ 83 초과 92 미만인 수
ㄷ 83 이상 90 미만인 수

(   )

1 24 **이상인 수에 ○표 하세요.**

> ▶ ■ 이상인 수
> ➡ ■와 같거나 큰 수

$$22.8 \qquad 24 \qquad 26\frac{2}{3} \qquad 21 \qquad 25.7 \qquad 23\frac{8}{9}$$

2 43 **이하인 수는 모두 몇 개인지 구해 보세요.**

> ▶ ■ 이하인 수
> ➡ ■와 같거나 작은 수

$$43.6 \qquad 43 \qquad 53\frac{2}{7} \qquad 65.1 \qquad 21$$

$$34\frac{1}{2} \qquad 55.3 \qquad 44.4 \qquad 55 \qquad 42.9$$

(   )

3 **수의 범위를 수직선에 나타내어 보세요.**

> ▶ 이상 ●——→
> 이하 ←——●

(1) 35 이상인 수

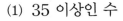

31 32 33 34 35 36 37 38 39

(2) 57 이하인 수

31 52 53 54 55 56 57 58 59

4 **어느 항공사는 무게가** 15 kg **이하인 짐을 무료로 부칠 수 있습니다.**
무료로 부칠 수 있는 가방을 모두 찾아 기호를 써 보세요.

> ▶ 무게가 15 kg과 같거나 가벼운 가방은 무료로 부칠 수 있어.

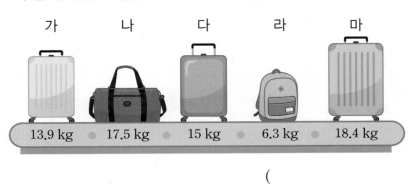

가   나   다   라   마

13.9 kg   17.5 kg   15 kg   6.3 kg   18.4 kg

(   )

5 알맞은 말에 ○표 하세요.

(1) 승용차에 5명까지 탈 수 있습니다.
➡ 승용차에 5명 (이상 , 이하) 탈 수 있습니다.

(2) 놀이 기구 바이킹은 키 130 cm부터 탈 수 있습니다.
➡ 놀이 기구 바이킹은 키 130 cm (이상 , 이하) 탈 수 있습니다.

▶ 이상(以上): 정한 수가 범위에 포함되면서 그 위인 경우
이하(以下): 정한 수가 범위에 포함되면서 그 아래인 경우

6 상영 등급이 '★세 관람가'인 영화는 ★세 이상인 사람들만 볼 수 있습니다. 12세인 채희가 친구들과 볼 수 있는 영화의 상영관은 몇 관인지 써 보세요.

(   )

1관
15세 관람가

2관
monster
12세 관람가

▶ 우리나라의 영화 상영 등급은 전체관람가, 12세 관람가, 15세 관람가, 청소년관람불가, 제한 상영가로 분류돼.

1

 내가 만드는 문제

7 수 카드 중 한 장을 사용하여 수의 범위를 만들고, 수의 범위에 속하는 자연수를 작은 것부터 차례로 3개를 써 보세요.

47   21   60   39

▢ 이상인 수 ➡ ....

이상과 이하는 수직선에 어떻게 나타낼까?

● 15 이상인 수를 수직선에 나타내기

┼┼┼┼┼┼┼┼┼┼┼┼┼┼┼┼┼┼┼┼┼┼┼
14   15   16   17   18   19

➡ 15에 (● , ○)으로 나타내고 (왼쪽 , 오른쪽)으로 선을 긋습니다.

● 28 이하인 수를 수직선에 나타내기

┼┼┼┼┼┼┼┼┼┼┼┼┼┼┼┼┼┼┼┼┼┼┼
24   25   26   27   28   29

➡ 28에 (● , ○)으로 나타내고 (왼쪽 , 오른쪽)으로 선을 긋습니다.

경곗값에 ●으로 나타내고 선을 그어.

8 수의 범위를 수직선에 나타내어 보세요.

(1) 34 초과인 수

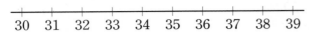

(2) 23 미만인 수

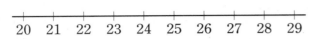

9 바르게 설명한 것에 ○표, <u>잘못</u> 설명한 것에 ×표 하세요.

(1) $30\frac{1}{7}$ 은 30 초과인 수입니다. (   )

(2) 5.9는 5.9 미만인 수입니다. (   )

▶ 초과와 미만은 경곗값을 포함 하지 않아.

10 9월 어느 날 오후 5시의 도시별 기온을 나타낸 것입니다. 물음에 답하세요.

도시별 기온

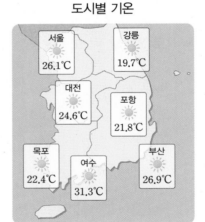

(1) 기온이 26 ℃ 초과인 도시를 모두 찾아 써 보세요.

(   )

(2) 기온이 22 ℃ 미만인 도시를 모두 찾아 써 보세요.

(   )

▶ 초과(超過): 정한 수를 포함하지 않으면서 그 위인 경우
미만(未滿): 정한 수를 포함하지 않으면서 그 아래인 경우

11 10 초과인 자연수 중에서 가장 작은 수를 구해 보세요.

(   )

12 민지와 친구들의 100 m 달리기 기록을 조사한 표입니다. 기록이 14초 미만인 사람이 교내 육상 대회 결승전에 나갑니다. 결승전에 나가는 사람의 이름을 모두 써 보세요.

100 m 달리기 기록

이름	기록(초)	이름	기록(초)
민지	14.0	아란	13.4
서준	12.3	지훈	15.2

( )

13 ▲ 미만인 자연수는 5개입니다. ▲에 알맞은 자연수를 구해 보세요.

( )

▶ ■ 미만인 자연수가 1, 2, 3을 포함하려면 ■는 3보다 커야 해.

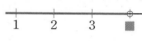

😊 내가 만드는 문제

14 ☐ 안에 수를 자유롭게 써넣어 초과 또는 미만을 이용한 수의 범위를 만들고, 수직선에 나타내어 보세요.

☐ (초과 , 미만)인 수

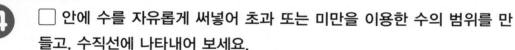

 초과와 미만은 수직선에 어떻게 나타낼까?

● **36** 초과인 수를 수직선에 나타내기

```
├┼┼┼┼┼┼┼┼┼┼┼┼┼┼┼┼┼┼┼┼┼┼┼┼┤
35    36    37    38    39    40
```

➡ 36에 (● , ○)으로 나타내고 (왼쪽 , 오른쪽)으로 선을 긋습니다.

● **61** 미만인 수를 수직선에 나타내기

```
├┼┼┼┼┼┼┼┼┼┼┼┼┼┼┼┼┼┼┼┼┼┼┼┼┤
57    58    59    60    61    62
```

➡ 61에 (● , ○)으로 나타내고 (왼쪽 , 오른쪽)으로 선을 긋습니다.

경곗값에 ○으로 나타내고 선을 그어.

1. 수의 범위와 어림하기 **15**

15 관계있는 것끼리 이어 보세요.

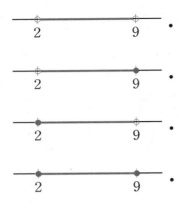

- · 2 이상 9 이하인 수

- · 2 이상 9 미만인 수

- · 2 초과 9 미만인 수

- · 2 초과 9 이하인 수

▶ 경곗값을 포함하면 ●으로 나타내고, 포함하지 않으면 ○으로 나타내.

16 탑승 정원이 450명인 유람선이 최소 150명이 탑승해야 운행을 한다고 합니다. ☐ 안에 알맞은 말을 써넣어 유람선을 운행하는 승객의 범위를 나타내어 보세요.

(1) 150명 ☐ 450명 ☐   (2) 149명 ☐ 451명 ☐

▶ 이상과 이하는 경곗값을 포함하고, 초과와 미만은 경곗값을 포함하지 않아.

17 성우는 책 3.5 kg을 0.3 kg인 상자에 담아 택배로 보내려고 합니다. 성우가 내야 할 택배 요금은 얼마인지 구해 보세요.

무게별 택배 요금

무게(kg)	3 이하	3 초과 5 이하	5 초과 7 이하	7 초과 10 이하
금액(원)	4000	4500	5000	6000

(   )

▶ 택배 무게는 책의 무게와 상자의 무게를 더한 것과 같아.

18 자연수는 주어진 수만 포함되도록 수의 범위를 나타내려고 합니다. ☐ 안에 알맞은 말을 써넣고, 수의 범위를 수직선에 나타내어 보세요.

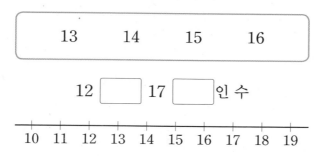

| 13 | 14 | 15 | 16 |

12 ☐ 17 ☐ 인 수

10 11 12 13 14 15 16 17 18 19

중학교에서 만나!

➕ ☐ 안에 알맞은 말을 써넣고, 수의 범위를 수직선에 나타내어 보세요.

3 ≤ ■ < 7 ➡ 3 이상 7 ☐ 인 수

1 2 3 4 5 6 7 8 9 10

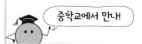

수의 대소 관계

- $a \geq b$: a는 b 이상인 수
- $a \leq b$: a는 b 이하인 수
- $a > b$: a는 b 초과인 수
- $a < b$: a는 b 미만인 수

😊 내가 만드는 문제

19 5학년 씨름 대회에서의 체급별 몸무게 범위를 정하고, 자신의 몸무게와 체급을 써 보세요.

체급별 몸무게(초등학교 5학년용)

체급	몸무게(kg)
다람쥐	
사슴	
반달곰	

몸무게 ( )

체급 ( )

두 가지 수의 범위를 동시에 나타낼 수 있을까?

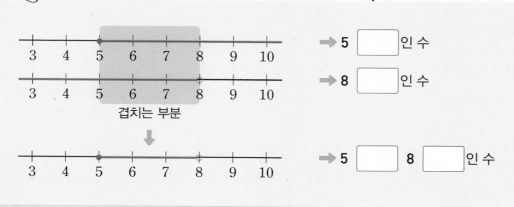

3 4 5 6 7 8 9 10 ➡ 5 ☐ 인 수

3 4 5 6 7 8 9 10 ➡ 8 ☐ 인 수

겹치는 부분

⬇

3 4 5 6 7 8 9 10 ➡ 5 ☐ 8 ☐ 인 수

겹치는 부분을 수의 범위로 나타내.

4 올림은 더 큰 수로 어림하는 방법이야.

개념 강의

● 올림: 구하려는 자리 아래 수를 올려서 나타내는 방법

273명에게 음료수를 한 개씩 나누어 주려면 음료수는 최소 몇 개를 사야 하는지 구해 보세요.

10개씩 판매하는 경우

1 0
↑
273 → 280

부족하면 안되므로
십의 자리 아래 수인 3을
10으로 보고 올림합니다.
최소 280개를 사야 합니다.

100개씩 판매하는 경우

1 0 0
↑
273 → 300

부족하면 안되므로
백의 자리 아래 수인 73을
100으로 보고 올림합니다.
최소 300개를 사야 합니다.

● **4321을 올림하여 나타내기**

십의 자리까지 나타내기

1 0
↑
4321 → 4330

십의 자리 아래 수인 1을
10으로 보고 올림합니다.

백의 자리까지 나타내기

1 0 0
↑
4321 → 4400

백의 자리 아래 수인 21을
100으로 보고 올림합니다.

천의 자리까지 나타내기

1 0 0 0
↑
4321 → 5000

천의 자리 아래 수인 321을
1000으로 보고 올림합니다.

---

1 수를 올림하여 십의 자리까지 나타내어 보세요.

1 0
↑
(1) 2 6 **8** → 2 ☐ ☐

1 0
↑
(2) 4 3 0 **5** → 4 3 ☐ ☐

2 수를 올림하여 십의 자리까지 나타낸 수에 ○표 하세요.

(1) 501 ➡ (500 , 510 , 600)

(2) 1823 ➡ (1810 , 1820 , 1830)

(3) 760 ➡ (760 , 770 , 800)

(4) 4900 ➡ (4900 , 4910 , 5000)

구하려는 자리 아래 수가
모두 0이면 올리지 않아.

3 백의 자리에 ○표 하고, 수를 올림하여 백의 자리까지 나타내어 보세요.

(1) 8 5 7 ➡ □□□

(2) 6 1 4 5 ➡ □□□□

4 수를 올림하여 주어진 자리까지 나타내어 보세요.

	일의 자리	소수 첫째 자리
(1) 2.39 ➡		
(2) 8.042 ➡		

5 열대어 1362마리를 어항에 남김없이 담으려고 합니다. 한 어항에 열대어를 100마리씩 담을 수 있다면 어항은 최소 몇 개가 필요한지 알아보려고 합니다. 물음에 답하세요.

(1) 어떤 방법으로 어림해야 좋은지 알아보세요.   (   )

(2) 어항은 최소 몇 개가 필요한지 구해 보세요.   (   )

6 학생 352명에게 공책을 한 권씩 나누어 주려고 합니다. 공책은 최소 몇 권을 사야 하는지 □ 안에 알맞게 써넣으세요.

(1) 10권씩 판매하는 경우

352를 올림하여 □의 자리까지 나타내면 □입니다.

➡ 최소 □권을 사야 합니다.

(2) 100권씩 판매하는 경우

352를 올림하여 □의 자리까지 나타내면 □입니다.

➡ 최소 □권을 사야 합니다.

5 버림은 더 작은 수로 어림하는 방법이야.

● 버림: 구하려는 자리 아래 수를 버려서 나타내는 방법

> 귤 537개를 포장하려면 최대 몇 개까지 포장할 수 있는지 구해 보세요.

10개씩 포장하는 경우

$5\,3\,\cancel{7}^{\ 0} \rightarrow 5\,3\,0$

남은 것은 포장할 수 없으므로
십의 자리 아래 수인 7을
0으로 보고 버림합니다.
최대 530개를
포장할 수 있습니다.

100개씩 포장하는 경우

$5\,\cancel{3}^{\ 0}\,\cancel{7}^{\ 0} \rightarrow 5\,0\,0$

남은 것은 포장할 수 없으므로
백의 자리 아래 수인 37을
0으로 보고 버림합니다.
최대 500개를
포장할 수 있습니다.

● **4321을 버림하여 나타내기**

십의 자리까지 나타내기

$4\,3\,2\,\cancel{1}^{\ 0} \rightarrow 4\,3\,2\,0$

십의 자리 아래 수인 1을
0으로 보고 버림합니다.

백의 자리까지 나타내기

$4\,3\,\cancel{2}^{\ 0}\,\cancel{1}^{\ 0} \rightarrow 4\,3\,0\,0$

백의 자리 아래 수인 21을
0으로 보고 버림합니다.

천의 자리까지 나타내기

$4\,\cancel{3}^{\ 0}\,\cancel{2}^{\ 0}\,\cancel{1}^{\ 0} \rightarrow 4\,0\,0\,0$

천의 자리 아래 수인 321을
0으로 보고 버림합니다.

1 수를 버림하여 십의 자리까지 나타내어 보세요.

(1) $4\ 8\ \cancel{5}^{\ 0} \rightarrow 4\ \square\ \square$

(2) $6\ 2\ 1\ \cancel{9}^{\ 0} \rightarrow 6\ 2\ \square\ \square$

2 백의 자리에 ○표 하고, 수를 버림하여 백의 자리까지 나타내어 보세요.

(1) $3\ 0\ 2 \rightarrow \square\ \square\ \square$

(2) $1\ 4\ 7\ 8 \rightarrow \square\ \square\ \square\ \square$

3 바르게 설명한 것에 ○표, 잘못 설명한 것에 ✕표 하세요.

(1) 7504를 버림하여 십의 자리까지 나타내면 7510입니다. ( )

(2) 4286을 버림하여 백의 자리까지 나타내면 4200입니다. ( )

(3) 53916을 버림하여 천의 자리까지 나타내면 53000입니다. ( )

4 수를 버림하여 주어진 자리까지 나타내어 보세요.

수	일의 자리	소수 첫째 자리	소수 둘째 자리
1.246			
28.593			

5 공장에서 사탕을 564개 만들어 한 봉지에 10개씩 담아서 팔려고 합니다. 사탕을 최대 몇 개까지 팔 수 있는지 알아보려고 합니다. 물음에 답하세요.

(1) 어떤 방법으로 어림해야 좋은지 알아보세요. ( )

(2) 사탕은 최대 몇 개까지 팔 수 있는지 구해 보세요. ( )

6 은우가 저금통에 모은 돈 35720원을 지폐로 바꾸려고 합니다. 최대 얼마까지 바꿀 수 있는지 □ 안에 알맞게 써넣으세요.

(1) 1000원짜리 지폐로 바꿀 때

35720을 버림하여 □의 자리까지 나타내면 □□□□입니다.

➡ 최대 □□□□원까지 바꿀 수 있습니다.

(2) 10000원짜리 지폐로 바꿀 때

35720을 버림하여 □의 자리까지 나타내면 □□□□입니다.

➡ 최대 □□□□원까지 바꿀 수 있습니다.

6 반올림은 더 가까운 수로 어림하는 방법이야.

● 반올림

구하려는 자리 바로 아래 자리의 숫자가 $\left\langle \begin{array}{l} \text{0, 1, 2, 3, 4이면 버림} \\ \text{5, 6, 7, 8, 9이면 올림} \end{array} \right\rangle$ 하는 방법

> 5.72 kg인 수박의 무게를 가까운 쪽의 눈금을 읽으면 몇 kg인지 구해 보세요.

소수 첫째 자리까지 나타내기

버림
5.7`2` **kg**
→ **5.7**`0` **kg**

일의 자리까지 나타내기

올림
5.`7`**2 kg**
→ **6.**`0``0` **kg**

> 5.72 kg은 5.8 kg보다 5.7 kg에 더 가깝고, 5 kg보다 6 kg에 더 가까워.

● **8725를 반올림하여 나타내기**

십의 자리까지 나타내기	백의 자리까지 나타내기	천의 자리까지 나타내기
올림	버림	올림
872`5` → **873**`0`	**87**`2`**5** → **87**`0`**0**	**8**`7`**25** → **9**`0`**00**
일의 자리 숫자가 5이므로 올림하여 나타냅니다.	십의 자리 숫자가 2이므로 버림하여 나타냅니다.	백의 자리 숫자가 7이므로 올림하여 나타냅니다.

---

1 753을 반올림하여 십의 자리까지 나타내려고 합니다. 물음에 답하세요.

(1) 753을 수직선에 ↓로 나타내어 보세요.

750　　　　　755　　　　　760

(2) 753은 750과 760 중에서 [ ]에 더 가깝습니다.

(3) 753을 반올림하여 십의 자리까지 나타내면 [ ]입니다.

2 백의 자리에 ◯표 하고, 수를 반올림하여 백의 자리까지 나타내어 보세요.

(1) 1 6 3 ➡ ☐ ☐ ☐

(2) 9 2 5 ➡ ☐ ☐ ☐

(3) 3 8 0 7 ➡ ☐ ☐ ☐ ☐

(4) 2 4 9 0 ➡ ☐ ☐ ☐ ☐

3 소수를 반올림하여 알맞은 수에 ◯표 하세요.

(1) 7.084를 반올림하여 일의 자리까지 나타내면 (7 , 7.1 , 8)입니다.

(2) 0.514를 반올림하여 소수 첫째 자리까지 나타내면 (0.5 , 0.6 , 0.7)입니다.

(3) 3.629를 반올림하여 소수 둘째 자리까지 나타내면 (3.6 , 3.62 , 3.63)입니다.

4 수를 반올림하여 주어진 자리까지 나타내어 보세요.

수	십의 자리	백의 자리	천의 자리
3184			
62059			

5 무게를 반올림하여 ☐ 안에 알맞은 수를 써넣으세요.

(1) 금 1돈은 3.75 g입니다. 반올림하여 일의 자리까지 나타내면 ☐ g입니다.

(2) 고기 1파운드는 453.59 g입니다. 반올림하여 십의 자리까지 나타내면 ☐ g입니다.

6 우리나라에 있는 산의 높이를 반올림하여 백의 자리까지 나타내어 보세요.

산	설악산	치악산	태백산	한라산
높이(m)	1708	1288	1567	1947
반올림한 높이(m)				

1 수를 올림하여 주어진 자리까지 나타내어 보세요.

수	백의 자리	천의 자리
5319		
60072		

▶ 5319를 올림하여 백의 자리 까지 나타내기

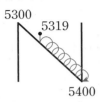

2 바르게 설명한 것에 ○표, 잘못 설명한 것에 ×표 하세요.

(1) 5.01을 올림하여 소수 첫째 자리까지 나타내면 5.1입니다.

(   )

(2) 3.729를 올림하여 소수 둘째 자리까지 나타내면 3.72입니다.

(   )

3 올림하여 나타낸 수의 크기를 비교하여 ○ 안에 >, =, <를 알맞게 써 넣으세요.

(1)

175를 올림하여 십의 자리까지 나타낸 수 ➡ ⬜		170을 올림하여 십의 자리까지 나타낸 수 ➡ ⬜

(2)

493을 올림하여 십의 자리까지 나타낸 수 ➡ ⬜	◯	428을 올림하여 백의 자리까지 나타낸 수 ➡ ⬜

4 지혜의 사물함 자물쇠의 비밀번호를 올림하여 백의 자리까지 나타내면 8600입니다. ⬜ 안에 알맞은 수를 써넣으세요.

▶ 백의 자리 아래 수인 27을 100 으로 보고 올림했어.

내 사물함 자물쇠의 비밀번호는 ⬜⬜27이야.

5 빵을 만드는 데 밀가루 5470 g이 필요합니다. 밀가루를 1 kg 단위로 판다면 밀가루를 최소 몇 kg 사야 하는지 구해 보세요.

(   )

▶ 밀가루가 모자라지 않도록 충분히 사야 해.

6 떡 826개를 접시에 남김없이 담으려고 합니다. 접시 한 개에 떡을 10개씩 담을 수 있을 때 접시는 최소 몇 개가 필요한지 구해 보세요.

(   )

▶ 떡을 접시에 10개씩 담고 남은 떡도 접시에 담아야 해.

 내가 만드는 문제

7 1000원짜리 지폐 여러 장을 가지고 문구점에 갔습니다. 자유롭게 필요한 물건 2개를 고른 다음, 1000원짜리 지폐는 최소 몇 장을 내면 되는지 구해 보세요.

▶ 물건의 값을 계산할 때에는 돈이 모자라지 않도록 충분히 낸 다음 거스름돈을 받아야 해.

공책	필통	연필	지우개
1200원	6500원	350원	850원

고른 물건 (   )
1000원짜리 지폐의 수 (   )

올림이 필요한 상황은 무엇일까?

● 빵 **24개**를 사야 하는 경우

빵 10개씩 묶음 판매

➡ 빵은 최소 [   ] 개를 사야 합니다.

● 물건의 값 **16500원**을 계산하는 경우

만 원짜리 지폐로만 계산

➡ 최소 [   ] 원을 내고 거스름돈을 받습니다.

묶음으로 물건을 사거나 물건의 값을 계산할 때 올림을 이용해.

8 수를 버림하여 주어진 자리까지 나타내어 보세요.

▶ 6278을 버림하여 십의 자리까지 나타내기

6278 6280
6270

(1) 6278을 버림하여 십의 자리까지 나타내어 보세요.

(   )

(2) 52096을 버림하여 천의 자리까지 나타내어 보세요.

(   )

(3) 2.543을 버림하여 소수 둘째 자리까지 나타내어 보세요.

(   )

9 버림하여 십의 자리까지 나타낸 수가 같은 두 수를 찾아 써 보세요.

| 1547 | 1563 | 1531 | 1630 | 1538 |

(   )

10 버림하여 백의 자리까지 나타냈을 때 2700이 되는 자연수 중에서 가장 큰 수를 구해 보세요.

▶ 버림하여 백의 자리까지 나타내면 2700이 되는 자연수는 27□□야.

(   )

11 어떤 자연수에 7을 곱해서 나온 수를 버림하여 십의 자리까지 나타내면 50입니다. 어떤 자연수를 구해 보세요.

▶ 어떤 수에 7을 곱하여 5□가 되는 수를 찾아.

(   )

12 밭에서 수확한 배추 1542포기를 한 상자에 10포기씩 담아서 팔려고 합니다. 배추를 최대 몇 포기까지 팔 수 있는지 구해 보세요.

(   )

▶ 배추를 상자에 10포기씩 담고 남은 배추는 상자에 담을 수 없으므로 팔 수 없어.

13 500원짜리 동전 67개를 10000원짜리 지폐로 바꾸려고 합니다. 10000원짜리 지폐는 최대 몇 장까지 바꿀 수 있는지 구해 보세요.

(   )

▶ 먼저 500원짜리 동전 67개는 모두 얼마인지 계산해.

 내가 만드는 문제

14 수 카드 4장을 한 번씩만 사용하여 자유롭게 네 자리 수를 만들고, 만든 네 자리 수를 버림하여 백의 자리까지 나타내어 보세요.

| 1 | 2 | 5 | 9 |

네 자리 수 (   )

버림하여 백의 자리까지 나타낸 수 (   )

 **버림이 필요한 상황은 무엇일까?**

- 조각 비누 1527개를 포장하여 파는 경우

조각 비누
100개씩 포장

➡ 조각 비누는 최대 ☐ 개까지
팔 수 있습니다.

- 75.5 m의 끈으로 리본을 만드는 경우

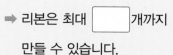

리본 한 개에
끈 1 m 사용

➡ 리본은 최대 ☐ 개까지
만들 수 있습니다.

 묶음으로 물건을 팔거나 물건을 만들 때 버림을 이용해.

15 야구장의 관람객이 25376명입니다. 물음에 답하세요.

(1) 반올림하여 십의 자리까지 나타내면 몇 명인지 구해 보세요.

( )

(3) 반올림하여 천의 자리까지 나타내면 몇 명인지 구해 보세요.

( )

▶ 25376을 반올림하여 십의 자리
까지 나타내기

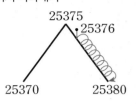

16 반올림하여 천의 자리까지 나타낸 수가 나머지와 <u>다른</u> 것을 찾아 ×표 하세요.

| 5327 | 5704 | 4863 | 5091 |

( )　　( )　　( )　　( )

▶ 백의 자리 숫자가 0, 1, 2, 3, 4
이면 버림하고, 5, 6, 7, 8, 9이
면 올림하여 나타내.

17 반올림을 <u>잘못한</u> 사람의 이름을 쓰고, <u>잘못된</u> 부분을 찾아 바르게 고쳐 보세요.

서아: 2.57 L짜리 물병의 부피를 반올림하여 소수 첫째 자리까지
나타내면 2.6 L야.

지우: 2.53 L짜리 물병의 부피를 반올림하여 일의 자리까지 나타내면 2 L야.

이름 ( )

바르게 고치기

18 수 카드 3장을 한 번씩만 사용하여 반올림하여 백의 자리까지 나타내면 300이 되는 수를 만들어 보세요.

3　5　0

( )

▶ 백의 자리 숫자부터 차례로 구해.

19 소수 한 자리 수인 73.◆를 반올림하여 일의 자리까지 나타내면 74입니다. ◆에 알맞은 수를 모두 써 보세요.

( )

▶ 소수 첫째 자리 숫자가 0, 1, 2, 3, 4이면 버림하고, 5, 6, 7, 8, 9이면 올림하여 나타내.

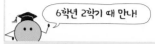
6학년 2학기 때 만나!

➕ $10 \div 7 = 1.42857 \cdots$ 입니다. $10 \div 7$의 몫을 반올림하여 소수 둘째 자리까지 나타내어 보세요.

( )

몫을 반올림하여 나타내기

$5 \div 6 = 0.8333 \cdots$
• 몫을 반올림하여 소수 첫째 자리까지 나타내면 0.8입니다.
• 몫을 반올림하여 소수 둘째 자리까지 나타내면 0.83입니다.

 내가 만드는 문제

20 보기 와 같이 자신이 가지고 있는 연필의 길이는 몇 cm인지 자로 재어 보고, 반올림하여 일의 자리까지 나타내어 보세요.

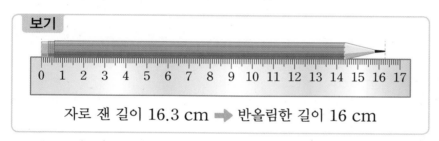

보기

자로 잰 길이 16.3 cm ➡ 반올림한 길이 16 cm

자로 잰 길이 ( )

반올림한 길이 ( )

❓ **그림으로 반올림을 이해해 볼까?**

• 반올림하여 십의 자리까지 나타내기

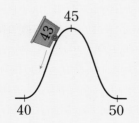

➡ 43은 40과 50 중에서 □ 에 더 가깝습니다.

• 반올림하여 백의 자리까지 나타내기

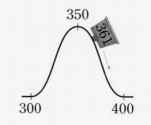

➡ 361은 300과 400 중에서 □ 에 더 가깝습니다.

반올림은 더 가까운 쪽으로 나타내.

① 수의 범위에 포함되는 자연수 구하기

② 조건에 알맞은 수 구하기

1 준비

수직선에 나타낸 수의 범위에 포함되는 수를 모두 찾아 ○표 하세요.

15 20 25 30 35

| 22 | 17 | 35 | 31 |
| 39 | 20 | 28 | 15 |

2 확인

수직선에 나타낸 수의 범위에 포함되는 자연수를 모두 써 보세요.

79   83

( )

3 완성

31 초과 45 이하인 자연수는 모두 몇 개인지 구해 보세요.

( )

4 준비

87 초과인 자연수 중에서 두 자리 수는 모두 몇 개인지 구해 보세요.

( )

5 확인

십의 자리 숫자가 1 이상 2 이하이고 일의 자리 숫자가 5 초과 7 미만인 두 자리 수를 만들려고 합니다. 만들 수 있는 수를 모두 써 보세요.

( )

6 완성

조건 을 모두 만족하는 수를 구해 보세요.

조건
• 716 초과 800 미만인 자연수입니다.
• 십의 자리 숫자는 8 초과 9 이하인 수 입니다.
• 각 자리 숫자의 합은 21입니다.

( )

③ 수 카드로 수 만들고 어림하기

7 준비 민지와 수호는 수 카드 5, 3, 9 를 한 번씩만 사용하여 세 자리 수를 만들었습니다. 민지와 수호가 만든 수를 올림하여 십의 자리까지 나타내어 보세요.

민지 3 5 9 ➡ (   )

수호 9 3 5 ➡ (   )

8 확인 수 카드 4장을 한 번씩만 사용하여 가장 큰 네 자리 수를 만들고, 만든 수를 버림하여 백의 자리까지 나타내어 보세요.

1 8 4 6

(   )

9 완성 카드 5장을 모두 한 번씩만 사용하여 가장 작은 소수 두 자리 수를 만들고, 만든 수를 반올림하여 일의 자리까지 나타낸 수와 반올림하여 소수 첫째 자리까지 나타낸 수의 차를 구해 보세요.

2 7 4 3 .

(   )

④ 어림하여 ■가 되는 수 구하기

10 준비 올림하여 십의 자리까지 나타내면 20이 되는 자연수 중 가장 큰 수와 가장 작은 수를 각각 구해 보세요.

가장 큰 수 (   )

가장 작은 수 (   )

11 확인 버림하여 백의 자리까지 나타내면 500이 되는 수의 범위를 수직선에 나타내고, 이상과 미만을 사용하여 나타내어 보세요.

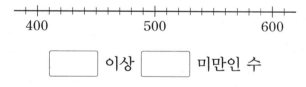

400   500   600

☐ 이상 ☐ 미만인 수

12 완성 어떤 자연수를 버림하여 십의 자리까지 나타내면 3710이 되고, 반올림하여 십의 자리까지 나타내면 3720이 됩니다. 어떤 자연수로 알맞은 수를 모두 구해 보세요.

(   )

5 수의 범위 활용하기

13
준비

높이가 2.5 m 초과인 자동차는 지나갈 수 <u>없는</u> 도로가 있습니다. 이 도로를 지나갈 수 <u>없는</u> 자동차를 모두 찾아 기호를 써 보세요.

자동차	㉠	㉡	㉢	㉣	㉤
높이(m)	1.8	2.7	2.1	3.1	2.5

( )

14
확인

오후 2시 15분부터 오후 2시 40분까지 주차했다면 주차 요금은 얼마인지 구해 보세요.

주차 요금표

이용 시간	주차 요금
10분 이하	무료
10분 초과 30분 이하	2000원
30분 초과시 매 10분마다	500원씩 추가

( )

15
완성

12세인 지우가 47세인 아버지, 45세인 어머니, 15세인 오빠와 함께 버스를 타려고 합니다. 지우네 가족이 버스 요금으로 모두 얼마를 내야 하는지 구해 보세요.

구분	버스 요금(원)
일반 20세 이상 65세 미만	1300
청소년 14세 이상 20세 미만	1000
어린이 7세 이상 14세 미만	450

※ 7세 미만과 65세 이상은 무료

( )

6 수의 어림 활용하기

16
준비

학생 172명이 모두 케이블카를 타려고 합니다. 케이블카 한 대에 10명씩 탈 수 있을 때 케이블카는 적어도 몇 번 운행해야 하는지 써 보세요.

( )

17
확인

100원짜리 동전 275개를 1000원짜리 지폐로 바꾸려고 합니다. 최대 얼마까지 바꿀 수 있는지 구해 보세요.

( )

18
완성

지우네 학교 학생 753명에게 손수건을 한 장씩 나누어 주려고 합니다. 손수건은 100장씩 묶음으로만 판매하며 100장에 5000원이라고 합니다. 손수건을 사려면 적어도 얼마가 필요한지 구해 보세요.

( )

단원 평가

점수 | 확인

1 ☐ 안에 알맞은 말을 써넣으세요.

> 32와 같거나 작은 수를 32 ☐ 인
> 수라고 합니다.

2 35 이상인 수에는 ○표, 20 미만인 수에는 △표 하세요.

17	31	24	35
12	28	41	10

3 752를 올림하여 십의 자리까지 나타내어 보세요.

( )

4 수의 범위를 수직선에 나타내어 보세요.

> 26 초과 30 이하인 수

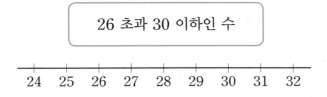

24 25 26 27 28 29 30 31 32

5 27641을 올림, 버림, 반올림하여 천의 자리까지 나타내어 보세요.

올림	버림	반올림

6 소수를 어림해 보세요.

(1) 2.71을 올림하여 일의 자리까지 나타내어 보세요.

( )

(2) 5.386을 버림하여 소수 첫째 자리까지 나타내어 보세요.

( )

(3) 1.209를 반올림하여 소수 둘째 자리까지 나타내어 보세요.

( )

7 30을 포함하는 수의 범위를 모두 찾아 기호를 써 보세요.

> ㉠ 30 초과인 수   ㉡ 31 이하인 수
> ㉢ 29 미만인 수   ㉣ 30 이상인 수

( )

8 수직선에 나타낸 수의 범위에 포함되는 자연수는 모두 몇 개인지 구해 보세요.

10 11 12 13 14 15 16 17 18 19

( )

9 어림하여 나타낸 수가 나머지와 <u>다른</u> 하나를 찾아 기호를 써 보세요.

> ㉠ 351을 올림하여 백의 자리까지
> 나타낸 수
> ㉡ 351을 버림하여 백의 자리까지
> 나타낸 수
> ㉢ 351을 반올림하여 백의 자리까지
> 나타낸 수

(   )

10 반올림하여 십의 자리까지 나타내면 50이 되는 수를 모두 찾아 ○표 하세요.

40	42	45	47
51	53	55	58

11 지우네 아파트에서 재활용 종이팩의 무게에 따라 선물을 나누어 주고 있습니다. 지우가 종이팩 520 g을 모았다면 무엇을 받을 수 있는지 써 보세요.

종이팩의 무게별 선물

종이팩의 무게(g)	선물
300 이상 500 미만	두루마리 휴지
500 이상 800 미만	공책
800 이상	스케치북

(   )

12 재호네 모둠 학생들의 몸무게를 조사하여 나타낸 것입니다. 몸무게가 45 kg 이상 47.5 kg 미만인 학생을 모두 찾아 써 보세요.

재호네 모둠 학생들의 몸무게

이름	재호	주은	민우	나연
몸무게(kg)	47.3	48.1	43.6	45.2

(   )

13 20 초과 36 이하인 자연수는 모두 몇 개인지 구해 보세요.

(   )

14 지유네 학교 5학년 학생 193명에게 양말을 한 켤레씩 나누어 주려고 합니다. 양말은 10켤레씩 묶음으로만 판매한다고 할 때 양말을 적어도 몇 켤레를 사야 하는지 구해 보세요.

(   )

15 어림하는 방법이 <u>다른</u> 한 사람을 찾아 이름을 써 보세요.

> 지수: 1200원짜리 지우개 한 개를 1000원
> 짜리 지폐로만 사려면 최소 2000원을
> 내야 해.
> 규호: 1 cm 단위 자로 내 키를 재고 가까운
> 쪽 눈금을 읽어 보니 약 155 cm였어.
> 은우: 달걀 53개를 상자에 모두 담으려면 한
> 상자에 10개씩 담을 수 있는 상자 6개
> 가 필요했어.

(   )

16 분식집에서 4500원짜리 떡볶이, 1200원짜리 튀김, 700원짜리 음료수를 주문하였습니다. 1000원짜리 지폐로만 음식 값을 낸다면 적어도 얼마를 내야 하고, 거스름돈으로 얼마를 받아야 하는지 구해 보세요.

(   ), (   )

17 관광객들이 모두 전망대에 가려면 10인승 승강기를 적어도 13번 운행해야 합니다. 관광객은 몇 명 이상 몇 명 이하인지 구해 보세요.

(   )

18 어떤 수를 반올림하여 백의 자리까지 나타내면 1600이 됩니다. 어떤 수가 될 수 있는 자연수 중에서 가장 큰 수를 구해 보세요.

(   )

19 미주의 줄넘기 기록을 보고 줄넘기 기록이 100번 초과 120번 미만인 날은 모두 며칠인지 풀이 과정을 쓰고 답을 구해 보세요.

미주의 줄넘기 기록

요일	월	화	수	목	금	토	일
기록(번)	98	105	120	117	82	134	109

풀이

답

20 어떤 자연수에 8을 곱해서 나온 수를 반올림하여 십의 자리까지 나타내면 70입니다. 어떤 수는 얼마인지 풀이 과정을 쓰고 답을 구해 보세요.

풀이

답

2 분수의 곱셈

분자는 분자끼리, 분모는 분모끼리 곱해!

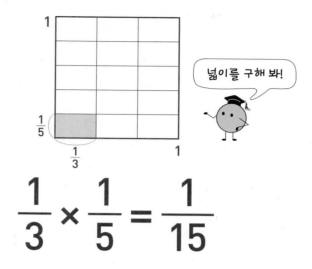

$$\frac{1}{3} \times \frac{1}{5} = \frac{1}{15}$$

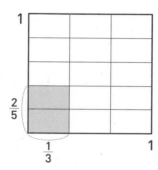

$$\frac{1}{3} \times \frac{2}{5} = \left(\frac{1}{3} \times \frac{1}{5}\right)의 \ 2배 = \frac{2}{15}$$

$$\frac{1}{3} \times \frac{2}{5} = \frac{1 \times 2}{3 \times 5} = \frac{2}{15}$$

1 분모는 그대로 두고 분자와 자연수를 곱해.

개념 강의

● (진분수)×(자연수)

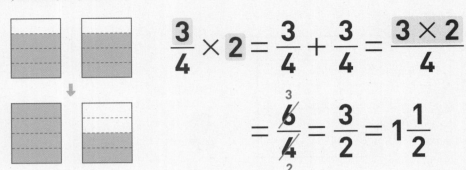

$$\frac{3}{4} \times 2 = \frac{3}{4} + \frac{3}{4} = \frac{3 \times 2}{4}$$

$$= \frac{\overset{3}{\cancel{6}}}{\underset{2}{\cancel{4}}} = \frac{3}{2} = 1\frac{1}{2}$$

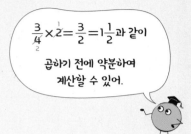

$\frac{3}{4} \times \overset{1}{\cancel{2}} = \frac{3}{2} = 1\frac{1}{2}$과 같이

곱하기 전에 약분하여
계산할 수 있어.

● (대분수)×(자연수)

방법 1 대분수를 자연수와 진분수의 합으로 바꾸어 계산하기

$$1\frac{2}{5} \times 3 = (1 \times 3) + \left(\frac{2}{5} \times 3\right)$$

$$= 3 + \frac{6}{5} = 3 + 1\frac{1}{5} = 4\frac{1}{5}$$

방법 2 대분수를 가분수로 나타내어 계산하기

$$1\frac{2}{5} \times 3 = \frac{7}{5} \times 3 = \frac{7 \times 3}{5} = \frac{21}{5} = 4\frac{1}{5}$$

---

1 그림을 보고 ☐ 안에 알맞은 수를 써넣으세요.

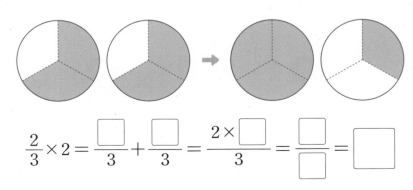

$$\frac{2}{3} \times 2 = \frac{\square}{3} + \frac{\square}{3} = \frac{2 \times \square}{3} = \frac{\square}{\square} = \square$$

2 $\dfrac{3}{8} \times 6$을 두 가지 방법으로 계산하려고 합니다. ☐ 안에 알맞은 수를 써넣으세요.

방법 1 $\dfrac{3}{8} \times 6 = \dfrac{3 \times 6}{8} = \dfrac{18}{8} = \dfrac{\boxed{}}{\boxed{}} = \boxed{}$

$$\dfrac{\triangle}{\bullet} \times \blacksquare = \dfrac{\triangle \times \blacksquare}{\bullet}$$

방법 2 $\dfrac{3}{8} \times \overset{\boxed{}}{6} = \dfrac{\boxed{}}{\boxed{}} = \boxed{}$

3 $1\dfrac{1}{4} \times 3$을 두 가지 방법으로 계산하려고 합니다. 그림을 보고 ☐ 안에 알맞은 수를 써넣으세요.

방법 1

$$1\dfrac{1}{4} \times 3 = \left(\boxed{} \times 3\right) + \left(\dfrac{\boxed{}}{4} \times 3\right) = \boxed{} + \dfrac{\boxed{}}{4} = \boxed{}$$

방법 2

$$1\dfrac{1}{4} \times 3 = \dfrac{\boxed{}}{4} \times 3 = \dfrac{\boxed{} \times 3}{4} = \dfrac{\boxed{}}{4} = \boxed{}$$

2

4 ☐ 안에 알맞은 수를 써넣으세요.

(1) $\dfrac{1}{6} \times 4 = \dfrac{1 \times \boxed{}}{6} = \dfrac{\overset{\boxed{}}{4}}{\underset{\boxed{}}{6}} = \boxed{}$

(2) $\dfrac{4}{9} \times \overset{\boxed{}}{6} = \dfrac{\boxed{}}{\underset{\boxed{}}{}} = \boxed{}$

(3) $2\dfrac{1}{4} \times 2 = \left(\boxed{} \times 2\right) + \left(\dfrac{1}{4} \times \overset{\boxed{}}{2}\right) = \boxed{} + \dfrac{\boxed{}}{\boxed{}} = \boxed{}$

(4) $1\dfrac{5}{12} \times 8 = \dfrac{\boxed{}}{\underset{\boxed{}}{12}} \times \overset{\boxed{}}{8} = \dfrac{\boxed{}}{\boxed{}} = \boxed{}$

2 분모는 그대로 두고 자연수와 분자를 곱해.

● (자연수)×(진분수)

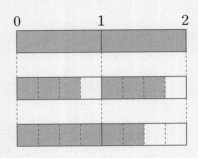

$$2 \times \frac{3}{4} = 2 \times \frac{1}{4} \times 3 = \frac{2}{4} \times 3$$

$$= \frac{2 \times 3}{4} = \frac{\overset{3}{\cancel{6}}}{\underset{2}{\cancel{4}}} = \frac{3}{2} = 1\frac{1}{2}$$

● (자연수)×(대분수)

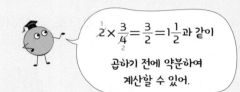

$2 \times \frac{3}{\underset{2}{4}} = \frac{3}{2} = 1\frac{1}{2}$과 같이 곱하기 전에 약분하여 계산할 수 있어.

방법 1 대분수를 자연수와 진분수의 합으로 바꾸어 계산하기

$$3 \times 1\frac{2}{5} = (3 \times 1) + \left(3 \times \frac{2}{5}\right)$$

$$= 3 + \frac{6}{5} = 3 + 1\frac{1}{5} = 4\frac{1}{5}$$

방법 2 대분수를 가분수로 나타내어 계산하기

$$3 \times 1\frac{2}{5} = 3 \times \frac{7}{5} = \frac{3 \times 7}{5} = \frac{21}{5} = 4\frac{1}{5}$$

---

1 그림에서 $8 \times \frac{3}{4}$을 알맞게 색칠하고, $\square$ 안에 알맞은 수를 써넣으세요.

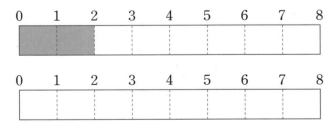

$$8 \times \frac{1}{4} = \boxed{}$$

$$8 \times \frac{3}{4} = 8 \times \frac{1}{4} \times 3 = \boxed{} \times 3 = \boxed{}$$

2 $3 \times 1\frac{1}{2}$ 을 두 가지 방법으로 계산하려고 합니다. 그림을 보고 $\square$ 안에 알맞은 수를 써넣으세요.

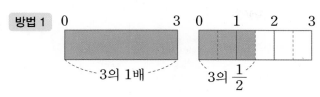

방법 1

$$3 \times 1\frac{1}{2} = \left(3 \times \square\right) + \left(3 \times \frac{\square}{2}\right) = \square + \frac{\square}{2}$$

$$= \square + 1\frac{\square}{2} = \square$$

방법 2

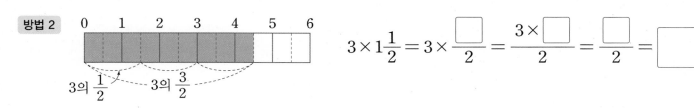

$$3 \times 1\frac{1}{2} = 3 \times \frac{\square}{2} = \frac{3 \times \square}{2} = \frac{\square}{2} = \square$$

3 $\square$ 안에 알맞은 수를 써넣으세요.

(1) $6 \times \frac{5}{8} = \frac{\square \times 5}{8} = \frac{30}{8} = \square$

(2) $\overset{\square}{15} \times \frac{7}{10} = \frac{\square}{\square} = \square$

(3) $4 \times 2\frac{1}{12} = \left(4 \times \square\right) + \left(\overset{\square}{4} \times \frac{1}{12}\right) = \square + \frac{\square}{\square} = \square$

(4) $12 \times 1\frac{5}{6} = \overset{\square}{12} \times \frac{\square}{\underset{\square}{6}} = \square$

4 빈칸에 알맞은 수를 써넣으세요.

(1)

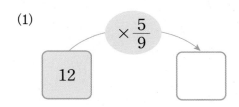

(2)

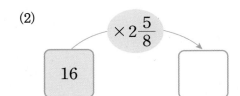

3 분자는 분자끼리, 분모는 분모끼리 곱해.

● (진분수)×(진분수)

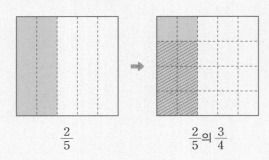

$$\frac{2}{5} \times \frac{3}{4} = \frac{2 \times 3}{5 \times 4} = \frac{\overset{3}{\cancel{6}}}{\underset{10}{\cancel{20}}} = \frac{3}{10}$$

$\frac{2}{5}$ $\frac{2}{5}$의 $\frac{3}{4}$

$\overset{1}{\cancel{\frac{2}{5}}} \times \frac{3}{\underset{2}{\cancel{4}}} = \frac{3}{10}$ 과 같이 곱하기 전에 약분하여 계산할 수 있어.

● 세 분수의 곱셈

방법 1   앞에서부터 차례로 계산하기

$$\frac{3}{5} \times \frac{4}{7} \times \frac{5}{8} = \frac{\overset{3}{\cancel{12}}}{\underset{7}{\cancel{35}}} \times \frac{\overset{1}{\cancel{5}}}{\underset{2}{\cancel{8}}} = \frac{3}{14}$$

방법 2   세 분수를 한꺼번에 계산하기

$$\frac{3}{5} \times \frac{4}{7} \times \frac{5}{8} = \frac{3 \times \overset{1}{\cancel{4}} \times \overset{1}{\cancel{5}}}{\underset{1}{\cancel{5}} \times 7 \times \underset{2}{\cancel{8}}} = \frac{3}{14}$$

---

1 그림을 보고 ☐ 안에 알맞은 수를 써넣으세요.

(1)

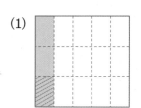

$$\frac{1}{5} \times \frac{1}{3} = \frac{1}{\boxed{} \times \boxed{}} = \frac{1}{\boxed{}}$$

(2)

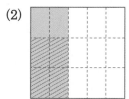

$$\frac{2}{5} \times \frac{2}{3} = \frac{2 \times 2}{\boxed{} \times \boxed{}} = \frac{\boxed{}}{\boxed{}}$$

2 ☐ 안에 알맞은 수를 써넣으세요.

(1) $\dfrac{5}{6} \times \dfrac{4}{7} = \dfrac{5 \times 4}{6 \times 7} = \dfrac{20}{42} = \dfrac{\boxed{}}{\boxed{}}$

(2) $\dfrac{\overset{\boxed{}}{3}}{8} \times \dfrac{14}{\underset{\boxed{}}{15}} = \dfrac{\boxed{}}{\boxed{}}$

(3) $\dfrac{4}{9} \times \dfrac{1}{2} \times \dfrac{3}{5} = \dfrac{4 \times 1 \times 3}{9 \times 2 \times 5} = \dfrac{12}{90} = \dfrac{\boxed{}}{\boxed{}}$

(4) $\dfrac{3}{8} \times \dfrac{2}{5} \times \dfrac{\overset{\boxed{}}{5}}{7} = \dfrac{\boxed{}}{\boxed{}}$

④ 대분수는 가분수로 나타내어 계산해.

● (대분수)×(대분수)

방법 1 대분수를 자연수와 진분수의 합으로 바꾸어 계산하기

$$2\frac{2}{3} \times 1\frac{1}{4} = \left(2\frac{2}{3} \times 1\right) + \left(2\frac{2}{3} \times \frac{1}{4}\right)$$

$$= 2\frac{2}{3} + \left(\frac{\overset{2}{\cancel{8}}}{3} \times \frac{1}{\underset{1}{\cancel{4}}}\right)$$

$$= 2\frac{2}{3} + \frac{2}{3} = 3\frac{1}{3}$$

방법 2 대분수를 가분수로 나타내어 계산하기

가분수로

$$2\frac{2}{3} \times 1\frac{1}{4} = \frac{\overset{2}{\cancel{8}}}{3} \times \frac{5}{\underset{1}{\cancel{4}}} = \frac{10}{3} = 3\frac{1}{3}$$

가분수로

2

---

1 그림을 보고 ☐ 안에 알맞은 수를 써넣으세요.

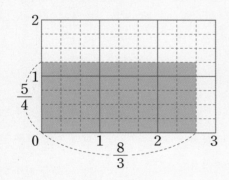

$$2\frac{1}{4} \times 1\frac{2}{5} = \frac{\boxed{}}{4} \times \frac{\boxed{}}{5} = \frac{\boxed{}}{\boxed{}} = \boxed{}$$

2 ☐ 안에 알맞은 수를 써넣으세요.

(1) $$3\frac{1}{2} \times 2\frac{3}{5} = \frac{\boxed{}}{2} \times \frac{\boxed{}}{5} = \frac{\boxed{}}{\boxed{}} = \boxed{}$$

(2) $$\frac{2}{3} \times 1\frac{4}{7} = \frac{2}{3} \times \frac{\boxed{}}{7} = \frac{\boxed{}}{\boxed{}} = \boxed{}$$

1 계산해 보세요.

(1) $\dfrac{4}{5}\times 3$

(2) $\dfrac{5}{6}\times 12$

(3) $1\dfrac{4}{7}\times 2$

(4) $3\dfrac{1}{8}\times 6$

▶ 다양한 방법으로 약분하여 계산할 수 있어.

방법 1 $\dfrac{1}{6}\times 4=\dfrac{1\times 4}{6}$

$$=\dfrac{\overset{2}{\cancel{4}}}{\underset{3}{\cancel{6}}}=\dfrac{2}{3}$$

방법 2 $\dfrac{1}{6}\times 4=\dfrac{1\times \overset{2}{\cancel{4}}}{\underset{3}{\cancel{6}}}=\dfrac{2}{3}$

방법 3 $\dfrac{1}{\underset{3}{\cancel{6}}}\times \overset{2}{\cancel{4}}=\dfrac{2}{3}$

2 계산 결과를 비교하여 ○ 안에 >, =, <를 알맞게 써넣으세요.

(1) $\dfrac{5}{8}\times 3\ \bigcirc\ \dfrac{7}{16}\times 6$

(2) $2\dfrac{2}{3}\times 5\ \bigcirc\ 3\dfrac{8}{9}\times 3$

3 계산 결과가 <u>다른</u> 하나를 찾아 기호를 써 보세요.

$$
\boxed{\begin{array}{ll}
\text{㉠ } 5\dfrac{1}{2}+5\dfrac{1}{2}+5\dfrac{1}{2}+5\dfrac{1}{2} & \text{㉡ } 5\dfrac{1}{2}\times 4 \\[2mm]
\text{㉢ } 5+\dfrac{1}{2}\times 4 & \text{㉣ } \dfrac{11}{2}\times 4
\end{array}}
$$

(   )

▶
$$5\ \times 4=20$$
$$\dfrac{1}{2}\ \times 4=\ \ 2$$
$$5\dfrac{1}{2}\times 4=\ 22$$

4 계산이 <u>잘못된</u> 곳을 찾아 바르게 계산해 보세요.

$$\boxed{2\dfrac{1}{\underset{2}{\cancel{6}}}\times \overset{3}{\cancel{9}}=\dfrac{5}{2}\times 3=\dfrac{15}{2}=7\dfrac{1}{2}}$$

$2\dfrac{1}{6}\times 9$

▶ 대분수를 가분수로 나타내어 계산하지 않으면 계산 결과가 달라질 수 있어.

5 ☐ 안에 들어갈 수 있는 자연수는 모두 몇 개인지 구해 보세요.

$$\square < \frac{5}{14} \times 21$$

(   )

6 지훈이는 한 팩에 $\frac{6}{25}$ L가 들어 있는 음료수 10팩을 샀습니다. 지훈이가 산 음료수는 모두 몇 L인지 구해 보세요.

(   )

▶ 지훈이가 산 음료수의 양을 (분수)×(자연수)로 나타내 봐.

 내가 만드는 문제

7 철사로 한 변의 길이가 $2\frac{3}{4}$ cm인 정다각형을 만들려고 합니다. 만들고 싶은 정다각형의 이름을 쓰고, 필요한 철사의 길이는 몇 cm인지 구해 보세요.

정다각형의 이름 (   )

필요한 철사의 길이 (   )

▶ (정다각형의 둘레)
= (한 변의 길이)×(변의 수)

대분수를 가분수로 나타내어 계산하지 않으면?

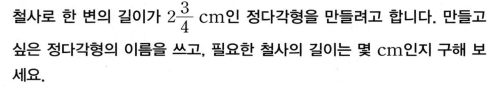

$$2\frac{5}{6} \times 3 = 2\frac{5}{2} = 4\frac{1}{2}$$ ✕

$$2\frac{5}{6} \times 3 = \frac{\square}{6} \times 3 = \square = \square$$

계산 결과가 달라질 수 있으니 꼭 가분수로 나타내어 계산해.

8 계산해 보세요.

(1) $6 \times \dfrac{1}{6}$

(2) $12 \times \dfrac{4}{9}$

(3) $10 \times 1\dfrac{2}{25}$

(4) $7 \times 2\dfrac{1}{3}$

➕ ☐ 안에 알맞은 수를 써넣으세요.

(1) $5 \times \dfrac{1}{\boxed{}} = 1$

(2) $12 \times \dfrac{1}{\boxed{}} = 1$

역수

역수: 어떤 수와 곱해서 1이 되게 하는 수

$2 \times \dfrac{1}{2} = 1 \Rightarrow$ 2의 역수: $\dfrac{1}{2}$

$\dfrac{1}{2}$의 역수: 2

9 계산 결과를 찾아 이어 보세요.

| $10 \times \dfrac{3}{5}$ | $2 \times 3\dfrac{4}{7}$ | $6 \times \dfrac{3}{8}$ | $7 \times 2\dfrac{1}{2}$ |

| $2\dfrac{1}{4}$ | 6 | $7\dfrac{1}{7}$ | $17\dfrac{1}{2}$ |

10 계산 결과가 7보다 큰 식에 ○표, 7보다 작은 식에 △표 하세요.

| $7 \times \dfrac{2}{9}$ | $7 \times 2\dfrac{3}{5}$ | $7 \times \dfrac{7}{10}$ | $7 \times 1\dfrac{1}{2}$ | $7 \times \dfrac{1}{4}$ |

(　　) (　　) (　　) (　　) (　　)

● × (진분수) < ●
● × (대분수) > ●

11 평행사변형 넓이는 몇 cm²인지 구해 보세요.

▶ (평행사변형의 넓이)
= (밑변의 길이)×(높이)

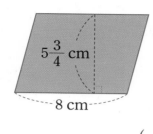

$5\dfrac{3}{4}$ cm

8 cm

(   )

😊 내가 만드는 문제

12 가온이와 다현이의 수 카드에서 각각 한 장씩을 골라 곱셈식을 만들고 계산해 보세요.

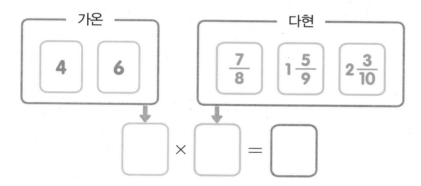

가온

4   6

다현

$\dfrac{7}{8}$ $1\dfrac{5}{9}$ $2\dfrac{3}{10}$

☐ × ☐ = ☐

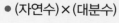 곱셈을 하면 계산 결과는 항상 커질까?

● (자연수)×(대분수)

0   2   4   6   8

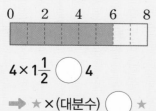

$4 \times 1\dfrac{1}{2}$ ◯ 4

➡ ★ ×(대분수) ◯ ★

● (자연수)×(진분수)

0   2   4   6   8

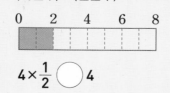

$4 \times \dfrac{1}{2}$ ◯ 4

➡ ★ ×(진분수) ◯ ★

어떤 수에 1보다 작은 수를 곱하면 계산 결과는 어떤 수보다 작아져.

13 계산해 보세요.

(1) $\dfrac{7}{10} \times \dfrac{2}{5} \times \dfrac{1}{7}$

(2) $\dfrac{5}{6} \times \dfrac{3}{8} \times \dfrac{7}{10}$

14 빈칸에 알맞은 분수를 써넣으세요.

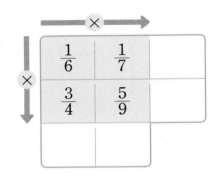

➕ ☐ 안에 알맞은 수를 써넣으세요.

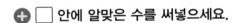

(1) $\dfrac{3}{4} \div 2 = \dfrac{3}{4} \times \dfrac{1}{\boxed{}} = \boxed{}$

(2) $\dfrac{8}{9} \div 6 = \dfrac{8}{9} \times \dfrac{1}{\boxed{}} = \boxed{}$

6학년 1학기 때 만나!

(분수) ÷ (자연수) 계산하기

(분수) ÷ (자연수)를 분수의 곱셈으로 나타내어 계산합니다.

$\dfrac{1}{2} \div 3 = \dfrac{1}{2} \times \dfrac{1}{3} = \dfrac{1}{6}$

15 계산 결과가 작은 것부터 ○ 안의 글자를 차례로 써 보세요.

리 $\dfrac{7}{12} \times \dfrac{9}{11}$

내 $\dfrac{7}{12}$

미 $\dfrac{7}{12} \times \dfrac{9}{14}$

( )

▶ '은하수'의 우리말이야.

16 가장 큰 수와 가장 작은 수의 곱을 구해 보세요.

$$\frac{1}{13} \qquad \frac{1}{9} \qquad \frac{1}{10} \qquad \frac{1}{5} \qquad \frac{1}{6}$$

(   )

▶ 분자가 1로 같으므로 분모가 작을수록 큰 분수야.

17 수도권의 인구는 우리나라 전체 인구의 $\frac{1}{2}$을 차지하고, 서울특별시의 인구는 수도권 인구의 $\frac{10}{27}$입니다. 서울특별시의 인구는 우리나라 전체 인구의 얼마인지 구해 보세요.

(   )

▶ 수도권은 서울특별시, 인천광역시, 경기도 지역을 합쳐서 부르는 말이야.

😊 내가 만드는 문제

18 직사각형 모양으로 그림을 색칠하고, 색칠한 부분은 전체의 얼마인지 ☐ 안에 알맞은 수를 써넣으세요.

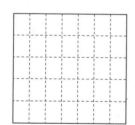

$$\frac{\square}{7} \times \frac{\square}{5} = \frac{\square}{\square}$$

🎓 **분수의 곱셈은 순서대로 계산해야 할까?**

● 두 분수의 곱셈

$$\frac{1}{2} \times \frac{3}{4} = \boxed{}$$

$$\frac{3}{4} \times \frac{1}{2} = \boxed{}$$

➡ $\frac{1}{2} \times \frac{3}{4}$ ◯ $\frac{3}{4} \times \frac{1}{2}$

● 세 분수의 곱셈

$$\left(\frac{2}{3} \times \frac{5}{6}\right) \times \frac{9}{10} = \boxed{}$$

$$\frac{2}{3} \times \left(\frac{5}{6} \times \frac{9}{10}\right) = \boxed{}$$

➡ $\left(\frac{2}{3} \times \frac{5}{6}\right) \times \frac{9}{10}$ ◯ $\frac{2}{3} \times \left(\frac{5}{6} \times \frac{9}{10}\right)$

세 분수의 곱셈에서 계산하기 쉬운 두 분수를 먼저 계산해도 돼.

▶ 대분수와 자연수는 가분수로 나타내어 계산할 수 있어.

19 계산해 보세요.

(1) $1\dfrac{2}{7} \times 4\dfrac{2}{3}$

(2) $2\dfrac{4}{5} \times \dfrac{10}{11}$

(3) $4\dfrac{1}{6} \times 4$

(4) $\dfrac{3}{10} \times 6 \times 3\dfrac{3}{4}$

20 계산이 잘못된 곳을 찾아 바르게 계산해 보세요.

$$1\dfrac{1}{\overset{}{\underset{2}{8}}} \times \dfrac{\overset{1}{\cancel{4}}}{15} = 1\dfrac{1}{2} \times \dfrac{1}{15} = 1\dfrac{1}{30}$$

$1\dfrac{1}{8} \times \dfrac{4}{15}$ ....

21 빈칸에 알맞은 수를 써넣으세요.

×	$\dfrac{2}{3}$	$1\dfrac{2}{3}$	$2\dfrac{2}{3}$
$2\dfrac{1}{4}$			

22 계산 결과를 비교하여 ○ 안에 >, =, <를 알맞게 써넣으세요.

▶ ●×(진분수) < ●
　●×(대분수) > ●

(1) $3\dfrac{3}{5} \times \dfrac{4}{15}$ ◯ $3\dfrac{3}{5}$

$3\dfrac{3}{5} \times 1\dfrac{2}{5}$ ◯ $3\dfrac{3}{5}$

(2) $8 \times 2\dfrac{5}{7}$ ◯ 8

$8 \times 2\dfrac{5}{7}$ ◯ $8 \times 2\dfrac{5}{7} \times \dfrac{2}{9}$

23 테니스 경기장은 가로가 $22\frac{7}{9}$ m, 세로가 $10\frac{40}{41}$ m인 직사각형 모양입니다. 테니스 경기장의 넓이는 몇 m^2인지 구해 보세요.

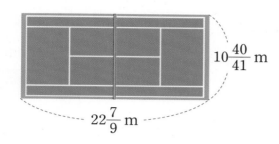

(   )

▶ (직사각형의 넓이)
= (가로) × (세로)

☺ 내가 만드는 문제

24 자유롭게 서로 <u>다른</u> 자연수 3개를 써넣어 수 카드를 만들고, 수 카드를 한 번씩만 사용하여 만들 수 있는 가장 큰 대분수와 가장 작은 대분수의 곱을 구해 보세요.

(   )

▶ 가장 큰 대분수를 만들려면 자연수에 가장 큰 수를 넣고, 나머지 두 수로 진분수를 만들어.

2

🎓 여러 가지 분수의 곱셈은 어떻게 계산할까?

$$2 \times \frac{3}{5} = \frac{\boxed{}}{1} \times \frac{3}{5} = \frac{\boxed{} \times 3}{1 \times 5} = \frac{\boxed{}}{\boxed{}} = \boxed{}$$

$$\frac{1}{3} \times 1\frac{1}{4} = \frac{1}{3} \times \frac{\boxed{}}{4} = \frac{1 \times \boxed{}}{3 \times 4} = \frac{\boxed{}}{\boxed{}}$$

자연수나 대분수는 모두 가분수로 나타낼 수 있어!

➡ 분수가 들어간 모든 곱셈은 진분수나 가분수로 나타낸 후,
분자는 분자끼리, 분모는 분모끼리 곱하여 계산할 수 있습니다.

① 작은 단위로 나타내기

1
준비
일주일의 $\frac{2}{7}$는 며칠인지 구해 보세요.

( )

2
확인
바르게 말한 것에 ○표, <u>잘못</u> 말한 것에 ×표 하세요.

(1) 하루의 $\frac{5}{12}$는 5시간입니다. ( )

(2) 1 km의 $\frac{7}{20}$은 350 m입니다.( )

(3) 1 t의 $\frac{3}{8}$은 375 kg입니다. ( )

3
완성
민규는 1 L 들이의 물통에 물 $\frac{12}{25}$를 담아 마셨고, 지수는 450 mL 들이의 물컵에 물을 가득 담아 마셨습니다. 물을 더 많이 마신 사람의 이름을 써 보세요.

( )

② 도형의 넓이 구하기

4
준비
직사각형의 넓이는 몇 cm²인지 구해 보세요.

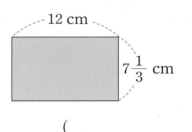

( )

5
확인
밑변의 길이가 $4\frac{1}{8}$ cm이고 높이가 6 cm인 평행사변형의 넓이는 몇 cm²인지 구해 보세요.

( )

6
완성
정사각형 가와 직사각형 나가 있습니다. 가와 나 중 더 넓은 사각형의 기호를 써 보세요.

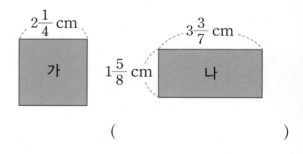

( )

3 ☐ 안에 들어갈 수 있는 자연수 구하기

7 준비
☐ 안에 들어갈 수 있는 자연수를 구해 보세요.

$$\frac{1}{4} \times \frac{1}{9} = \frac{1}{3} \times \frac{1}{\square}$$

( )

8 확인
☐ 안에 들어갈 수 있는 자연수는 모두 몇 개인지 구해 보세요.

$$2\frac{4}{5} \times 8\frac{1}{3} > \square\frac{2}{3}$$

( )

9 완성
1보다 큰 자연수 중에서 ☐ 안에 들어갈 수 있는 수를 모두 구해 보세요.

$$\frac{1}{5} \times \frac{1}{\square} > \frac{7}{18} \times \frac{3}{35}$$

( )

4 수 카드로 만든 분수의 곱 구하기

10 준비
수 카드 중 2장을 골라 한 번씩만 사용하여 분수의 곱셈을 만들려고 합니다. 계산 결과가 가장 큰 식을 만들어 보세요.

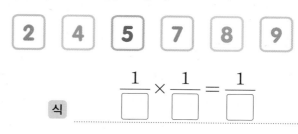

식 $\dfrac{1}{\square} \times \dfrac{1}{\square} = \dfrac{1}{\square}$

11 확인
3장의 수 카드를 한 번씩 모두 사용하여 대분수를 만들려고 합니다. 만들 수 있는 가장 큰 대분수와 가장 작은 대분수의 곱을 구해 보세요.

1 3 5

( )

12 완성
수 카드를 한 번씩 모두 사용하여 세 진분수의 곱셈을 만들려고 합니다. 계산 결과가 가장 작은 것은 얼마인지 구해 보세요.

1 2 3 5 7 8

( )

5 시간을 분수로 나타내어 계산하기

13 준비

민지는 자전거를 타고 1시간에 $15\frac{1}{4}$ km를 갑니다. 민지는 같은 빠르기로 2시간 동안 몇 km를 가는지 구해 보세요.

( )

14 확인

1분에 $1\frac{5}{12}$ km를 달리는 자동차가 있습니다. 이 자동차가 같은 빠르기로 3분 45초 동안 달린 거리는 몇 km인지 구해 보세요.

( )

15 완성

시후는 1분에 60 m를 걷습니다. 시후가 같은 빠르기로 23분 20초 동안 걸은 거리는 몇 km인지 구해 보세요.

( )

6 전체의 얼마인지 구하기

16 준비

주하네 아파트 주민의 $\frac{1}{6}$ 은 초등학생입니다. 초등학생 중에서 $\frac{1}{2}$ 은 햇빛초등학교에 다닙니다. 주하네 아파트에서 햇빛초등학교에 다니는 학생은 전체의 몇 분의 몇인지 구해 보세요.

( )

17 확인

호연이네 반 학생의 $\frac{3}{7}$ 은 남학생이고 여학생 중에서 $\frac{1}{6}$ 은 안경을 썼습니다. 호연이네 반에서 안경을 쓴 여학생은 전체의 몇 분의 몇인지 구해 보세요.

( )

18 완성

주스 한 병의 $\frac{2}{5}$ 는 지유가 마셨고 나머지의 $\frac{5}{12}$ 는 동생이 마셨습니다. 지유와 동생이 마신 주스는 전체의 몇 분의 몇인지 구해 보세요.

( )

단원 평가

1 그림을 보고 □ 안에 알맞은 수를 써넣으세요.

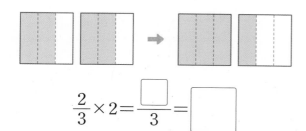

$$\frac{2}{3} \times 2 = \frac{\boxed{}}{3} = \boxed{}$$

2 $3 \times 2\frac{5}{6}$ 를 두 가지 방법으로 계산하려고 합니다.
□ 안에 알맞은 수를 써넣으세요.

방법 1 $3 \times 2\frac{5}{6} = (3 \times 2) + \left(\frac{\boxed{}}{3} \times \frac{5}{6}\right)$

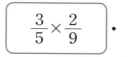

$$= 6 + \frac{\boxed{}}{2} = 6 + \boxed{}\frac{\boxed{}}{2}$$

$$= \boxed{}$$

방법 2 $3 \times 2\frac{5}{6} = \overset{\boxed{}}{3} \times \frac{\boxed{}}{6} = \frac{\boxed{}}{\boxed{}}$

$$= \boxed{}$$

3 보기 와 같이 계산해 보세요.

> 보기
>
> $$\frac{4}{5} \times 1\frac{3}{7} \times 1\frac{5}{9} = \frac{4}{\underset{1}{5}} \times \frac{\overset{2}{10}}{\underset{1}{7}} \times \frac{\overset{2}{14}}{9}$$
> $$= \frac{16}{9} = 1\frac{7}{9}$$

$1\frac{1}{3} \times 1\frac{1}{5} \times \frac{3}{4}$ ....

4 계산해 보세요.

(1) $\frac{1}{8} \times \frac{1}{3}$

(2) $\frac{7}{12} \times \frac{4}{9}$

(3) $3\frac{3}{5} \times 2\frac{5}{6}$

5 계산 결과를 찾아 이어 보세요.

$\frac{3}{5} \times \frac{2}{9}$ •	• $3\frac{13}{25}$
$3\frac{1}{5} \times 1\frac{1}{10}$ •	• 6
$10 \times \frac{3}{5}$ •	• $\frac{2}{15}$

6 세 수의 곱을 구해 보세요.

$\frac{6}{7}$	$\frac{2}{3}$	$\frac{1}{4}$

(   )

7 계산 결과를 비교하여 ○ 안에 >, =, <를 알맞게 써넣으세요.

(1) $\left(\frac{1}{3} \times 1\frac{5}{6}\right) \times \frac{4}{5} \ \bigcirc \ \frac{1}{3} \times \left(1\frac{5}{6} \times \frac{4}{5}\right)$

(2) $\frac{5}{6} \times \frac{1}{4} \times 5 \ \bigcirc \ \frac{5}{6} \times \frac{1}{4} \times 6$

8 계산 결과가 8보다 큰 식을 찾아 기호를 써 보세요.

> ㉠ $8 \times \dfrac{1}{6}$ 　　㉡ $8 \times \dfrac{5}{12}$
>
> ㉢ $8 \times 2\dfrac{2}{3}$ 　　㉣ 8×1

(　　　　　)

9 마름모의 둘레는 몇 cm인지 구해 보세요.

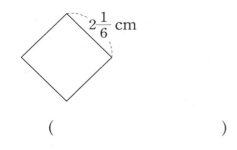

$2\dfrac{1}{6}$ cm

(　　　　　)

10 길이가 9 m인 끈의 $\dfrac{2}{3}$를 사용했습니다. 사용한 끈은 몇 m인지 구해 보세요.

(　　　　　)

11 바르게 나타낸 것을 찾아 기호를 써 보세요.

> ㉠ 1 L의 $\dfrac{1}{5}$은 20 mL입니다.
>
> ㉡ 1시간의 $\dfrac{1}{6}$은 10분입니다.
>
> ㉢ 1 m의 $\dfrac{3}{10}$은 3 cm입니다.

(　　　　　)

12 계산 결과가 자연수가 <u>아닌</u> 것을 찾아 기호를 써 보세요.

> ㉠ $2\dfrac{5}{7} \times 21$ 　　㉡ $36 \times \dfrac{5}{9}$
>
> ㉢ $\dfrac{11}{12} \times 48$ 　　㉣ $30 \times 1\dfrac{5}{18}$

(　　　　　)

13 직사각형 가와 평행사변형 나 중 어느 것이 더 넓은지 구해 보세요.

가 　　　　　　　나

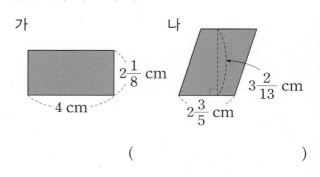

$2\dfrac{1}{8}$ cm

4 cm

$3\dfrac{2}{13}$ cm

$2\dfrac{3}{5}$ cm

(　　　　　)

14 어느 놀이공원의 입장료는 9000원입니다. 축제 기간에는 전체 입장료의 $\dfrac{2}{3}$만큼만 내면 된다고 합니다. 축제 기간에 입장권 5장을 산다면 얼마를 내야 하는지 구해 보세요.

(　　　　　)

15 미혜는 우유 1800 mL 중 $\frac{1}{6}$을 어제 마셨고 남은 우유의 $\frac{3}{10}$을 오늘 마셨습니다. 어제와 오늘 마신 우유는 모두 몇 mL인지 구해 보세요.

(   )

16 10년 전에는 진우네 마을 전체의 $\frac{2}{3}$가 산림으로 덮여 있었는데 현재는 산림이 점점 줄어들어 그중 $\frac{1}{6}$이 없어졌습니다. 현재 진우네 마을의 산림은 마을 전체의 몇 분의 몇인지 구해 보세요.

(   )

17 어떤 수에 $\frac{3}{4}$을 곱해야 할 것을 잘못하여 뺐더니 $3\frac{1}{2}$이 되었습니다. 바르게 계산하면 얼마인지 구해 보세요.

(   )

18 ☐ 안에 들어갈 수 있는 자연수 중에서 가장 큰 수를 구해 보세요.

$$\frac{3}{14} \times \frac{7}{10} \times 1\frac{2}{3} < \frac{1}{\square}$$

(   )

19 잘못 계산한 이유를 쓰고, 바르게 계산해 보세요.

$$\overset{4}{\cancel{12}} \times 2\frac{1}{\underset{3}{\cancel{9}}} = 8\frac{1}{3}$$

이유

바른 계산

20 마트에 있는 과일 중에서 $\frac{3}{7}$은 사과이고 그중 $\frac{2}{9}$는 청사과, 나머지는 홍사과입니다. 마트에 있는 과일이 210개일 때 홍사과는 몇 개인지 풀이 과정을 쓰고 답을 구해 보세요.

풀이

답

3 합동과 대칭

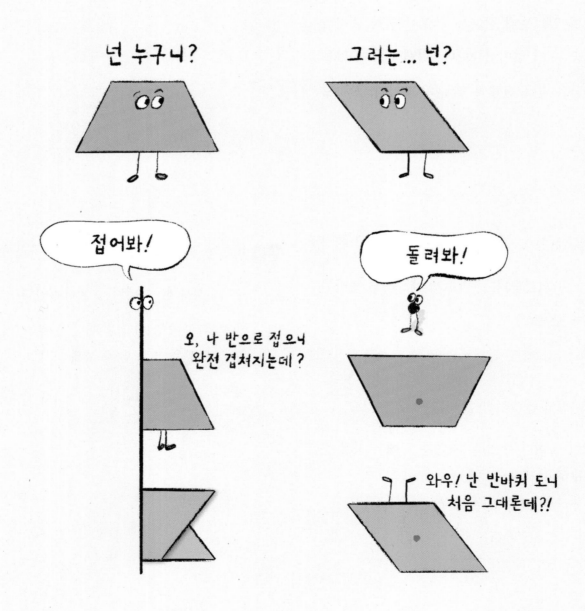

도형을 밀거나, 접거나, 돌려봐!

● 합동

● 선대칭도형

● 점대칭도형

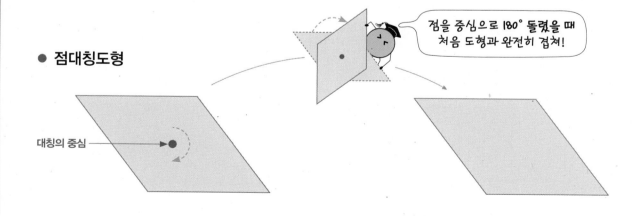

1 완전히 겹치는 두 도형을 서로 합동이라고 해.

개념 강의

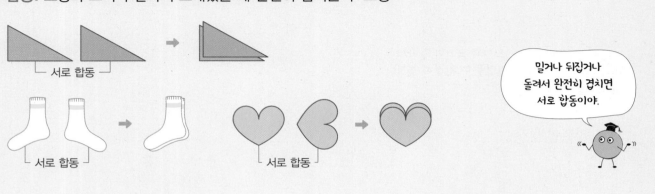

● **합동**: 모양과 크기가 같아서 포개었을 때 완전히 겹치는 두 도형

서로 합동

서로 합동

서로 합동

밀거나 뒤집거나
돌려서 완전히 겹치면
서로 합동이야.

1 색종이를 이용하여 별 모양 2개를 만들었습니다. ☐ 안에 알맞은 말을 써넣으세요.

위의 별 모양처럼 모양과 크기가 같아서 포개었을 때
완전히 겹치는 두 도형을 서로 ☐ 이라고 합니다.

2 왼쪽 도형과 서로 합동인 도형을 찾아 ○표 하세요.

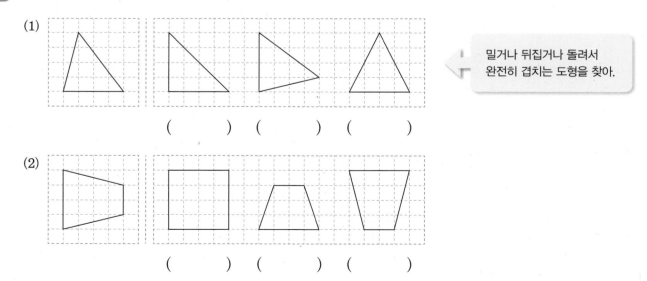

(1)

(   ) (   ) (   )

밀거나 뒤집거나 돌려서
완전히 겹치는 도형을 찾아.

(2)

(   ) (   ) (   )

2 서로 합동인 두 도형에서 겹치는 부분은 똑같아.

● 대응점, 대응변, 대응각 알아보기

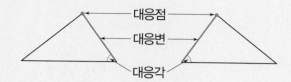

서로 합동인 두 도형을 포개었을 때
대응점: 겹치는 점
대응변: 겹치는 변
대응각: 겹치는 각

● 서로 합동인 도형의 성질

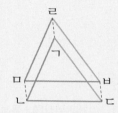

(변 ㄱㄴ)=(변 ㄹㅁ)
(변 ㄴㄷ)=(변 ㅁㅂ)
(변 ㄷㄱ)=(변 ㅂㄹ)

각각의 대응변의 길이가 서로 같습니다.

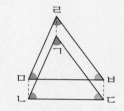

(각 ㄱㄴㄷ)=(각 ㄹㅁㅂ)
(각 ㄴㄷㄱ)=(각 ㅁㅂㄹ)
(각 ㄷㄱㄴ)=(각 ㅂㄹㅁ)

각각의 대응각의 크기가 서로 같습니다.

1 두 삼각형은 서로 합동입니다. ☐ 안에 알맞게 써넣으세요.

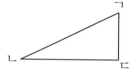
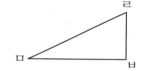

(1) 대응점: 점 ㄱ과 점 ㄹ, 점 ㄴ과 점 ☐, 점 ㄷ과 점 ☐

(2) 대응변: 변 ㄱㄴ과 변 ☐, 변 ㄴㄷ과 변 ☐, 변 ㄷㄱ과 변 ㅂㄹ

(3) 대응각: 각 ㄱㄴㄷ과 각 ☐, 각 ㄴㄷㄱ과 각 ☐, 각 ㄷㄱㄴ과 각 ☐

2 두 사각형은 서로 합동입니다. ☐ 안에 알맞게 써넣으세요.

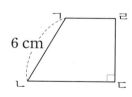
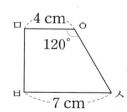

(1) 변 ㅇㅅ의 대응변은 변 ☐ 이므로 변 ㅇㅅ의 길이는 ☐ cm입니다.

(2) 각 ㄹㄱㄴ의 대응각은 각 ☐ 이므로 각 ㄹㄱㄴ의 크기는 ☐ °입니다.

1 도형의 합동

1 서로 합동인 두 도형을 찾아 기호를 써 보세요.

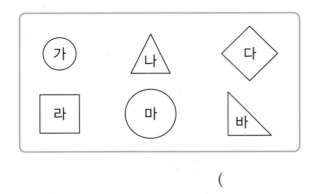

(   )

▶ 두 도형의 모양이 같아도 크기가 다르면 서로 합동이 아니야.

2 서로 합동인 도형을 찾아 같은 색으로 칠해 보세요.

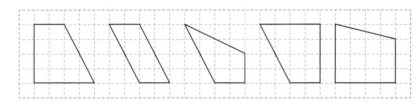

▶ 밀거나 뒤집거나 돌려서 완전히 겹치면 서로 합동이야.

 삼각기둥의 각 면의 모양을 보고 서로 합동인 면을 찾아 색칠해 보세요.

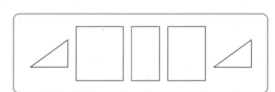

6학년 1학기 때 만나!

각기둥의 밑면과 옆면

다음과 같은 입체도형을 각기둥이라고 합니다.

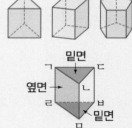

밑면: 서로 평행하고 합동인 두 면
옆면: 두 밑면과 만나는 면

3 점선을 따라 잘랐을 때 합동이 되는 도형을 모두 찾아 기호를 써 보세요.

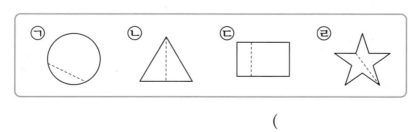

(   )

4 서로 합동인 표지판을 모두 찾아 기호를 써 보세요. (단, 표지판의 색깔과 표지판 안의 그림은 생각하지 않습니다.)

(   )

☺ 내가 만드는 문제

5 정사각형에 선을 그어 합동인 도형 4개를 만들려고 합니다. 세 가지 방법으로 자유롭게 만들어 보세요.

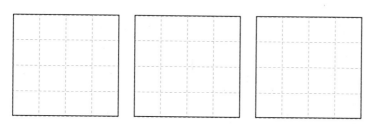

정사각형을 합동인 도형 2개로 나누는 방법은 여러 가지가 있어.

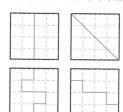

둘레나 넓이가 같으면 합동일까?

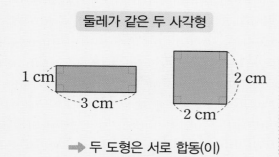

둘레가 같은 두 사각형

➡ 두 도형은 서로 합동(이)
(입니다 , 아닙니다).

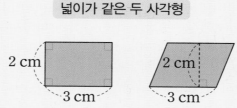

넓이가 같은 두 사각형

➡ 두 도형은 서로 합동(이)
(입니다 , 아닙니다).

둘레나 넓이가 같다고 합동은 아니야.

6 두 사각형은 서로 합동입니다. 대응점, 대응변, 대응각을 각각 써 보세요.

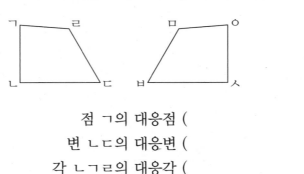

> 서로 합동인 두 도형을 포개었을 때 겹치는 부분을 찾아.

점 ㄱ의 대응점 (   )

변 ㄴㄷ의 대응변 (   )

각 ㄴㄱㄹ의 대응각 (   )

7 두 도형은 서로 합동입니다. 대응점, 대응변, 대응각이 각각 몇 쌍 있는지 구해 보세요.

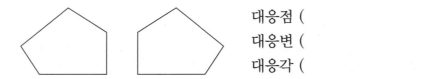

> 서로 합동인 두 삼각형에서는 대응점, 대응변, 대응각이 각각 3쌍씩 있어.

대응점 (   )

대응변 (   )

대응각 (   )

8 주어진 도형과 서로 합동인 도형을 그려 보세요.

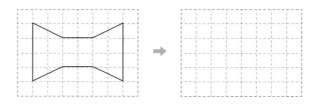

> 주어진 도형의 꼭짓점과 똑같은 위치에 대응점을 찍고, 대응점들을 차례로 연결해.

9 두 사각형은 서로 합동입니다. ☐ 안에 알맞은 수를 써넣으세요.

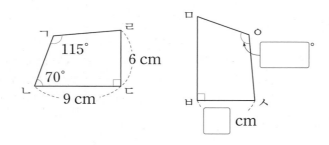

10 두 삼각형은 서로 합동입니다. 각 ㄹㅁㅂ은 몇 도인지 구해 보세요.

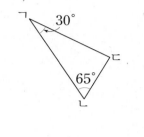 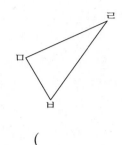

( )

▶ 삼각형의 세 각의 크기의 합은 180°야.

 내가 만드는 문제

11 보도블록이나 욕실의 타일처럼 합동인 도형 여러 개를 서로 겹치지 않도록 빈틈없이 채우는 것을 테셀레이션이라고 합니다. 도형 한 개를 골라 ○표 하고, 합동인 도형 여러 개를 그려 바닥 무늬를 만들어 보세요.

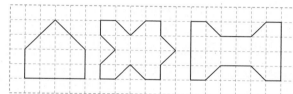

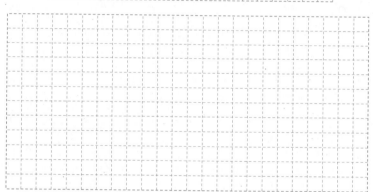

▶ 테셀레이션 조각은 정사각형을 이용하여 만들 수 있어.

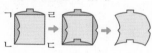

① 변 ㄱㄴ을 한 변으로 하는 도형과 변 ㄱㄹ을 한 변으로 하는 도형을 각각 그려.
② 각 변의 마주보는 변을 대응 변으로 하고 서로 합동인 도형을 각각 그려.
③ 정사각형의 네 변을 지워 조각을 완성해.

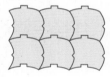

3

합동인 도형은 어떻게 그릴까?

 →  →

주어진 도형의 꼭짓점과 같은 위치에 (대응점 , 대응각)을 찍습니다.

각각의 점들을 차례로 이어 합동인 도형이 되도록 그립니다.

모눈의 칸을 세어 대응변의 길이가 같은지 확인해.

3 선대칭도형은 반으로 접으면 완전히 겹쳐.

개념 강의

● **선대칭도형:** 한 직선을 따라 접었을 때 완전히 겹치는 도형
   └●대칭축

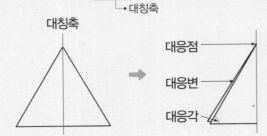

대칭축을 따라 접었을 때

대응점: 겹치는 점

대응변: 겹치는 변

대응각: 겹치는 각

선대칭도형에서 대칭축으로 나누어진 두 부분은 서로 합동이야.

---

1 그림을 보고 ☐ 안에 알맞은 말을 써넣으세요.

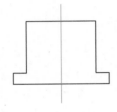

한 직선을 따라 접었을 때 완전히 겹치는 도형을 ☐
이라 하고, 이때 그 직선을 ☐ 이라고 합니다.

---

2 선대칭도형을 모두 찾아 ○표 하세요.

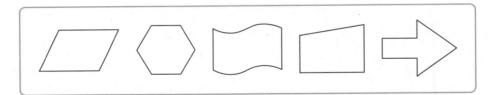

---

3 직선 ㅅㅇ을 대칭축으로 하는 선대칭도형을 보고 표를 완성해 보세요.

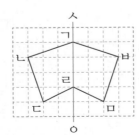

점 ㄴ의 대응점	
변 ㄷㄹ의 대응변	
각 ㄱㅂㅁ의 대응각	

④ 선대칭도형의 성질을 이용하면 선대칭도형을 그릴 수 있어.

● 선대칭도형의 성질

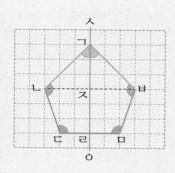

- 각각의 대응변의 길이가 서로 같습니다.
  (변 ㄱㄴ)＝(변 ㄱㅂ), (변 ㄴㄷ)＝(변 ㅂㅁ), (변 ㄷㄹ)＝(변 ㅁㄹ)
- 각각의 대응각의 크기가 서로 같습니다.
  (각 ㄴㄱㅈ)＝(각 ㅂㄱㅈ), (각 ㄱㄴㄷ)＝(각 ㄱㅂㅁ),
  (각 ㄴㄷㄹ)＝(각 ㅂㅁㄹ)
- 대응점끼리 이은 선분은 대칭축과 수직입니다.
  선분 ㄴㅂ과 대칭축 ㅅㅇ, 선분 ㄷㅁ과 대칭축 ㅅㅇ은 수직
- 각각의 대응점은 대칭축으로부터 같은 거리만큼 떨어져 있습니다.
  (선분 ㄴㅈ)＝(선분 ㅂㅈ), (선분 ㄷㄹ)＝(선분 ㅁㄹ)

● 선대칭도형 그리기

① 점 ㄴ에서 대칭축 ㅅㅇ에 수선을 긋고, 대칭축과 만나는 점을 찾아 점 ㅈ으로 표시합니다.

② 이 수선에 선분 ㄴㅈ과 길이가 같게 되도록 점 ㄴ의 대응점을 찾아 점 ㅂ으로 표시합니다.

③ 위와 같은 방법으로 점 ㄷ의 대응점을 찾아 점 ㅁ으로 표시합니다.

④ 각각의 점들을 차례로 이어 선대칭도형이 되도록 그립니다.

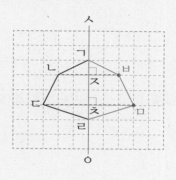

---

1 직선 ㄱㄴ을 대칭축으로 하는 선대칭도형입니다. ☐ 안에 알맞은 수를 써넣으세요.

(1)
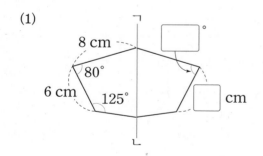

(2)
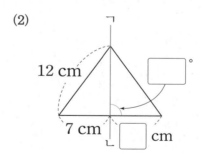

2 선대칭도형을 완성하려고 합니다. 물음에 답하세요.

(1) 점 ㄴ의 대응점을 찾아 표시해 보세요.

(2) 점 ㄷ의 대응점을 찾아 표시해 보세요.

(3) 점 ㄹ의 대응점을 찾아 표시해 보세요.

(4) 선대칭도형을 완성해 보세요.

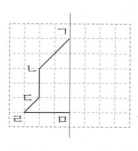

5 점대칭도형은 반 바퀴 돌리면 완전히 겹쳐.

● **점대칭도형**: 한 도형을 어떤 점을 중심으로 180° 돌렸을 때 처음 도형과 완전히 겹치는 도형
└ 대칭의 중심

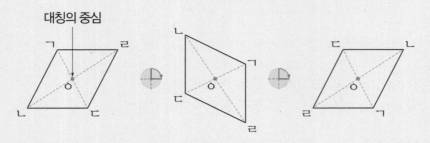

대칭의 중심을 중심으로 180° 돌렸을 때

대응점: 겹치는 점 ➡ (점 ㄱ, 점 ㄷ), (점 ㄴ, 점 ㄹ)

대응변: 겹치는 변 ➡ (변 ㄱㄴ, 변 ㄷㄹ), (변 ㄴㄷ, 변 ㄹㄱ)

대응각: 겹치는 각 ➡ (각 ㄹㄱㄴ, 각 ㄴㄷㄹ), (각 ㄱㄴㄷ, 각 ㄷㄹㄱ)

> 마주 보는 점끼리 선분으로 이을 때
> 선분이 만나는 점이 대칭의 중심이야.

---

1 그림을 보고 ☐ 안에 알맞게 써넣으세요.

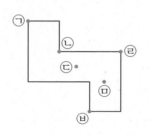

(1) 한 도형을 어떤 점을 중심으로 180° 돌렸을 때 처음 도형과 완전히 겹치는

도형을 [   ]이라고 합니다.

이때 그 점을 [   ]이라고 합니다.

(2) 왼쪽 점대칭도형에서 대칭의 중심은 ☐ 입니다.

---

2 점대칭도형을 모두 찾아 ○표 하세요.

(   )　　　(   )　　　(   )　　　(   )　　　(   )

---

3 점대칭도형을 보고 ☐ 안에 알맞게 써넣으세요.

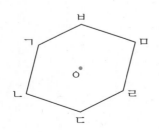

(1) 점 ㄱ의 대응점　➡　점 ☐

(2) 변 ㄷㄹ의 대응변　➡　변 [   ]

(3) 각 ㅂㅁㄹ의 대응각　➡　각 [   ]

6 점대칭도형의 성질을 이용하면 점대칭도형을 그릴 수 있어.

● **점대칭도형의 성질**

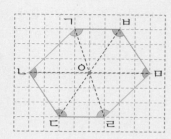

- 각각의 대응변의 길이가 서로 같습니다.
  (변 ㄱㄴ)＝(변 ㄹㅁ), (변 ㄴㄷ)＝(변 ㅁㅂ), (변 ㄷㄹ)＝(변 ㅂㄱ)
- 각각의 대응각의 크기가 서로 같습니다.
  (각 ㄱㄴㄷ)＝(각 ㄹㅁㅂ), (각 ㄴㄷㄹ)＝(각 ㅁㅂㄱ),
  (각 ㄷㄹㅁ)＝(각 ㅂㄱㄴ)
- 각각의 대응점은 대칭의 중심으로부터 같은 거리만큼 떨어져 있습니다.
  (선분 ㄱㅇ)＝(선분 ㄹㅇ), (선분 ㄴㅇ)＝(선분 ㅁㅇ),
  (선분 ㄷㅇ)＝(선분 ㅂㅇ)

● **점대칭도형 그리기**

① 점 ㄴ에서 대칭의 중심인 점 ㅇ을 지나는 직선을 긋습니다.
② 이 직선에 선분 ㄴㅇ과 길이가 같게 되도록 점 ㄴ의 대응점을 찾아 점 ㅁ으로 표시합니다.
③ 위와 같은 방법으로 점 ㄷ의 대응점을 찾아 점 ㅂ으로 표시합니다.
④ 각각의 점들을 차례로 이어 점대칭도형이 되도록 그립니다.

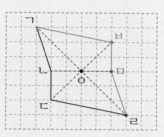

3

---

1 점대칭도형을 보고 ☐ 안에 알맞게 써넣으세요.

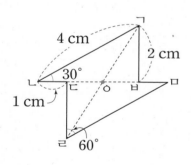

(1) 변 ㄷㄹ의 길이는 ☐ cm입니다.

(2) 각 ㄴㄱㅂ의 크기는 ☐°입니다.

(3) 대응점끼리 이은 선분은 모두 점 ☐ 을 지납니다.

(4) 선분 ㄱㅇ과 선분 ☐ 의 길이는 서로 같습니다.

---

2 점대칭도형을 완성하려고 합니다. 물음에 답하세요.

(1) 점 ㄴ의 대응점을 찾아 표시해 보세요.

(2) 점 ㄷ의 대응점을 찾아 표시해 보세요.

(3) 점대칭도형을 완성해 보세요.

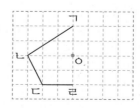

1 그림을 보고 물음에 답하세요.

(1) 선대칭도형을 모두 찾아 기호를 써 보세요.

( )

(2) 선대칭도형에 대칭축을 1개씩 그려 보세요.

> 한 직선을 따라 접었을 때 완전히 겹치는 도형을 선대칭도형이라고 해.

2 선대칭도형에서 대칭축을 모두 찾아 기호를 써 보세요.

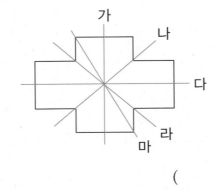

( )

> 선대칭도형이 완전히 겹치도록 접을 수 있는 직선이 대칭축이야.

3 그림은 선대칭도형입니다. 대칭축을 모두 그려 보세요.

(1)

(2)

4 원의 대칭축은 모두 몇 개인지 찾아 기호를 써 보세요.

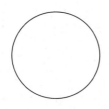

┌─────────────────────────────┐
│ ㉠ 0개   ㉡ 1개   ㉢ 2개   │
│ ㉣ 셀 수 없이 많습니다.   │
└─────────────────────────────┘

> 원의 지름은 원을 똑같이 둘로 나누는 선분이야.

( )

5 선대칭도형인 알파벳은 모두 몇 개인지 구해 보세요.

A F H M P S V X Z

( )

▶ 글자나 숫자에도 선대칭도형인 모양이 있어.

6 정삼각형과 정육각형은 선대칭도형입니다. 어떤 도형의 대칭축이 몇 개 더 많은지 구해 보세요.

( ), ( )

▶ 도형을 접었을 때 완전히 겹치게 하는 직선을 모두 찾아.

😀 내가 만드는 문제

7 보기 와 같이 선대칭도형인 글자를 자유롭게 쓰고, 대칭축을 그려 보세요.

보기

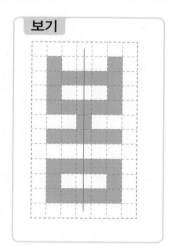

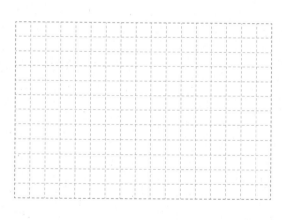

▶ 모음에 따라 사용할 수 있는 자음이 달라.

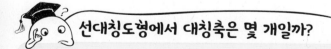

3

🎓 선대칭도형에서 대칭축은 몇 개일까?

 개   개   개   개

➡ 대칭축은 모양에 따라 여러 개일 수 있습니다.

대칭축이 여러 개일 경우 대칭축은 모두 한 점에서 만나.

8 선대칭도형에 대한 설명으로 알맞은 것을 모두 찾아 기호를 써 보세요.

> ㉠ 모든 선대칭도형의 대칭축은 1개입니다.
> ㉡ 각각의 대응각의 크기는 서로 같습니다.
> ㉢ 대응점끼리 이은 선분은 대칭축과 평행합니다.
> ㉣ 각각의 대응점은 대칭축으로부터 같은 거리만큼 떨어져 있습니다.

(   )

9 직선 ㅅㅇ을 대칭축으로 하는 선대칭도형입니다. 물음에 답하세요.

▶ 각각의 대응변의 길이는 서로 같고, 대칭축은 대응점끼리 이은 선분을 둘로 똑같이 나눠.

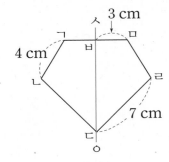

(1) 변 ㄴㄷ의 길이를 구해 보세요.

(   )

(2) 변 ㄱㅁ의 길이를 구해 보세요.

(   )

(3) 변 ㄱㅁ이 대칭축과 만나서 이루는 각은 몇 도인지 구해 보세요.

(   )

10 직선 ㅅㅇ을 대칭축으로 하는 선대칭도형입니다. 각 ㄴㄷㄹ의 크기를 구해 보세요.

▶ 사각형 ㅁㅂㄷㄹ에서 나머지 각의 크기를 먼저 구해.

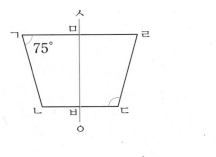

(   )

11 선대칭도형을 완성해 보세요.

(1)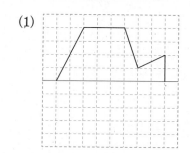

(2)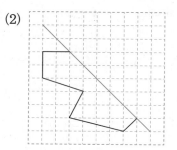

▶ 각각의 점에서 대칭축에 수선을 그어서 대응점을 찾아.

12 선분 ㄱㄴ을 대칭축으로 하는 선대칭도형을 완성했을 때 완성한 선대칭도형의 넓이는 몇 cm²인지 구해 보세요.

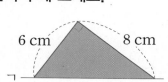

(   )

▶ 선대칭도형에서 대칭축으로 나누어진 두 도형은 서로 합동이야.

 내가 만드는 문제

13 대칭축에 대하여 선대칭도형이 되도록 사각형을 자유롭게 그리고, 그린 사각형의 넓이는 몇 cm²인지 구해 보세요.

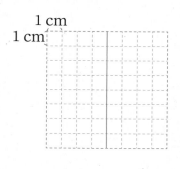

(   )

▶ 선대칭도형이 되는 사각형은 정사각형, 직사각형, 마름모 등이 있어.

3

선대칭도형을 찾을 수 있는 다른 방법이 있을까?

실제로 과학에서는 거울 대칭, 반사 대칭 등의 용어를 사용해.

➡ 거울을 대칭축에 놓으면 [   ]을 찾을 수 있습니다.

14 점대칭도형을 모두 찾아 기호를 써 보세요.

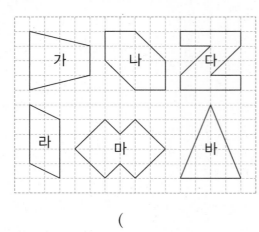

( )

15 점대칭도형에서 찾을 수 있는 대응점은 모두 몇 쌍인지 구해 보세요.

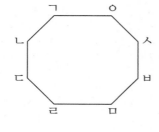

( )

> 대칭의 중심을 중심으로 180°
> 돌렸을 때 겹치는 점이 대응점
> 이야.

16 알파벳을 보고 물음에 답하세요.

$$A \ D \ H \ K \ N \ P \ S \ V \ X$$

(1) 점대칭도형인 것은 모두 몇 개인지 구해 보세요.

( )

(2) 선대칭도형도 되고 점대칭도형도 되는 것은 모두 몇 개인지 구해 보세요.

( )

> 글자나 숫자에도 점대칭도형인
> 모양이 있어.
>
> ㄹ 0

17 점대칭도형이 <u>아닌</u> 것을 모두 찾아 기호를 써 보세요.

> ▶ 도형을 그려서 180° 돌려 봐.

> ㉠ 정삼각형 　㉡ 정사각형 　㉢ 사다리꼴
> ㉣ 마름모 　㉤ 직사각형 　㉥ 정육각형

(　　　　　　　　　　)

😊 내가 만드는 문제

18 정사각형 4개를 변끼리 이어 붙여 만든 도형을 테트로미노, 정사각형 5개를 변끼리 이어 붙여 만든 도형을 펜토미노라고 합니다. 테트로미노와 펜토미노 중 하나를 골라 ○표 하고, 점대칭도형이 되는 것을 2개 만들어 보세요.

 테트로미노

 펜토미노

테트로미노

펜토미노

3

🎓 더 작은 각도만큼 돌려서 겹치는 것도 점대칭도형이 될까?

90° 돌려서 겹치는 것 　　　60° 돌려서 겹치는 것

어떤 점을 중심으로 90° 또는 60° 돌렸을 때 처음 도형과 완전히 겹치는지 확인해 봐.

➡ 점대칭도형이 (됩니다 , 되지 않습니다).

19 점대칭도형에서 대칭의 중심을 찾아 표시해 보세요.

▶ 대응점끼리 선으로 이어.

(1)
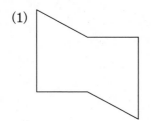

(2)
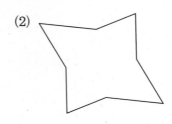

20 점대칭도형을 보고 ☐ 안에 알맞은 수를 써넣으세요.

▶ 대응변과 대응각을 찾아.

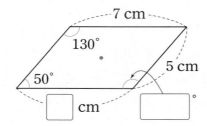

21 점 ㅈ을 대칭의 중심으로 하는 점대칭도형입니다. 선분 ㅅㅈ의 길이는 몇 cm인지 구해 보세요.

▶ 대응점에서 대칭의 중심까지의 거리는 서로 같아.

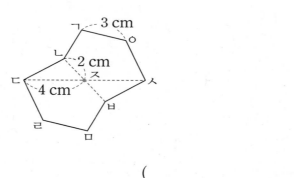

( )

22 정육각형은 점대칭도형입니다. 정육각형의 대칭의 중심은 몇 개인지 구해 보세요.

( )

23 점 ○을 대칭의 중심으로 하는 점대칭도형을 완성하고, 숨겨진 알파벳은 무엇인지 써 보세요.

▶ 점대칭도형의 성질을 이용해.

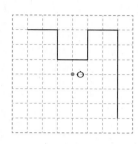

(   )

24 한 변의 길이가 1 cm인 정삼각형을 이용하여 자유롭게 점대칭도형을 그리고, 그린 점대칭도형의 둘레는 몇 cm인지 구해 보세요.

▶ 도형의 꼭짓점을 찍을 때마다 대응점을 미리 찾아 놓는 것이 좋아.

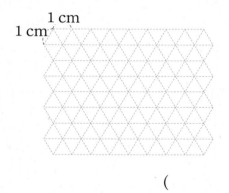

1 cm
1 cm

(   )

점대칭도형에서 대칭의 중심은 몇 개일까?

 ☐개   ☐개   ☐개

➡ 대칭의 중심은 도형의 모양에 관계없이 항상 ☐개입니다.

점대칭도형에서 마주 보는 점끼리 선분으로 이을 때 선분이 만나는 점이 대칭의 중심이야.

1 합동인 도형의 둘레 구하기

1 준비

두 삼각형은 서로 합동입니다. 삼각형 ㄱㄴㄷ 의 둘레는 몇 cm인지 구해 보세요.

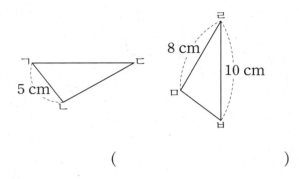

(   )

2 확인

두 사각형은 서로 합동입니다. 사각형 ㄱㄴㄷㄹ 의 둘레는 몇 cm인지 구해 보세요.

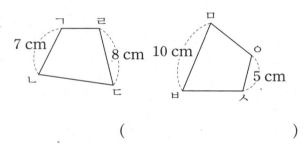

(   )

3 완성

사각형 ㄱㄴㄷㄹ에 선을 그어 삼각형 3개로 나누었습니다. 삼각형 ㄱㄴㅁ과 삼각형 ㄹㅁㄷ이 서로 합동일 때 사각형 ㄱㄴㄷㄹ의 둘레는 몇 cm인지 구해 보세요.

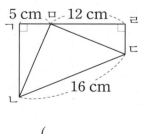

(   )

2 합동인 도형의 각의 크기 구하기

4 준비

삼각형 ㄱㄴㄷ과 삼각형 ㄷㄹㅁ은 서로 합동입니다. ㉠은 몇 도인지 구해 보세요.

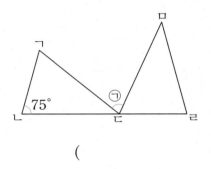

(   )

5 확인

삼각형 ㄱㄴㄹ과 삼각형 ㄹㄷㄱ은 서로 합동입니다. 각 ㄹㄱㅁ은 몇 도인지 구해 보세요.

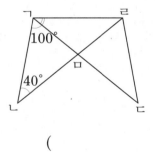

(   )

6 완성

삼각형 ㄱㄴㄷ과 삼각형 ㄹㄴㅁ은 서로 합동입니다. 각 ㅁㅂㄷ은 몇 도인지 구해 보세요.

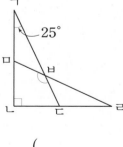

(   )

③ 접은 종이의 각도 구하기

7 준비

직사각형 모양의 종이를 그림과 같이 접었습니다. ㉠은 몇 도인지 구해 보세요.

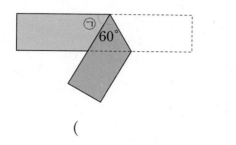

( )

8 확인

직사각형 모양의 종이를 그림과 같이 접었습니다. 각 ㄱㅁㄴ은 몇 도인지 구해 보세요.

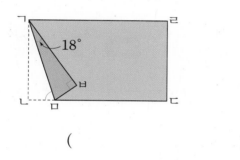

( )

9 완성

정사각형 모양의 종이를 그림과 같이 접었습니다. 각 ㅁㅂㄷ은 몇 도인지 구해 보세요.

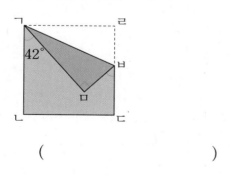

( )

④ 접은 직사각형의 둘레와 넓이

10 준비

직사각형 모양의 종이를 그림과 같이 삼각형 ㄱㄴㅂ과 삼각형 ㅁㄹㅂ이 서로 합동이 되도록 접었습니다. 직사각형 ㄱㄴㄷㄹ의 둘레는 몇 cm인지 구해 보세요.

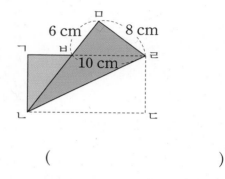

( )

11 확인

직사각형 모양의 종이를 그림과 같이 삼각형 ㄴㄷㅁ과 삼각형 ㄹㄷㅂ이 서로 합동이 되도록 접었습니다. 삼각형 ㄴㄹㅁ의 넓이는 몇 cm² 인지 구해 보세요.

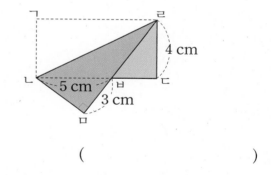

( )

12 완성

직사각형 모양의 종이를 그림과 같이 삼각형 ㄱㅁㅂ과 삼각형 ㄷㄹㅂ이 서로 합동이 되도록 접었습니다. 직사각형 ㄱㄴㄷㄹ의 넓이는 몇 cm²인지 구해 보세요.

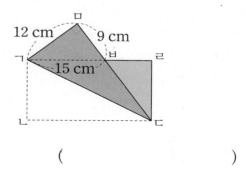

( )

3

13 준비 오른쪽 도형은 선대칭도형이면서 점대칭도형입니다. 각각의 경우의 변 ㄱㄴ의 대응변을 써 보세요.

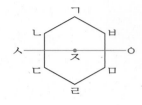

대칭축이 직선 ㅅㅇ인 선대칭도형	대칭의 중심이 점 ㅈ인 점대칭도형

14 확인 선대칭도형이면서 점대칭도형인 것을 모두 찾아 기호를 써 보세요.

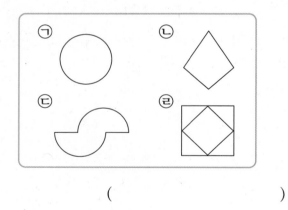

( )

15 완성 선대칭도형이면서 점대칭도형인 것을 모두 찾아 대칭축을 모두 그리고 대칭의 중심을 찾아 표시해 보세요.

16 준비 주어진 직선을 대칭축으로 하는 선대칭도형이 되도록 글자를 완성해 보세요.

17 확인 주어진 직선을 대칭축으로 하는 선대칭도형이 되도록 글자를 완성하면 어떤 단어가 되는지 써 보세요.

( )

18 완성 주어진 직선을 대칭축으로 하는 선대칭도형이 되도록 식을 완성했을 때 나타나는 식을 계산해 보세요.

103×28

( )

7 선대칭도형의 둘레 구하기

19
준비

직선 ㅁㅂ을 대칭축으로 하는 선대칭도형입니다. 이 도형의 둘레는 몇 cm인지 구해 보세요.

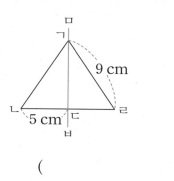

( )

20
확인

직선 ㅂㅅ을 대칭축으로 하는 선대칭도형입니다. 이 도형의 둘레는 몇 cm인지 구해 보세요.

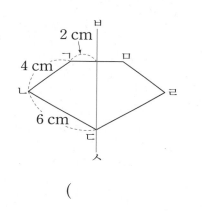

( )

21
완성

직선 ㄱㄴ을 대칭축으로 하는 선대칭도형을 완성했을 때 완성한 선대칭도형의 둘레는 몇 cm인지 구해 보세요.

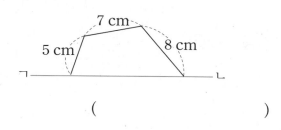

( )

8 점대칭도형의 둘레 구하기

22
준비

점 ㅇ을 대칭의 중심으로 하는 점대칭도형입니다. 이 도형의 둘레는 몇 cm인지 구해 보세요

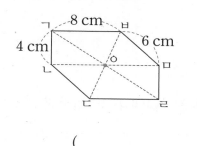

( )

23
확인

점 ㅇ을 대칭의 중심으로 하는 점대칭도형입니다. 이 도형의 둘레는 몇 cm인지 구해 보세요.

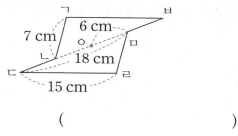

( )

24
완성

점 ㅇ을 대칭의 중심으로 하는 점대칭도형을 완성했을 때 완성한 점대칭도형의 둘레는 몇 cm인지 구해 보세요.

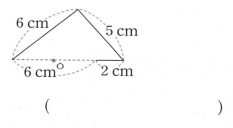

( )

단원 평가

1 종이 두 장을 포개어 놓고 도형을 오렸을 때 두 도형의 모양과 크기가 똑같습니다. 이러한 두 도형의 관계를 무엇이라고 하는지 써 보세요.

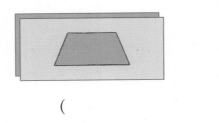

( )

2 가와 서로 합동인 도형을 찾아 기호를 써 보세요.

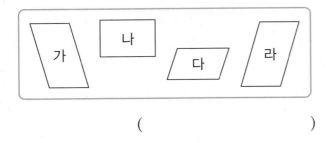

( )

3 선대칭도형이 <u>아닌</u> 것을 찾아 기호를 써 보세요.

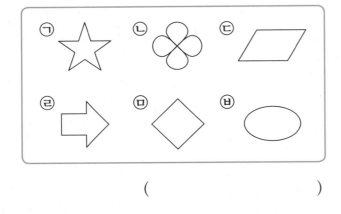

( )

4 점대칭도형이 <u>아닌</u> 것을 모두 찾아 기호를 써 보세요.

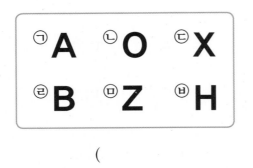

( )

5 선대칭도형이면서 점대칭도형인 것을 모두 찾아 기호를 써 보세요.

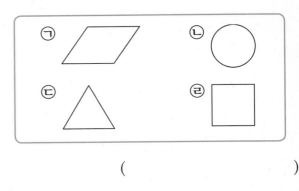

( )

6 도형은 선대칭도형입니다. 대칭축을 모두 그려 보세요.

(1)   (2)

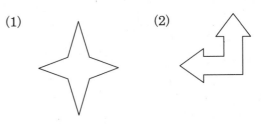

7 두 사각형은 서로 합동입니다. <u>잘못</u> 설명한 것을 찾아 기호를 써 보세요.

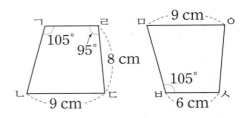

> ㉠ 점 ㄱ의 대응점은 점 ㅂ입니다.
> ㉡ 변 ㅁㅂ의 대응변은 변 ㄴㄱ입니다.
> ㉢ 변 ㄱㄹ의 길이는 9 cm입니다.
> ㉣ 각 ㅂㅅㅇ의 크기는 95°입니다.

( )

[8~9] 점대칭도형을 보고 물음에 답하세요.

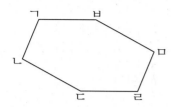

8 점대칭도형에서 대칭의 중심을 찾아 표시해 보세요.

9 점대칭도형의 대응점, 대응변, 대응각을 찾아 빈칸에 알맞게 써넣으세요.

대응점	점 ㄱ	
대응변	변 ㄴㄷ	
대응각	각 ㅁㄹㄷ	

10 두 삼각형은 서로 합동입니다. ☐ 안에 알맞은 수를 써넣으세요.

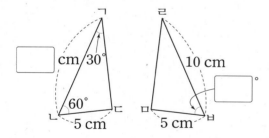

11 직선 ㄱㄴ을 대칭축으로 하는 선대칭도형입니다. ☐ 안에 알맞은 수를 써넣으세요.

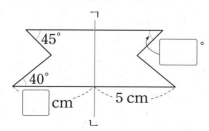

12 점 ㅇ을 대칭의 중심으로 하는 점대칭도형입니다. ☐ 안에 알맞은 수를 써넣으세요.

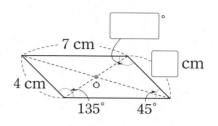

13 점대칭도형을 완성해 보세요.

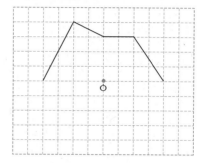

14 주어진 직선을 대칭축으로 하는 선대칭도형이 되도록 글자를 완성해 보세요.

15 두 삼각형은 서로 합동입니다. 삼각형 ㄱㄴㄷ의 둘레는 몇 cm인지 구해 보세요.

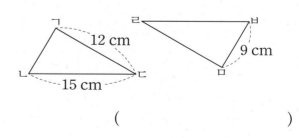

(   )

16 직선 ㅅㅇ을 대칭축으로 하는 선대칭도형입니다. □ 안에 알맞은 수를 써넣으세요.

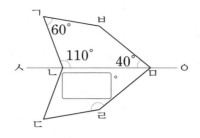

17 직선 ㄱㄴ을 대칭축으로 하는 선대칭도형을 완성했을 때 완성한 선대칭도형의 둘레는 몇 cm인지 구해 보세요.

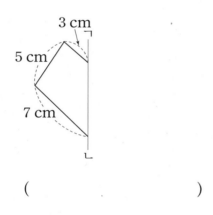

(　　　　　　　　)

18 정사각형 모양의 종이를 그림과 같이 접었습니다. ㉠은 몇 도인지 구해 보세요.

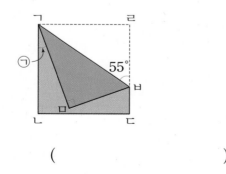

(　　　　　　　　)

19 점 ㅈ을 대칭의 중심으로 하는 점대칭도형입니다. 선분 ㄷㅈ은 몇 cm인지 풀이 과정을 쓰고 답을 구해 보세요.

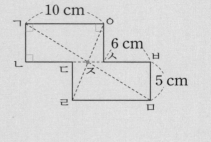

풀이 _____

_____

_____

답 _____

20 삼각형 ㄱㄴㄷ과 삼각형 ㄷㅁㄹ은 서로 합동입니다. 각 ㄱㄷㅁ은 몇 도인지 풀이 과정을 쓰고 답을 구해 보세요.

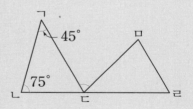

풀이 _____

_____

_____

답 _____

사고력이 반짝

● 도형에서 ♥을 1개만 포함하는 정사각형을 모두 찾아 그려 보세요.

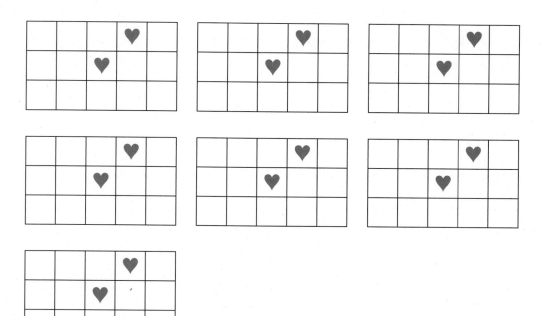

4 소수의 곱셈

자연수의 곱셈처럼 계산하고 소수점을 찍어!

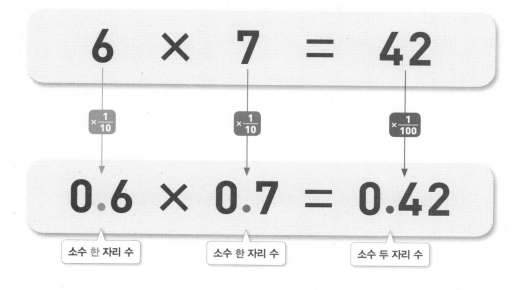

$$6 \times 7 = 42$$

$$0.6 \times 0.7 = 0.42$$

소수 한 자리 수   소수 한 자리 수   소수 두 자리 수

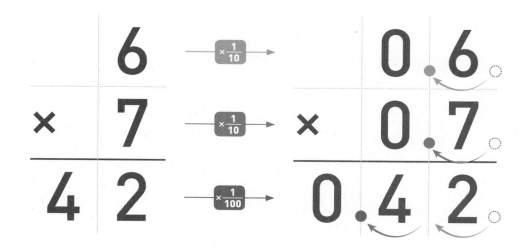

자연수처럼 계산하고 소수의 크기를
생각하여 소수점을 찍으면 끝!

① (소수)×(자연수)를 자연수의 곱셈으로 계산할 수 있어.

개념 강의

● **(소수)×(자연수)**

• 1.2×3을 여러 가지 방법으로 계산하기

방법 1 소수의 덧셈으로 계산하기

$$1.2 \times 3 = \underline{1.2 + 1.2 + 1.2} = 3.6$$

└─ ● 3번 더하기

방법 2 0.1의 개수로 계산하기

1.2는 0.1이 12개인 수이므로 $1.2 \times 3 = 0.1 \times 12 \times 3 = 0.1 \times 36$입니다.

➡ 0.1이 모두 36개이므로 $1.2 \times 3 = 3.6$입니다.

방법 3 분수의 곱셈으로 계산하기

$$1.2 \times 3 = \frac{12}{10} \times 3 = \frac{12 \times 3}{10} = \frac{36}{10} = 3.6$$

방법 4 자연수의 곱셈으로 계산하기

$$12 \times 3 = 36$$

$\downarrow \frac{1}{10}$배 $\qquad \downarrow \frac{1}{10}$배

$$1.2 \times 3 = 3.6$$

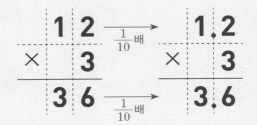

---

1 그림을 보고 ☐ 안에 알맞은 수를 써넣으세요.

(1) 0.8씩 3이면 ☐ 입니다.

(2) 덧셈식으로 나타내면 $0.8 + 0.8 + 0.8 = $ ☐ 입니다.

(3) 곱셈식으로 나타내면 $0.8 \times$ ☐ $=$ ☐ 입니다.

2 1.7×4를 두 가지 방법으로 계산하려고 합니다. ☐ 안에 알맞은 수를 써넣으세요.

방법 1 0.1의 개수로 계산하기

1.7은 0.1이 ☐ 개인 수이므로 1.7×4 = 0.1× ☐ ×4 = 0.1× ☐ 입니다.

➡ 0.1이 모두 ☐ 개이므로 1.7×4 = ☐ 입니다.

방법 2 분수의 곱셈으로 계산하기

$$1.7 \times 4 = \frac{\boxed{}}{10} \times 4 = \frac{\boxed{} \times 4}{10} = \frac{\boxed{}}{10} = \boxed{}$$

3 자연수의 곱셈을 이용하여 ☐ 안에 알맞은 수를 써넣으세요.

(1)
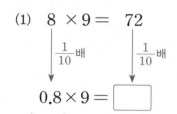

8 ×9 = 72

$\frac{1}{10}$배 $\frac{1}{10}$배

0.8×9 = ☐

(2)
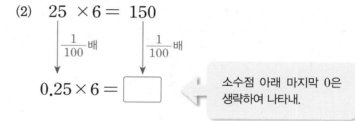

25 ×6 = 150

$\frac{1}{100}$배 $\frac{1}{100}$배

0.25×6 = ☐

소수점 아래 마지막 0은 생략하여 나타내.

4 계산해 보세요.

(1) 0.9×4

(2) 3.2×6

(3)
```
    0.5 4
  ×     3
```

(4)
```
    2.1 8
  ×     2
```

5 계산 결과를 찾아 이어 보세요.

| 0.7×8 | • | • | 5.6 |

| 1.82×4 | • | • | 7.14 |

| 1.02×7 | • | • | 7.28 |

2 (자연수)×(소수)를 (소수)×(자연수)로 바꾸어 계산할 수 있어.

● **(자연수)×(소수)**

• 3×1.9를 여러 가지 방법으로 계산하기

방법 1 어림하여 계산하기

3×1.9는 3×2 = 6 정도가 됩니다.
└─ 2에 가깝습니다.

방법 2 분수의 곱셈으로 계산하기

$$3 \times 1.9 = 3 \times \frac{19}{10} = \frac{3 \times 19}{10} = \frac{57}{10} = 5.7$$

방법 3 자연수의 곱셈으로 계산하기

$3 \times 19 = 57$

$\frac{1}{10}$배 $\frac{1}{10}$배

$3 \times 1.9 = 5.7$

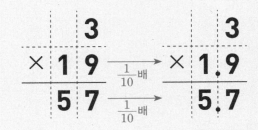

방법 4 곱의 순서를 바꾸어 계산하기

$3 \times 1.9 = 5.7$

$1.9 \times 3 = 5.7$

> 소수의 곱셈도 자연수의 곱셈처럼 곱하는 두 수의 순서를 바꾸어도 계산 결과가 같아.

---

1 그림을 보고 ☐ 안에 알맞은 수를 써넣으세요.

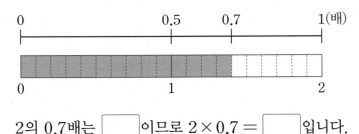

2의 0.7배는 ☐ 이므로 2×0.7 = ☐ 입니다.

2 4×0.8을 두 가지 방법으로 계산하려고 합니다. ☐ 안에 알맞은 수를 써넣으세요.

방법 1 분수의 곱셈으로 계산하기

$$4 \times 0.8 = 4 \times \frac{\boxed{}}{10} = \frac{4 \times \boxed{}}{10} = \frac{\boxed{}}{10} = \boxed{.}$$

방법 2 자연수의 곱셈으로 계산하기

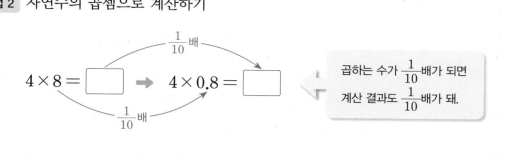

곱하는 수가 $\frac{1}{10}$ 배가 되면
계산 결과도 $\frac{1}{10}$ 배가 돼.

3 계산해 보세요.

(1) 13×0.6

(2) 27×1.5

(3)
```
      1 1
×   0.2 5
```

(4)
```
        5
×   1.2 3
```

4 ☐ 안에 알맞은 수를 써넣으세요.

(1) 19×0.9 = ☐

   0.9×19 = ☐

(2) 7×2.4 = ☐

   2.4×7 = ☐

5 어림하여 계산 결과가 5보다 작은 것을 찾아 기호를 써 보세요.

ㄱ 3×2.05   ㄴ 5×1.28   ㄷ 6×0.69

(   )

3 소수를 자연수로 나타내 계산하고 소수의 크기를 생각해서 소수점을 찍어.

● (소수)×(소수)

• 0.6×0.8을 여러 가지 방법으로 계산하기

방법 1 그림으로 알아보기

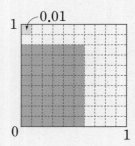

모눈종이의 가로를 0.6만큼, 세로를 0.8만큼 색칠하면 48칸입니다.
한 칸의 넓이가 0.01이므로 색칠한 부분의 넓이는 0.48입니다.

➡ 0.6×0.8 = 0.48

방법 2 분수의 곱셈으로 계산하기

$$0.6 \times 0.8 = \frac{6}{10} \times \frac{8}{10} = \frac{6 \times 8}{10 \times 10} = \frac{48}{100} = 0.48$$

방법 3 자연수의 곱셈으로 계산하기

$$6 \times 8 = 48$$

$\frac{1}{10}$배 $\frac{1}{10}$배 $\frac{1}{100}$배

$$0.6 \times 0.8 = 0.48$$

$$
\begin{array}{ccc}
6 & & 0.6 \\
\times \ 8 & & \times \ 0.8 \\
\hline
4\ 8 & & 0.4\ 8
\end{array}
$$

$\frac{1}{10}$배 $\frac{1}{10}$배 $\frac{1}{100}$배

방법 4 소수의 크기를 생각해서 계산하기

6×8 = 48인데 0.6에 0.8을 곱하면
0.6보다 작은 값이 나와야 하므로 계산 결과는 0.48입니다.

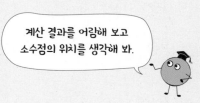

계산 결과를 어림해 보고
소수점의 위치를 생각해 봐.

---

1 0.7×0.3을 그림으로 알아보려고 합니다. ☐ 안에 알맞은 수를 써넣으세요.

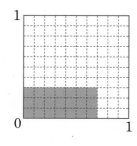

한 칸의 넓이가 0.01이고 색칠한 부분은
21칸이므로 ☐ 입니다.

➡ 0.7×0.3 = ☐

2 보기 와 같이 분수의 곱셈으로 고쳐서 계산해 보세요.

> 보기
>
> $$1.7 \times 1.2 = \frac{17}{10} \times \frac{12}{10} = \frac{17 \times 12}{10 \times 10} = \frac{204}{100} = 2.04$$

2.3×1.5

....

3 자연수의 곱셈을 이용하여 계산해 보세요.

(1) $12 \quad \times \quad 23 \quad = \quad 276$

$\frac{1}{10}$배 $\qquad$ $\frac{1}{10}$배 $\qquad$ $\frac{1}{100}$배

$1.2 \quad \times \quad 2.3 \quad = \quad \boxed{}$

(2) $71 \quad \times \quad 38 \quad = \quad 2698$

$\frac{1}{10}$배 $\qquad$ $\frac{1}{10}$배 $\qquad$ $\frac{1}{100}$배

$7.1 \quad \times \quad 3.8 \quad = \quad \boxed{}$

4 계산해 보세요.

(1) 0.9×0.4

(2) 1.3×1.8

(3) 0.18×0.5

(4) 1.91×3.5

5 어림하여 2.9×3.15의 값을 찾아 기호를 써 보세요.

> ㉠ 0.9135　　　㉡ 9.135　　　㉢ 91.35　　　㉣ 913.5

($\qquad$)

4 곱의 소수점 위치의 규칙을 찾아 계산할 수 있어.

● 자연수와 소수의 곱셈에서 곱의 소수점 위치의 규칙 찾기

$4.21 \times 1 = 4.21$
$4.21 \times 10 = 42.1$
$4.21 \times 100 = 421$
$4.21 \times 1000 = 4210$

곱하는 수의 0이 하나씩 늘어날 때마다 곱의 소수점이 오른쪽으로 한 자리씩 옮겨집니다.

$421 \times 1 = 421$
$421 \times 0.1 = 42.1$
$421 \times 0.01 = 4.21$
$421 \times 0.001 = 0.421$

곱하는 소수의 소수점 아래 자리 수가 하나씩 늘어날 때마다 곱의 소수점이 왼쪽으로 한 자리씩 옮겨집니다.

● 소수끼리의 곱셈에서 곱의 소수점 위치의 규칙 찾기

소수 한 자리 수   소수 한 자리 수   소수 두 자리 수
$$0.4 \times 0.7 = 0.28$$

소수 한 자리 수   소수 두 자리 수   소수 세 자리 수
$$0.4 \times 0.07 = 0.028$$

소수 두 자리 수   소수 한 자리 수   소수 세 자리 수
$$0.04 \times 0.7 = 0.028$$

곱하는 두 소수의 소수점 아래 자리 수를 더한 것만큼 곱의 소수점이 왼쪽으로 옮겨집니다.

1 ☐ 안에 알맞은 수를 써넣으세요.

(1) $0.29 \times 1 = 0.29$

$0.29 \times 10 = $ ☐

$0.29 \times 100 = $ ☐

$0.29 \times 1000 = $ ☐

(2) $532 \times 1 = $ ☐

$532 \times 0.1 = $ ☐

$532 \times 0.01 = $ ☐

$532 \times 0.001 = $ ☐

2 계산 결과가 소수 두 자리 수인 것을 찾아 ○표 하세요.

9.03×10	0.008×100	723×0.01	50×0.01
( )	( )	( )	( )

3 ☐ 안에 알맞은 수를 써넣으세요.

(1) $14.3 \times \boxed{} = 1430$

(2) $536 \times \boxed{} = 53.6$

(3) $25.48 \times \boxed{} = 254.8$

(4) $4920 \times \boxed{} = 49.2$

4 보기 를 이용하여 계산해 보세요.

(1)
보기
$$402 \times 33 = 13266$$

$40.2 \times 3.3 = \boxed{}$

$4.02 \times 0.33 = \boxed{}$

(2)
보기
$$578 \times 29 = 16762$$

$57.8 \times 290 = \boxed{}$

$0.578 \times 2.9 = \boxed{}$

5 ㉠은 ㉡의 몇 배인지 구해 보세요.

㉠ 38의 5.6배	㉡ 3.8의 0.56배

(   )

1 (소수)×(자연수)

1 빈칸에 알맞은 수를 써넣으세요.

> 곱하는 수가 1씩 커지면 곱은 곱해지는 수만큼 커져.

×	5	6	7
1.4			
0.42			

2 계산 결과가 <u>다른</u> 하나를 찾아 기호를 써 보세요.

$$\bigodot 0.4+0.4+0.4 \qquad \bigcirc\!\!\bigcirc 0.4\times3 \qquad \bigodot\!\!\bigcirc \frac{4}{10}\times3 \qquad \bigodot\!\!\bigcirc 0.4+3$$

(   )

3 0.54×6을 두 가지 방법으로 계산해 보세요.

> 0.54는 0.01이 54개인 수야.

0.01의 개수로 계산하기

분수의 곱셈으로 계산하기

4 계산 결과를 비교하여 ○ 안에 >, =, <를 알맞게 써넣으세요.

> 소수의 곱셈을 계산하고, 계산 결과의 크기를 비교해.

(1) 0.6×13 ○ 0.52×8 (2) 2.31×5 ○ 1.8×7

5 빈칸에 알맞은 수를 써넣으세요.

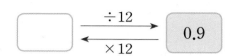

⊕ 어떤 소수에 5를 곱해야 할 것을 잘못하여 5로 나누었더니 몫은 3.7이 되었습니다. 바르게 계산한 답을 구해 보세요.

( )

😊 내가 만드는 문제

6 정육각형 모양의 화단입니다. ☐ 안에 1보다 큰 소수를 써넣고, 화단의 둘레는 몇 m인지 구해 보세요.

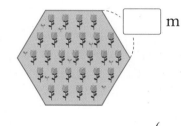

( )

> 나눗셈을 곱셈으로 바꾸어 계산할 수 있어.
> ◆ ÷ ● = ▲
> ➡ ▲ × ● = ◆

어떤 소수 구하기

어떤 소수를 ☐라고 하여 식을 세워 ☐를 구할 수 있습니다.
☐ ÷ 5 = 3.7

> (정다각형의 둘레)
> = (한 변의 길이) × (변의 수)

4

🐬 (소수) × (자연수)의 결과는 항상 소수일까?

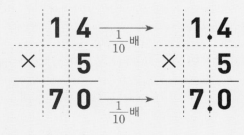

> 소수점 아래 마지막 0은 생략하여 나타낼 수 있어.

➡ 1.4 × 5 = ☐ 이므로 (소수) × (자연수)의 결과가 항상 소수인 것은 아닙니다.

7 보기 와 같이 분수의 곱셈으로 고쳐서 계산해 보세요.

> **보기**
> $$8 \times 1.9 = 8 \times \frac{19}{10} = \frac{8 \times 19}{10} = \frac{152}{10} = 15.2$$

21×1.3

8 어림하여 계산 결과가 20보다 작은 것을 찾아 ○표 하세요.

9의 1.9배	7 × 3.49	8의 3.09
(　)	(　)	(　)

▶ 곱하는 소수를 자연수로 어림하여 계산해 봐.

9 계산 결과가 6 × 2.4와 같은 것을 모두 찾아 기호를 써 보세요.

> ㉠ 18 × 0.8　　㉡ 11 × 1.4　　㉢ 19 × 0.6　　㉣ 9 × 1.6

(　　　　　　　　　　)

10 사다리를 타고 내려가서 빈칸에 계산 결과를 써넣으세요.

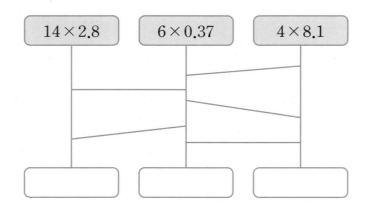

| 14 × 2.8 | 6 × 0.37 | 4 × 8.1 |

▶ 사다리 타기는 세로줄을 타고 아래로 내려가면서 가로줄을 만날 때마다 가로줄로 연결된 세로줄로 옮겨가면 돼.

11 1 L의 페인트로 4.25 m²의 벽을 칠할 수 있다고 합니다. 7 L의 페인트로 칠할 수 있는 벽의 넓이는 몇 m²인지 구해 보세요.

( )

12 수지는 노란색과 파란색 끈을 사용하여 선물을 포장하였습니다. 선물을 포장하는데 사용한 끈은 모두 몇 m인지 구해 보세요.

▶ 소수의 덧셈을 할 때는 소수점의 위치를 맞추어 더하면 돼.

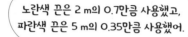 노란색 끈은 2 m의 0.7만큼 사용했고, 파란색 끈은 5 m의 0.35만큼 사용했어.

( )

☺ 내가 만드는 문제

13 ☐ 안에 1보다 큰 자연수를 자유롭게 써넣은 다음, ●가 될 수 있는 자연수는 모두 몇 개인지 구해 보세요.

▶ 곱셈식을 먼저 계산하고 ●에 1, 2, 3, ...을 차례로 넣어서 식이 성립하는지 확인해.

4

$$● < \boxed{} × 0.8$$

( )

🎓❓ **곱셈을 하면 값이 항상 커질까?**

• (자연수)×(1보다 큰 소수)

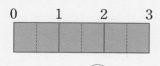

0 1 2 3

2×1.5 ◯ 2

➡ ◆×(1보다 큰 소수) ◯ ◆

• (자연수)×(1보다 작은 소수)

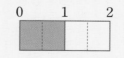

0 1 2

2×0.5 ◯ 2

➡ ◆×(1보다 작은 소수) ◯ ◆

어떤 수에 1보다 작은 소수를 곱하면 계산 결과는 어떤 수보다 작아져.

14 자연수의 곱셈을 이용하여 계산 결과가 <u>다른</u> 하나를 찾아 ×표 하세요.

▶ 자연수의 곱셈 결과에 소수의 크기를 생각하여 소수점을 찍어 봐.

(1) $12 \times 23 = 276$ ➡

| 1.2×2.3 | 0.12×23 | 12×0.023 |

(   )   (   )   (   )

(2) $172 \times 8 = 1376$ ➡

| 1.72×0.8 | 1.72×0.08 | 17.2×0.008 |

(   )   (   )   (   )

15 빈칸에 알맞은 수를 써넣으세요.

16 빈칸에 알맞은 수를 써넣으세요.

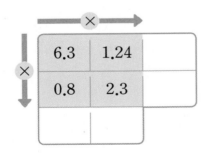

17 어림하여 계산 결과가 4보다 작은 것을 찾아 기호를 써 보세요.

▶ 소수를 계산하기 쉬운 수로 어림해 봐.

| ㉠ 9.2의 0.7배   ㉡ 0.9 × 3.8   ㉢ 3.3의 1.5 |

(   )

18 평행사변형의 넓이는 몇 cm²인지 구해 보세요.

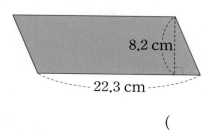

8.2 cm

22.3 cm

(   )

▶ (평행사변형의 넓이)
  = (밑변의 길이) × (높이)

19 떨어진 높이의 0.8배만큼 튀어 오르는 공이 있습니다. 이 공을 2.8 m의 높이에서 떨어뜨렸을 때 공이 두 번째로 튀어 오른 높이는 몇 m인지 구해 보세요.

2.8 m

(   )

▶ 공이 튀어 오른 횟수만큼 0.8을 곱해.

4

☺ 내가 만드는 문제
20 4장의 수 카드를 한 번씩만 사용하여 곱셈식을 만들어 계산해 보세요.

4 2 1 8

□.□ × □.□ = □

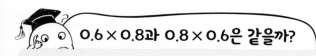

0.6 × 0.8과 0.8 × 0.6은 같을까?

0.6
× 0.8

VS

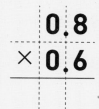

0.8
× 0.6

계산 순서를 바꾸어 곱해도
계산 결과는 변하지 않아.

21 어느 주유소에서 판매하는 휘발유 1 L당 가격은 1750원입니다. 이 휘발유 0.1 L, 0.01 L, 0.001 L의 가격은 각각 얼마인지 구해 보세요.

휘발유	1 L	0.1 L	0.01 L	0.001 L
가격(원)	1750			

▶ 곱하는 소수의 소수점 아래 자리 수만큼 소수점을 왼쪽으로 옮겨.

22 곱의 소수점의 위치가 <u>잘못된</u> 것을 찾아 기호를 써 보세요.

> ㉠ $0.315 \times 10 = 3.15$ ㉡ $31.5 \times 100 = 3150$
>
> ㉢ $3150 \times 0.1 = 315$ ㉣ $315 \times 0.01 = 31.5$

(   )

▶ 곱의 소수점을 옮길 자리가 없으면 0을 채우면서 옮겨.
$1.5 \times \underline{100} = 15\underline{0}$
$15 \times \underline{0.01} = 0.\underline{15}$

23 $24 \times 7 = 168$을 이용하여 ☐ 안에 알맞은 수를 써넣으세요.

> • ☐ $\times 7 = 1.68$
>
> • $24 \times$ ☐ $= 0.168$

▶ 곱의 소수점이 왼쪽으로 옮겨진 자리 수만큼 곱하는 수나 곱해지는 수의 소수점도 똑같이 왼쪽으로 옮겨.

24 폐휴지를 민수는 452 g 모았고, 유미는 0.461 kg 모았습니다. 폐휴지를 더 많이 모은 사람은 누구인지 써 보세요.

(   )

▶ 소수는 높은 자리의 숫자가 클수록 더 큰 수야.

25 지우가 계산기로 0.68×1.3을 계산하려고 두 수를 눌렀는데 수 하나의 소수점 위치를 잘못 눌러서 계산 결과가 8.84가 나왔습니다. 지우가 계산기에 누른 두 수를 ☐ 안에 알맞게 써넣으세요.

▶ 0.68×1.3의 결괏값이 8.84의 몇 배인지 살펴봐.

☐ × ☐ 또는 ☐ × ☐

 내가 만드는 문제

26 어느 마트에서는 구입 금액의 0.001만큼을 마일리지 점수로 적립해 줍니다. 다음 중 마트에서 파는 물건 2개를 골라 쓰고, 적립한 마일리지는 모두 몇 점인지 구해 보세요.

▶ 물건 2개의 가격을 더한 값의 0.001만큼이 적립한 마일리지야.

우유 3010원   빵 2500원   바나나 3820원   고등어 4580원

고른 물건 (   )

적립한 마일리지 (   )

곱을 구하지 않고 크기를 비교할 수 있을까?

$$10.6 \times 0.23 \quad \bigcirc \quad 1.06 \times 23$$

↓

소수 세 자리 수

↓

소수 두 자리 수

 106×23과 수의 배열이 같으니 곱의 소수점의 위치를 보고 크기를 비교할 수 있어.

1 곱의 소수점의 위치

1 준비

□ 안에 알맞은 수를 써넣으세요.

- $402 \times \boxed{} = 40.2$
- $\boxed{} \times 100 = 316$

2 확인

어떤 수에 0.01을 곱했더니 0.6이 되었습니다. 어떤 수는 얼마인지 구해 보세요.

( )

3 완성

□ 안에 알맞은 수를 써넣으세요.

$572 \times 48 = 27456$

➡ $4.8 \times \boxed{} = 2.7456$

2 □ 안에 들어갈 수 있는 자연수 구하기

4 준비

□ 안에 들어갈 수 있는 자연수를 모두 써 보세요.

$\boxed{} < 2.1 \times 3$

( )

5 확인

□ 안에 들어갈 수 있는 가장 큰 자연수를 써 보세요.

$5.3 \times 1.15 > \boxed{}$

( )

6 완성

□ 안에 들어갈 수 있는 자연수는 모두 몇 개인지 구해 보세요.

$2.8 \times 0.8 < \boxed{} < 4.9 \times 1.21$

( )

3 세 수의 계산

7
준비

□ 안에 알맞은 수를 써넣으세요.

(1) $3.5 \times 0.2 \times 0.8 =$ ☐

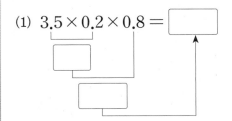

(2) $3.5 \times 0.2 \times 0.8 =$ ☐

8
확인

보기 를 이용하여 계산해 보세요.

> **보기**
>
> $8 \times 6 \times 9 = 432$

(1) $0.8 \times 0.6 \times 0.9 =$ ☐

(2) $0.08 \times 6 \times 0.9 =$ ☐

9
완성

하루에 마신 물의 양이 승혜는 1.2 L이고, 세영이는 승혜가 마신 물의 양의 0.8배입니다. 세영이는 매일 같은 양의 물을 마실 때 세영이가 일주일 동안 마신 물의 양은 몇 L인지 구해 보세요.

( )

4 소수의 곱셈 활용

10
준비

0.275 L짜리 캔 음료 250개의 양은 몇 L인지 식을 쓰고 답을 구해 보세요.

식 ....

답 ....

11
확인

빵을 만드는 데 두 가지 밀가루를 사용하였습니다. 사용한 밀가루의 양이 더 많은 것은 어느 것인지 구해 보세요.

중력분 밀가루	강력분 밀가루
3 kg의 0.56배	2.8 kg의 0.4배

( )

12
완성

은주는 자전거를 타고 4 km 20 m인 공원의 둘레를 3바퀴 반 돌았습니다. 은주가 자전거를 타고 공원 둘레를 돈 거리는 몇 km인지 구해 보세요.

( )

5 시간을 소수로 고쳐서 계산하기

13 현수는 한 시간에 3.24 km씩 걷는다고 합니
준비 다. 같은 빠르기로 1.5시간 동안 몇 km를 걸
을 수 있는지 구해 보세요.

( )

14 한 시간에 76.4 km를 달리는 자동차가 있습
확인 니다. 이 자동차가 같은 빠르기로 2시간 6분
동안 달린다면 몇 km를 갈 수 있는지 구해 보
세요.

( )

15 한 시간에 75.3 km를 가는 자동차가 있습니
완성 다. 이 자동차는 1 km를 가는 데 0.05 L의
휘발유가 필요합니다. 이 자동차가 3시간 24분
동안 가는 데 필요한 휘발유는 몇 L인지 구해
보세요.

( )

6 곱이 가장 큰 소수의 곱셈

16 계산 결과가 가장 큰 것을 찾아 기호를 써 보세요.
준비

⊙ 28 × 2.7 ⓛ 4.1 × 15
ⓒ 6.38 × 11 ⓔ 34 × 2.03

( )

17 수 카드 ⑤ , ⑥ , ⑨ 를 한 번씩만 사용하
확인 여 곱이 가장 큰 곱셈식을 만들려고 합니다. □
안에 알맞은 수를 써넣으세요.

18 수 카드 ② , ④ , ⑤ , ⑧ 을 한 번씩만 사
완성 용하여 곱이 가장 큰 곱셈식을 만들려고 합니다.
□ 안에 알맞은 수를 써넣고, 곱을 구해 보세요.

( )

단원 평가

점수 | 확인

1 수직선을 보고 □ 안에 알맞은 수를 써넣으세요.

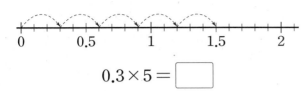

$$0.3 \times 5 = \boxed{}$$

2 보기 와 같이 계산해 보세요.

보기

$$1.4 \times 6 = \frac{14}{10} \times 6 = \frac{14 \times 6}{10}$$
$$= \frac{84}{10} = 8.4$$

2.3×7

3 □ 안에 알맞은 수를 써넣으세요.

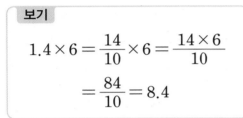

4 계산해 보세요.

(1) 0.45×9

(2) 11×5.2

5 □ 안에 알맞은 수를 써넣으세요.

$$403 \times 0.1 = \boxed{}$$

$$403 \times 0.01 = \boxed{}$$

$$403 \times 0.001 = \boxed{}$$

6 두 수의 곱을 빈칸에 써넣으세요.

(1)

4.3	0.2

(2)

6.4	0.06

7 □ 안에 알맞은 수를 써넣으세요.

(1) $0.37 \times 9 = \boxed{}$

$9 \times 0.37 = \boxed{}$

(2) $1.4 \times 0.25 = \boxed{}$

$0.25 \times 1.4 = \boxed{}$

8 계산 결과를 비교하여 ○ 안에 >, =, <를 알맞게 써넣으세요.

(1) $3.16 \times 2.5 \bigcirc 7.5$

(2) $0.8 \times 17 \bigcirc 18 \times 0.8$

9 어림하여 계산 결과가 4보다 작은 것을 찾아 기호를 써 보세요.

> ㉠ 0.47×5.3
> ㉡ 2.7의 2배
> ㉢ 6의 0.9

( )

10 가장 큰 수와 가장 작은 수의 곱을 구해 보세요.

> 0.6   0.78   0.9   0.53

( )

11 보기 를 이용하여 계산해 보세요.

> **보기**
> $135 \times 4 = 540$

(1) 0.135×4

(2) 135×0.04

12 ㉡은 ㉠의 몇 배인지 구해 보세요.

> ㉠ 0.36의 7배   ㉡ 360의 0.07배

( )

13 지우의 몸무게는 52 kg입니다. 은호의 몸무게는 지우의 몸무게의 0.8배입니다. 은호의 몸무게는 몇 kg인지 구해 보세요.

( )

14 집에서 동물원까지의 거리는 동물원에서 놀이공원까지의 거리의 1.9배입니다. 집에서 동물원까지의 거리는 몇 km인지 식을 쓰고 답을 구해 보세요.

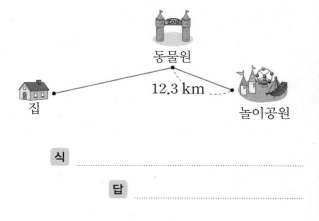

식 _____

답 _____

15 ☐ 안에 들어갈 수 있는 자연수는 모두 몇 개인지 구해 보세요.

> $8 \times 3.7 < ☐ < 5.1 \times 7.3$

( )

16 □ 안에 알맞은 수가 다른 하나를 찾아 기호를 써 보세요.

$$
\begin{aligned}
&\text{㉠ } 75 \times \square = 0.75 \\
&\text{㉡ } 312 \times \square = 31.2 \\
&\text{㉢ } 2640 \times \square = 26.4
\end{aligned}
$$

(   )

17 어떤 수에 100을 곱해야 할 것을 잘못하여 1000을 곱했더니 21.6이 되었습니다. 바르게 계산하면 얼마인지 구해 보세요.

(   )

18 색칠한 부분의 넓이는 몇 cm²인지 구해 보세요.

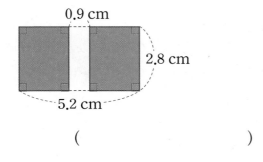

(   )

19 어느 날 우리나라 돈 1000원을 다른 나라 돈으로 바꿨을 때의 환율을 나타낸 것입니다. □ 안에 알맞은 단위를 써넣고, 그 이유를 써 보세요.

중국	5.11위안
가나	9.78세디
튀르키예	13.12리라

➡ 우리나라 돈 3000원은 약 39 □ 입니다.

이유 _____

_____

_____

_____

20 15 × 0.28을 다음과 같이 계산하였습니다. 잘못 계산한 이유를 쓰고, 바르게 계산해 보세요.

> 자연수의 곱셈으로 계산하면
> $15 \times 28 = 420$이므로 $15 \times 0.28 = 42$
> 입니다.

이유 _____

_____

바른 계산 _____

_____

5 직육면체

직육면체, 직사각형 모양의 면이 6개인 도형

● **직육면체의 겨냥도**

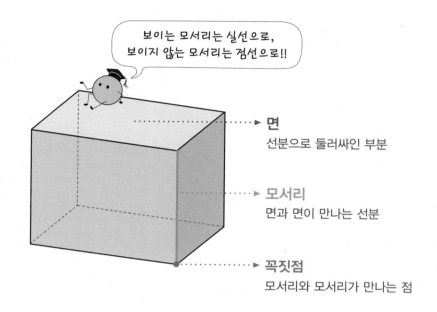

보이는 모서리는 실선으로,
보이지 않는 모서리는 점선으로!!

면
선분으로 둘러싸인 부분

모서리
면과 면이 만나는 선분

꼭짓점
모서리와 모서리가 만나는 점

직육면체의 모서리를
잘라서 펼쳐 볼까?

● **직육면체의 전개도**

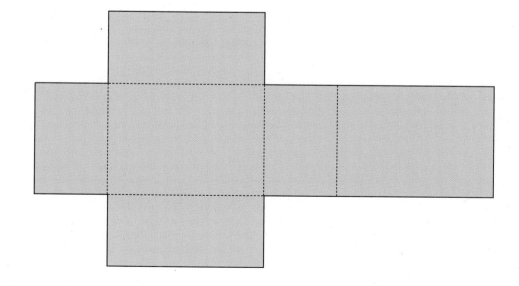

① 사각형 6개로 둘러싸인 도형은 사각형의 모양에 따라 이름이 달라.

개념 강의

직육면체
직사각형 6개로 둘러싸인 도형

정육면체
정사각형 6개로 둘러싸인 도형

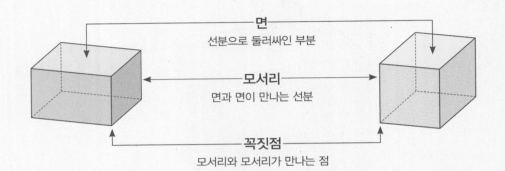

면
선분으로 둘러싸인 부분

모서리
면과 면이 만나는 선분

꼭짓점
모서리와 모서리가 만나는 점

● **직육면체와 정육면체의 비교**

정사각형은 직사각형이므로 정육면체는 직육면체라고 할 수 있어.

도형	면의 모양	면의 수(개)	모서리의 수(개)	꼭짓점의 수(개)
직육면체	직사각형	6	12	8
정육면체	정사각형	6	12	8

차이점   공통점

---

1 그림을 보고 ☐ 안에 알맞은 수나 말을 써넣으세요.

(1)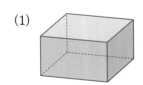

직사각형 ☐ 개로 둘러싸인 도형을 ☐ (이)라고 합니다.

(2)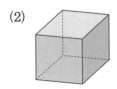

정사각형 ☐ 개로 둘러싸인 도형을 ☐ (이)라고 합니다.

2 직육면체와 정육면체의 각 부분의 이름을 □ 안에 알맞게 써넣으세요.

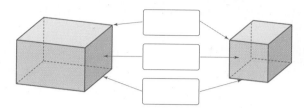

3 그림을 보고 직육면체를 모두 찾아 ○표 하세요.

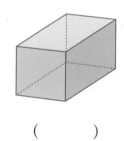　　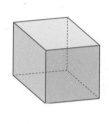　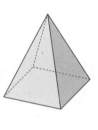

(　　)　　　　(　　)　　　　(　　)　　　　(　　)

4 직육면체의 면이 될 수 있는 도형을 모두 찾아 ○표 하세요.

(　　)　　(　　)　　(　　)　　(　　)　　(　　)

5 직육면체를 보고 빈칸에 알맞게 써넣으세요.

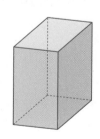

면의 수(개)	
모서리의 수(개)	
꼭짓점의 수(개)	

2 직육면체에서 서로 마주 보는 면과 만나는 면을 찾을 수 있어.

● 직육면체의 성질

성질 1 직육면체에서 서로 마주 보는 면은 평행합니다.

•계속 늘여도 만나지 않는 경우

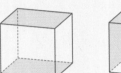 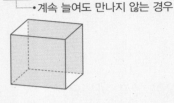

직육면체는 평행한 면이 3쌍 있어.

➡ 서로 평행한 두 면을 직육면체의 밑면이라고 합니다.

성질 2 직육면체에서 서로 만나는 두 면은 수직입니다.

직육면체에서 한 면과 수직인 면은 4개야.

➡ 밑면과 수직인 면을 직육면체의 옆면이라고 합니다.

---

1 ☐ 안에 알맞은 수나 말을 써넣으세요.

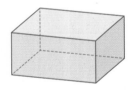

(1) 직육면체에서 평행한 두 면을 직육면체의 ☐ 이라고 합니다.

직육면체에는 평행한 면이 ☐ 쌍 있습니다.

(2) 직육면체에서 밑면과 수직인 면을 직육면체의 ☐ 이라고 합니다.

직육면체에서 한 면과 수직인 면은 ☐ 개입니다.

2 왼쪽 직육면체의 색칠한 면과 평행인 면을 색칠한 것을 찾아 ○표 하세요.

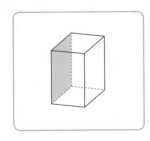

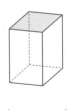 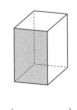 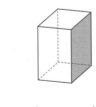 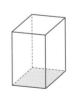

(   )   (   )   (   )   (   )

3 왼쪽 직육면체의 색칠한 면과 수직인 면을 <u>잘못</u> 색칠한 것을 찾아 ×표 하세요.

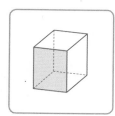　　　　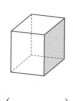

　　　　　(　　　)　　　(　　　)　　　(　　　)　　　(　　　)

4 직육면체에서 서로 평행한 면을 찾아 빈칸에 알맞게 써넣으세요.

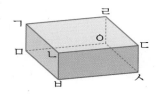

면 ㄱㄴㄷㄹ	
면 ㄱㅁㅂㄴ	
면 ㄱㅁㅇㄹ	

5 직육면체에서 색칠한 면과 수직인 면을 모두 찾아 ○표 하세요.

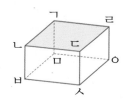

면 ㄱㄴㅂㅁ　　　면 ㄱㅁㅇㄹ
면 ㄴㅂㅅㄷ　　　면 ㄷㅅㅇㄹ　　　면 ㅁㅂㅅㅇ

6 직육면체에서 색칠한 두 면이 이루는 각의 크기는 몇 도인지 구해 보세요.

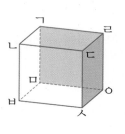

면 ㄱㅁㅇㄹ과 면 ㄷㅅㅇㄹ이
이루는 각의 크기는 각 ㄱㄹㄷ,
각 ㅁㅇㅅ의 크기와 같아.

　　　　　　　　　　　　　　(　　　　　　　　)

1 직육면체와 정육면체

1 직육면체와 정육면체를 찾아 표를 완성해 보세요.

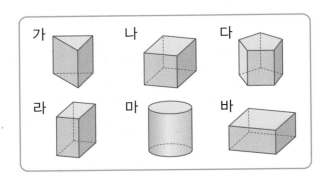

직육면체	정육면체

➕ 입체도형의 이름을 모두 찾아 ◯표 하세요.

사각형	직육면체
사각기둥	사각뿔

2 정육면체를 보고 ☐ 안에 알맞은 수를 써넣으세요.

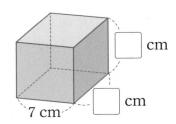

☐ cm

☐ cm

7 cm

3 정육면체의 면, 모서리, 꼭짓점의 수의 합을 구하려고 합니다. ☐ 안에 알맞은 수를 써넣으세요.

면의 수   모서리의 수   꼭짓점의 수

☐ + ☐ + ☐ = ☐ (개)

▶ 직육면체는 직사각형 6개, 정육면체는 정사각형 6개로 둘러싸인 도형이야.

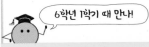 6학년 1학기 때 만나!

각기둥 알아보기

각기둥: 서로 평행한 두 면이 합동인 다각형으로 이루어진 입체도형

 밑면의 모양: 삼각형 ➡ 삼각기둥

 밑면의 모양: 사각형 ➡ 사각기둥

▶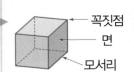
꼭짓점
면
모서리

4 직육면체와 정육면체에 대해 잘못 설명한 사람을 찾아 이름을 쓰고, 바르게 고쳐 보세요.

> 이안: 직육면체와 정육면체는 면, 모서리, 꼭짓점의 수가 각각 같습니다.
> 솔지: 정육면체는 직육면체라고 할 수 있습니다.
> 상우: 직육면체와 정육면체는 면의 모양이 정사각형입니다.

이름	

바르게 고치기 ....

....

☺ 내가 만드는 문제

5 정육면체의 한 변의 길이를 자유롭게 정하고, 정육면체의 모든 모서리의 길이의 합은 몇 cm인지 구해 보세요.

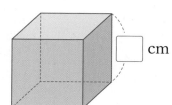 ☐ cm

➡ (정육면체의 모든 모서리의 길이의 합)

= ☐ (cm)

▶ 정육면체는 모서리의 길이가 모두 같아.

5

정육면체는 직육면체라고 할 수 있어?

정사각형은 직사각형이라고
할 수 있습니다. (○ , ×)

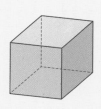

정육면체는 직육면체라고
할 수 있습니다. (○ , ×)

직육면체는 정육면체라고
할 수 없어.

[6~7] 직육면체를 보고 물음에 답하세요.

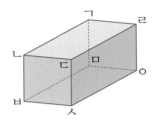

6 면 ㄱㄴㄷㄹ과 평행한 면을 찾아 써 보세요.

( )

> 직육면체의 면을 읽을 때 시계 방향 또는 시계 반대 방향으로 차례로 읽어야 해.
>
>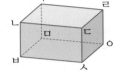
>
> ➡ 면 ㄱㄴㄷㄹ (○)
> 면 ㄱㄹㄷㄴ (○)
> 면 ㄱㄴㄹㄷ (×)
> 면 ㄱㄷㄴㄹ (×)

7 면 ㄴㅂㅁㄱ과 수직인 면은 모두 몇 개일까요?

( )

8 직육면체의 성질에 대해 바르게 설명한 것을 찾아 기호를 써 보세요.

> ㉠ 직육면체의 한 면과 평행한 면은 모두 4개입니다.
> ㉡ 직육면체의 한 모서리에서 만나는 두 면이 이루는 각은 90°입니다.
> ㉢ 한 꼭짓점에서 만나는 면은 2개입니다.

( )

9 직육면체에서 꼭짓점 ㄷ에서 만나는 면을 모두 찾아 써 보세요.

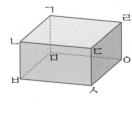

( )

> 직육면체의 한 꼭짓점에서 만나는 세 면은 수직이야.
>
>

10 직육면체에서 두 면 사이의 관계가 <u>다른</u> 것을 찾아 기호를 써 보세요.

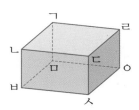

> ㉠ 면 ㄱㄴㄷㄹ과 면 ㄱㅁㅇㄹ
> ㉡ 면 ㄴㅂㅅㄷ과 면 ㄷㅅㅇㄹ
> ㉢ 면 ㅁㅂㅅㅇ과 면 ㄴㅂㅁㄱ
> ㉣ 면 ㄱㅁㅇㄹ과 면 ㄴㅂㅅㄷ

(   )

 내가 만드는 문제

11 직육면체의 한 면을 골라 색칠하고, 색칠한 면과 평행한 면의 모서리의 길이의 합은 몇 cm인지 구해 보세요.

9 cm
5 cm
7 cm

(   )

▶ 직육면체에서 평행한 두 면은 서로 합동이야.

직육면체의 밑면은 밑에 있는 면?

직육면체의 밑면은 서로 평행한 두 면이므로

서로 평행한 ☐ 쌍의 면은 각각 밑면이 될 수 있습니다.

옆면도 옆에 있는 면이 아니라 밑면과 수직인 면을 말해.

3 직육면체의 보이지 않는 부분까지 나타낸 그림을 직육면체의 겨냥도라고 해.

개념 강의

● **직육면체의 겨냥도**: 보이는 모서리는 **실선**으로, 보이지 않는 모서리는 점선으로 그려 **직육면체 모양을 잘 알 수 있도록 나타낸 그림**

보이는 모서리는 실선으로 그립니다.

보이지 않는 모서리는 점선으로 그립니다.

겨냥도로 보이지 않는 면, 모서리, 꼭짓점을 나타낼 수 있어.

● **직육면체의 겨냥도에서 각 부분의 수**

면의 수(개)		모서리의 수(개)		꼭짓점의 수(개)	
보이는 면	보이지 않는 면	보이는 모서리	보이지 않는 모서리	보이는 꼭짓점	보이지 않는 꼭짓점
3	3	9	3	7	1

1 직육면체의 겨냥도를 보고 알맞은 말에 ○표 하세요.

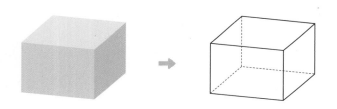

직육면체의 겨냥도는 직육면체 모양을 잘 알 수 있도록 보이는 모서리는 (실선 , 점선)으로, 보이지 않는 모서리는 (실선 , 점선)으로 그립니다.

2 직육면체의 겨냥도를 바르게 그린 것을 찾아 ○표 하세요.

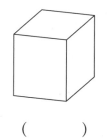

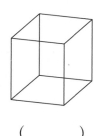

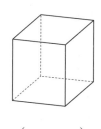

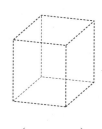

(   )   (   )   (   )   (   )

3 정육면체를 보고 ☐ 안에 알맞은 수를 써넣으세요.

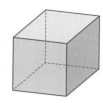

- 보이지 않는 면은 ☐ 개입니다.
- 보이지 않는 모서리는 ☐ 개입니다.
- 보이지 않는 꼭짓점은 ☐ 개입니다.

4 직육면체에서 보이는 모서리를 실선으로 그려 넣어 직육면체의 겨냥도를 완성해 보세요.

(1)

(2)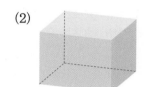

(3)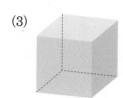

5 직육면체에서 보이지 않는 모서리를 점선으로 그려 넣어 직육면체의 겨냥도를 완성해 보세요.

(1)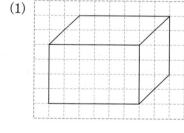

(2)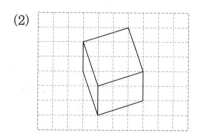

(3)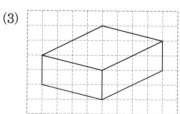

(4)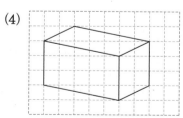

4 직육면체의 모서리를 잘라서 펼친 그림을 직육면체의 전개도라고 해.

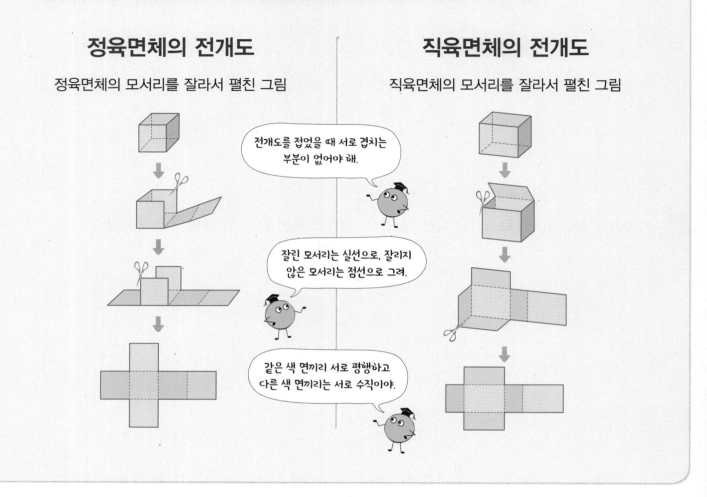

정육면체의 전개도

정육면체의 모서리를 잘라서 펼친 그림

직육면체의 전개도

직육면체의 모서리를 잘라서 펼친 그림

전개도를 접었을 때 서로 겹치는 부분이 없어야 해.

잘린 모서리는 실선으로, 잘리지 않은 모서리는 점선으로 그려.

같은 색 면끼리 서로 평행하고 다른 색 면끼리는 서로 수직이야.

---

1 그림을 보고 ☐ 안에 알맞게 써넣으세요.

(1)

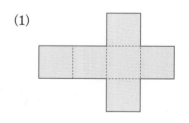

정육면체의 모서리를 잘라서 펼친 그림을 정육면체의 ☐☐☐☐ (이)라고 합니다.

(2)

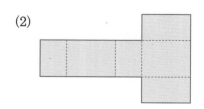

직육면체의 전개도에는 모양과 크기가 같은 면이 ☐ 쌍 있습니다.

2 정육면체의 전개도를 찾아 ○표 하세요.

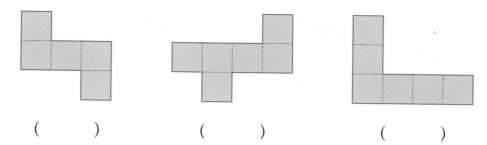

(   )   (   )   (   )

3 전개도를 접어서 정육면체를 만들었을 때 색칠한 면과 평행한 면에 색칠해 보세요.

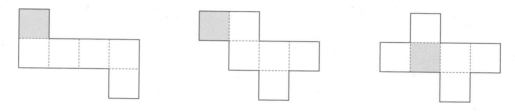

4 전개도를 접었을 때 색칠한 면과 수직인 면에 모두 ○표 하세요.

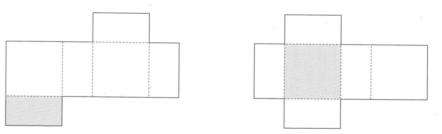

5 빠진 부분을 그려 넣어 정육면체의 전개도를 완성해 보세요.

(1)

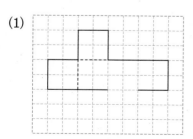

(2)

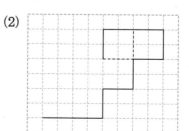

1 직육면체의 겨냥도에 대한 설명입니다. 옳은 것에
○표, <u>틀린</u> 것에 ×표 하세요.

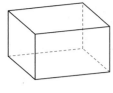

(1) 보이지 않는 모서리는 3개입니다.　　　　　(　　　)

(2) 보이는 면은 3개입니다.　　　　　　　　　(　　　)

(3) 보이지 않는 꼭짓점은 4개입니다.　　　　(　　　)

2 직육면체에서 빨간색 모서리와 길이가 같은 모서리를 모두 찾아 ○표 하고,
☐ 안에 알맞은 수를 써넣으세요.

▶ 직육면체에서 마주 보는 모서리
끼리 길이가 같아.

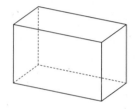

직육면체에는 길이가 같은 모서리가
☐개씩 ☐쌍 있습니다.

3 빠진 부분을 그려 넣어 직육면체의 겨냥도를 완성해 보세요.

▶ 마주 보는 모서리끼리 평행하게
그려.

(1)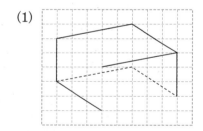

(2)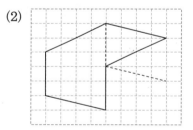

4 직육면체의 겨냥도에서 <u>잘못된</u> 부분을 모두 찾아 ×표 하고, 바르게 고쳐
보세요.

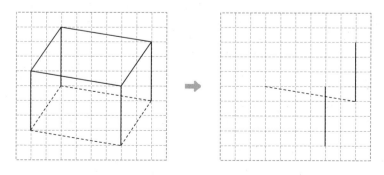

5 직육면체의 겨냥도에서 보이지 않는 모서리의 길이의 합은 몇 cm일까요?

▶ 직육면체에서 서로 평행한 모서리의 길이는 같아.

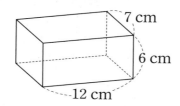

(   )

6 보기 는 세 모서리의 길이가 각각 1 cm, 2 cm, 2 cm인 직육면체의 겨냥도를 그린 것입니다. 세 모서리의 길이를 자유롭게 정하여 직육면체의 겨냥도를 그려 보세요.

보기

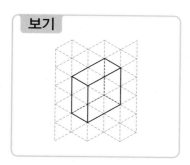

세 모서리의 길이		
☐ cm	☐ cm	☐ cm

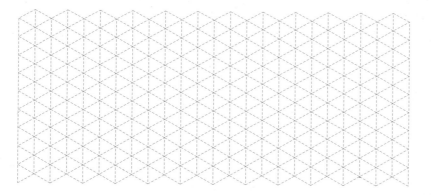

직육면체와 정육면체의 모서리의 길이의 합을 구하는 방법은?

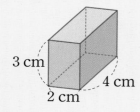

2 cm인 모서리: 4개
3 cm인 모서리: 4개
4 cm인 모서리: 4개

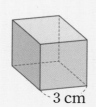

3 cm인 모서리: 12개

먼저 길이가 같은 모서리는 각각 몇 개인지 찾아.

(세 모서리의 길이의 합)×4

= (☐ + ☐ + ☐)×4 = ☐ (cm)

(한 모서리의 길이)×12

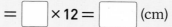

= ☐ ×12 = ☐ (cm)

7 직육면체의 모서리를 잘라서 직육면체의 전개도를 만들었습니다. ☐ 안에 알맞은 기호를 써넣으세요.

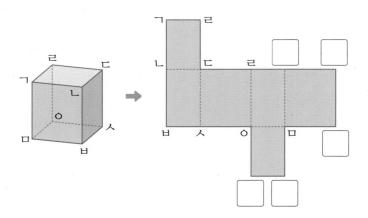

▶ 전개도를 접었을 때 같은 색 선분끼리 만나고, 화살표로 연결된 점끼리 만나.

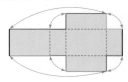

8 직육면체의 전개도를 <u>잘못</u> 그린 이유를 찾아 기호를 써 보세요.

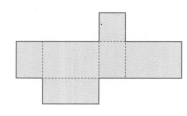

> ㉠ 겹치는 면이 있습니다.
>
> ㉡ 면이 6개가 아닙니다.
>
> ㉢ 서로 만나는 선분의 길이가 다릅니다.

(   )

▶ 전개도가 맞게 그려졌는지 확인하기
① 모양과 크기가 같은 면이 3쌍 있어.
② 전개도를 접었을 때 서로 겹치는 부분이 없어.
③ 전개도를 접었을 때 만나는 모서리의 길이가 같아.

9 직육면체의 겨냥도를 보고 전개도를 완성해 보세요.

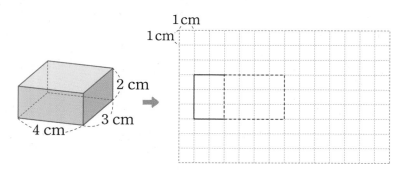

▶ 직육면체의 전개도 그리기
① 잘린 모서리는 실선, 잘리지 않은 모서리는 점선으로 그려.
② 서로 마주 보는 면은 모양과 크기가 같게 그려.
③ 서로 만나는 모서리의 길이는 같게 그려.

10 오른쪽 전개도를 접어서 직육면체를 만들려고 합니다. 면 가와 평행한 면을 찾아 쓰고, 넓이는 몇 cm²인지 구해 보세요.

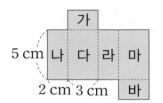

(   ), (   )

➕ 정육면체의 전개도를 보고 정육면체의 겉넓이는 몇 cm²인지 구해 보세요.

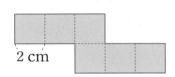

(정육면체의 겉넓이)
= (한 면의 넓이)×6
= ☐ × ☐ ×6 = ☐ (cm²)

▶ 같은 색 면끼리 서로 평행하고 다른 색 면끼리는 서로 수직이야.

6학년 1학기 때 만나!

정육면체의 겉넓이

(정육면체의 겉넓이)
= (한 면의 넓이)×6

 내가 만드는 문제

11 트로미노는 정사각형 3개를 이어 붙여 만든 도형으로 다음과 같이 2가지가 있습니다. 트로미노 한 가지를 골라 ◯표 하고, 같은 조각 2개를 이어 붙여 정육면체의 전개도를 2가지 만들어 보세요.

▶ 정육면체의 전개도는 뒤집거나 돌린 것도 같은 모양으로 보면 모두 11가지가 있어.

직육면체의 전개도를 잘 그렸는지 어떻게 확인할까?

① 면이 ☐개 있는지 확인합니다.

 → (◯ , ✕)

② 모양과 크기가 같은 면이 ☐쌍 있는지 확인합니다.

 → (◯ , ✕)

③ 접었을 때 겹치는 면이 없는지 확인합니다.

 → (◯ , ✕)

이외에도 면의 모양이 모두 직사각형인지, 접었을 때 만나는 모서리의 길이가 같은지 확인하는 방법이 있어.

1 직육면체의 면 알아보기

1
준비
직육면체의 면이 될 수 있는 도형을 모두 찾아 기호를 써 보세요.

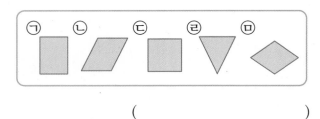

( )

2
확인
직육면체의 두 면이 다음과 같을 때 이 직육면체에 대해 <u>잘못</u> 설명한 것을 찾아 기호를 써 보세요.

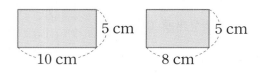

㉠ 나머지 한 면은 두 변의 길이가 각각 10 cm, 8 cm인 직사각형입니다.
㉡ 길이가 같은 모서리는 3개씩 있습니다.
㉢ 모서리의 길이는 3가지입니다.

( )

3
완성
직육면체의 두 면이 다음과 같을 때 이 직육면체의 모든 모서리의 길이의 합은 몇 cm일까요?

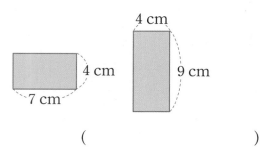

( )

2 주사위의 눈의 수 구하기

4
준비
주사위에서 서로 평행한 두 면의 눈의 수의 합은 7입니다. 눈의 수가 3인 면과 마주 보는 면의 눈의 수를 구해 보세요.

( )

5
확인
주사위에서 서로 평행한 두 면의 눈의 수의 합은 7입니다. 눈의 수가 2인 면과 수직인 면들의 눈의 수를 모두 써 보세요.

( )

6
완성
주사위에서 서로 평행한 두 면의 눈의 수의 합은 7입니다. 눈의 수가 6인 면과 수직인 면들의 눈의 수의 합을 구해 보세요.

( )

③ 모서리의 길이의 합 구하기

7
준비

직육면체에서 보이지 않는 모서리의 길이의 합은 몇 cm일까요?

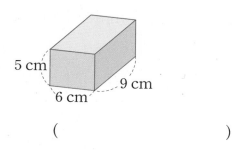

( )

8
확인

수진이는 정육면체 모양의 상자를 만들었습니다. 만든 상자의 모든 모서리의 길이의 합은 몇 cm일까요?

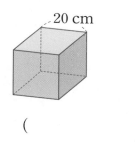

( )

9
완성

직육면체의 모든 모서리의 길이의 합은 몇 cm일까요?

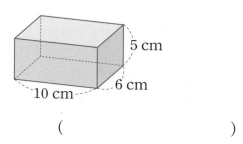

( )

④ 전개도를 접었을 때 겹치는 선분 찾기

10
준비

전개도를 접었을 때 빨간색 선분과 겹치는 선분에 ○표, 파란색 선분과 겹치는 선분에 △표 하세요.

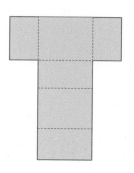

11
확인

전개도를 접었을 때 선분 ㅊㅈ과 겹치는 선분을 찾아 써 보세요.

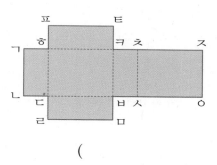

( )

12
완성

전개도를 접었을 때 선분 ㄴㄷ과 겹치는 선분을 찾아 써 보세요.

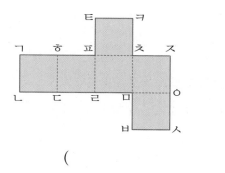

( )

13 준비 전개도를 접었을 때 색칠한 면과 수직인 면에 모두 색칠해 보세요.

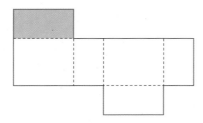

14 확인 전개도를 접었을 때 색칠한 면과 수직인 면에 모두 색칠하고 ☐ 안에 알맞은 수를 써넣으세요.

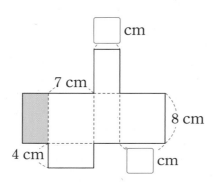

15 완성 전개도를 접었을 때 면 가와 수직인 면의 넓이는 몇 cm²인지 구해 보세요.

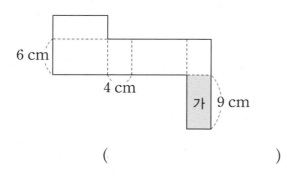

(   )

16 준비 다음과 같이 정육면체 모양의 상자를 끈으로 둘렀습니다. 상자를 두르는 데 사용한 끈의 길이는 몇 cm인지 구해 보세요.

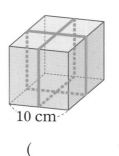

(   )

17 확인 다음과 같이 직육면체 모양의 상자를 끈으로 둘렀습니다. 상자를 두르는 데 사용한 끈의 길이는 몇 cm인지 구해 보세요.

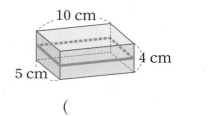

(   )

18 완성 다음과 같이 직육면체 모양의 상자를 끈으로 묶었습니다. 매듭으로 사용한 끈의 길이가 20 cm일 때, 사용한 끈의 길이는 모두 몇 cm인지 구해 보세요.

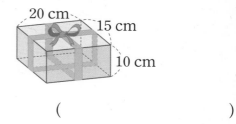

(   )

7 주사위의 전개도 완성하기

19 _{준비}
주사위에서 마주 보는 면의 눈의 수의 합은 7
입니다. 주사위의 전개도에서 ㉠과 ㉡에 알맞
은 눈의 수의 합을 구해 보세요.

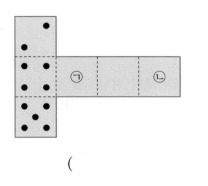

(   )

20 _{확인}
주사위에서 서로 평행한 두 면의 눈의 수의 합
이 7이 되도록 전개도의 빈 곳에 눈을 알맞게
그려 넣으세요.

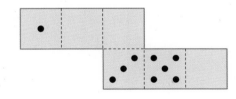

21 _{완성}
주사위에서 서로 평행한 두 면의 눈의 수의 합
이 7이 되도록 전개도의 빈 곳에 눈을 알맞게
그려 넣으세요.

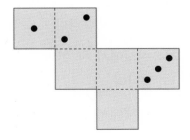

8 선이 지나간 자리를 전개도에 나타내기

22 _{준비}
직육면체 모양의 상자에 그림과 같이 선을 그
었습니다. 직육면체의 전개도에 선이 지나간
자리를 바르게 그려 넣으세요.

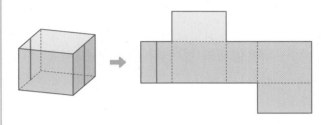

23 _{확인}
직육면체 모양의 상자에 그림과 같이 선을 그
었습니다. 직육면체의 전개도에 선이 지나간
자리를 바르게 그려 넣으세요.

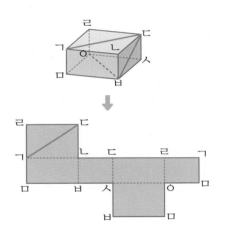

24 _{완성}
정육면체 모양의 상자에 그림과 같이 색 테이
프를 붙였습니다. 전개도에 색 테이프가 지나간
자리를 바르게 그려 넣으세요.

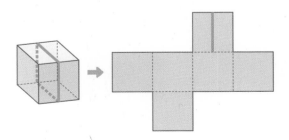

단원 평가

점수   확인

1 그림과 같이 정사각형 6개로 둘러싸인 도형을 무엇이라고 하는지 써 보세요.

(   )

2 직육면체의 면이 될 수 있는 도형을 찾아 기호를 써 보세요.

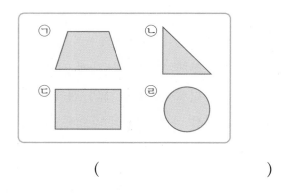

(   )

3 직육면체의 각 부분의 이름을 ☐ 안에 알맞게 써넣으세요.

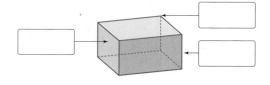

4 정육면체를 보고 ☐ 안에 알맞은 수를 써넣으세요.

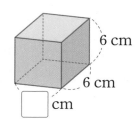

6 cm

6 cm

☐ cm

5 직육면체에서 색칠한 면과 평행한 면에 색칠해 보세요.

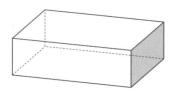

6 직육면체의 겨냥도를 <u>잘못</u> 그린 부분을 모두 찾아 ✕표 하세요.

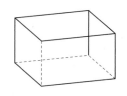

7 전개도를 접었을 때 색칠한 면과 수직인 면에 모두 색칠해 보세요.

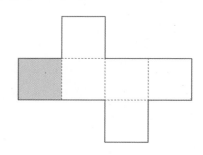

8 직육면체에 대한 설명으로 옳은 것에 ◯표, <u>틀린</u> 것에 ✕표 하세요.

(1) 직육면체와 정육면체는 면, 모서리, 꼭짓점의 수가 각각 같습니다.   (   )

(2) 직육면체에서 한 면과 수직으로 만나는 면은 1개입니다.   (   )

(3) 정육면체에서 한 모서리에서 만나는 두 면은 서로 수직입니다.   (   )

9 한 모서리의 길이가 5 cm인 정육면체 모양의 상자가 있습니다. 이 상자의 모서리의 길이의 합은 몇 cm인지 구해 보세요.

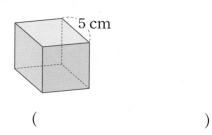

(   )

10 그림에서 빠진 부분을 그려 넣어 직육면체의 겨냥도를 완성해 보세요.

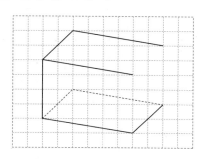

11 직육면체를 보고 전개도를 완성해 보세요.

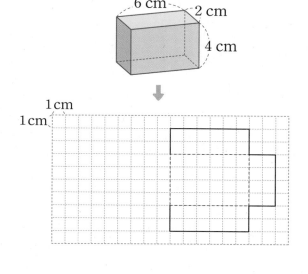

12 직육면체에서 면 ㅁㅂㅅㅇ과 평행한 면의 모서리의 길이의 합은 몇 cm인지 구해 보세요.

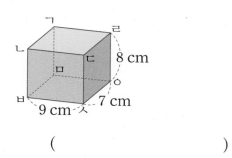

(   )

13 오른쪽 정육면체에서 보이는 면의 수와 보이지 않는 꼭짓점의 수의 합을 구해 보세요.

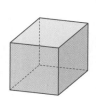

(   )

14 직육면체의 전개도를 그렸습니다. ☐ 안에 알맞은 수를 써넣으세요.

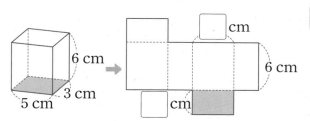

15 오른쪽 전개도를 접었을 때 선분 ㄱㄴ과 겹치는 선분을 찾아 써 보세요.

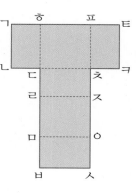

(   )

16 정육면체의 겨냥도를 보고 전개도를 그려 보세요.

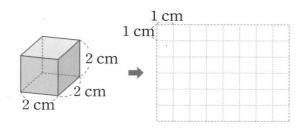

17 주사위에서 서로 평행한 두 면의 눈의 수의 합이 7이 되도록 전개도의 빈 곳에 눈을 알맞게 그려 넣으세요.

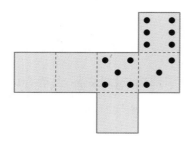

18 직육면체 모양의 상자에 선을 그었습니다. 직육면체의 전개도에 선이 지나간 자리를 바르게 그려 넣으세요.

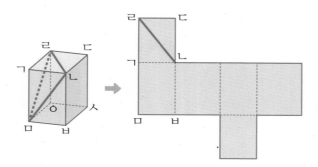

19 두 도형의 같은 점과 다른 점을 설명하세요.

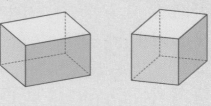

같은 점 _____

_____

_____

다른 점 _____

_____

_____

20 직육면체에서 모든 모서리의 길이의 합은 몇 cm인지 풀이 과정을 쓰고 답을 구해 보세요.

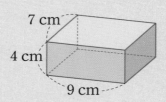

풀이 _____

_____

_____

_____

답 _____

● 동전 2개를 옮겨서 정사각형 모양을 만들려고 합니다. 옮기는 방법을 화살표로 나타내어 보세요.

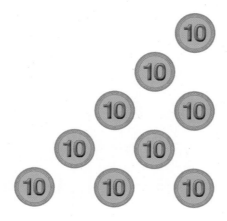

6 평균과 가능성

자료를 대표하는 값을 평균이라고 해!

지우네 모둠의 제기차기 기록

이름	지우	슬아	민해	유준
횟수(번)	4	3	5	4

○의 수가 많은 곳에서 적은 곳으로 옮겨서 값을 고르게 나타내!

횟수(번) \ 이름	지우	슬아	민해	유준
5				
4	○	○	○	○
3	○	○	○	○
2	○	○	○	○
1	○	○	○	○

$$(평균) = (4+3+5+4) \div 4 = 4(번)$$

$$(평균) = (자료\ 값을\ 모두\ 더한\ 수) \div (자료의\ 수)$$

제기차기 횟수의 합   사람 수

❶ 자료를 대표하는 값을 평균이라고 해.

개념 강의

● **평균: 자료의 값을 모두 더해 자료의 수로 나눈 값**

$$(평균) = (자료의 값을 모두 더한 수) \div (자료의 수)$$

└── 그 자료를 대표하는 값

● **평균 구하기**

은희의 제기차기 기록

회	1회	2회	3회	4회
기록(번)	3	5	0	4

방법 1 자료의 값이 고르게 되도록 옮겨 평균 구하기

은희의 제기차기 기록

	1회	2회	3회	4회
5		○		
4		○		○
3	○	○	○	○
2	○	○	○	○
1	○	○	○	○
기록(번) 회	1회	2회	3회	4회

➡ 은희의 제기차기 기록을 고르게 하면 3번이 되므로 은희의 제기차기 기록의 평균은 3번입니다.

방법 2 자료의 값을 모두 더하고 자료의 수로 나누어 평균 구하기

(은희의 제기차기 기록의 평균) $= (3 + 5 + 0 + 4) \div 4 = 12 \div 4 = 3$(번)

---

1 지호네 모둠 학생들이 각각 10개씩 고리 던지기를 한 결과를 고리가 고르게 되도록 옮긴 것입니다. 고리 던지기를 한 결과에 대해 바르게 말한 것에 ○표 하세요.

지호   아진   승우   주은

⬇

> 2개를 기둥에 건 학생이 가장 많으므로 평균은 2개입니다. ☐

> 고리 수를 고르게 하면 3개가 되므로 평균은 3개입니다. ☐

2 5상자에 색종이가 들어 있습니다. 대표적으로 한 상자당 색종이가 몇 장 들어 있다고 말할 수 있는지 ☐ 안에 알맞은 수를 써넣으세요.

색종이 38장 | 색종이 40장 | 색종이 42장 | 색종이 40장 | 색종이 40장

> 색종이가 42장 들어 있는 상자에서 ☐장을 꺼내 38장이 들어 있는
>
> 상자로 옮기면 색종이는 모두 ☐장으로 고르게 됩니다.
>
> 따라서 한 상자당 색종이가 ☐장 들어 있다고 말할 수 있습니다.

3 유진이가 7월부터 10월까지 읽은 책 수를 나타낸 그래프입니다. ○를 옮겨 오른쪽 그래프에 고르게 나타내고, ☐ 안에 알맞은 수를 써넣으세요.

유진이가 읽은 책 수

책 수(권) \ 월	7월	8월	9월	10월
6			○	
5			○	○
4			○	○
3	○		○	○
2	○	○	○	○
1	○	○	○	○

→

유진이가 읽은 책 수

책 수(권) \ 월	7월	8월	9월	10월
6				
5				
4				
3				
2				
1				

유진이가 읽은 책 수의 평균은 ☐권입니다.

4 민찬이의 공 멀리 던지기 기록을 나타낸 표입니다. ☐ 안에 알맞은 수를 써넣으세요.

민찬이의 공 멀리 던지기 기록

회	1회	2회	3회	4회	5회
기록(m)	18	23	17	20	22

(1) 민찬이의 공 멀리 던지기 기록의 합은 $18+23+$ ☐ $+$ ☐ $+$ ☐ $=$ ☐ (m)입니다.

(2) 민찬이는 공을 ☐회 던졌습니다.

(3) 민찬이의 공 멀리 던지기 기록의 평균은 ☐ $\div$ ☐ $=$ ☐ (m)입니다.

2 실생활에서 평균을 다양하게 이용할 수 있어.

● 평균 비교하기

모둠 학생 수와 구슬 수

모둠	가	나	다
모둠 학생 수(명)	3	6	4
구슬 수(개)	24	24	24

(가 모둠의 구슬 수의 평균) = 24÷3 = 8(개)
(나 모둠의 구슬 수의 평균) = 24÷6 = 4(개)
(다 모둠의 구슬 수의 평균) = 24÷4 = 6(개)

자료의 값을 모두 더한 수가 24로 같지만 자료의 수에 따라 평균이 달라.

● 평균을 이용하여 자료의 값 구하기

5학년 반별 학급문고 수

반	1	2	3	4	평균
학급문고 수(권)	30	32		28	30

(5학년 전체 학급문고 수) = (평균 학급문고 수)×(반 수) = 30×4 = 120(권)
(3반 학급문고 수) = 120 - (30 + 32 + 28) = 30(권)

(자료의 값을 모두 더한 수)
=(평균)×(자료의 수)

1 모둠 학생 수와 칭찬 도장 수를 나타낸 표입니다. ☐ 안에 알맞게 써넣으세요.

모둠 학생 수와 칭찬 도장 수

모둠	가	나	다
모둠 학생 수(명)	6	4	8
칭찬 도장 수(개)	48	48	48

(1) 각 모둠별 받은 칭찬 도장 수의 평균을 구해 보세요.

(가 모둠의 칭찬 도장 수의 평균) = 48÷☐ = ☐(개)

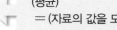
(평균)
= (자료의 값을 모두 더한 수)÷(자료의 수)

(나 모둠의 칭찬 도장 수의 평균) = 48÷☐ = ☐(개)

(다 모둠의 칭찬 도장 수의 평균) = 48÷☐ = ☐(개)

(2) 한 학생당 받은 칭찬 도장 수가 가장 많다고 할 수 있는 모둠은 ☐ 모둠입니다.

2 현우와 영호의 멀리뛰기 기록을 나타낸 표입니다. 두 사람 중 멀리뛰기 기록이 더 좋은 사람을 반 대표 선수로 뽑으려고 합니다. 물음에 답하세요.

현우의 멀리뛰기 기록

회	1회	2회	3회	4회
기록(cm)	184	243	207	246

영호의 멀리뛰기 기록

회	1회	2회	3회
기록(cm)	219	264	243

(1) 현우와 영호의 멀리뛰기 기록의 평균을 각각 구해 보세요.

(현우의 멀리뛰기 기록의 평균) $= (184 + 243 + \boxed{} + \boxed{}) \div \boxed{}$

$= \boxed{} \div \boxed{} = \boxed{}$ (cm)

(영호의 멀리뛰기 기록의 평균) $= (219 + \boxed{} + \boxed{}) \div \boxed{}$

$= \boxed{} \div \boxed{} = \boxed{}$ (cm)

(2) 멀리뛰기 기록이 더 좋은 사람을 찾아 ○표 하세요. (현우 , 영호)

(3) 반 대표 선수로 뽑아야 할 사람은 누구인지 ○표 하세요. (현우 , 영호)

3 정우의 월별 도서관 방문 횟수를 나타낸 표입니다. 정우의 도서관 방문 횟수의 평균은 8번입니다. 물음에 답하세요.

월별 도서관 방문 횟수

월	1월	2월	3월	4월	5월
방문 횟수(번)	12	7	9		4

(1) 1월부터 5월까지 도서관 방문 횟수는 모두 $8 \times \boxed{} = \boxed{}$ (번)입니다.

(2) 4월 도서관 방문 횟수는 $\boxed{} - (12 + \boxed{} + \boxed{} + \boxed{}) = \boxed{}$ (번)입니다.

4 희수네 반에서 월별 수집한 재활용 종이의 무게를 나타낸 표입니다. 월별 수집한 재활용 종이의 무게의 평균은 23 kg입니다. 물음에 답하세요.

월별 수집한 재활용 종이의 무게

월	3월	4월	5월	6월
종이의 무게(kg)	32		27	21

(1) 3월부터 6월까지 수집한 재활용 종이의 무게를 구해 보세요. ( )

(2) 4월에 수집한 재활용 종이의 무게를 구해 보세요. ( )

1 평균 구하기

1 과학관에 4일 동안 방문한 입장객 수를 나타낸 표입니다. 요일별 입장객 수의 평균을 구하려고 합니다. 물음에 답하세요.

과학관의 입장객 수

요일	월	화	수	목
입장객 수(명)	45	50	55	50

▶ 화요일과 목요일 입장객 수가 50명으로 같으니까 50명을 기준으로 비교해 봐.

(1) 요일별 입장객 수의 평균은 몇 명이라고 예상할 수 있을까요?

(   )

(2) 예상한 평균과 입장객 수를 비교하여 요일별 입장객 수의 평균을 구해 보세요.

> 월요일 입장객 수는 50명보다 ☐ 명 더 적고, 수요일 입장객 수는 50명보다 ☐ 명 더 많습니다.
>
> 따라서 월요일과 수요일 입장객 수를 고르게 하여 요일별 입장객 수의 평균을 구하면 ☐ 명입니다.

2 서아네 가족이 캔 감자의 무게를 나타낸 표입니다. 한 사람당 캔 감자의 무게의 평균은 몇 kg인지 두 가지 방법으로 구해 보세요.

서아네 가족이 캔 감자의 무게

가족	아버지	어머니	오빠	서아
감자의 무게(kg)	65	50	50	35

▶ 예상한 평균을 기준으로 수를 옮겨서 짝을 지어 봐.

방법 1

방법 2

3 현아네 모둠이 한 달 동안 빌린 책 수를 나타낸 표입니다. 현아네 모둠이 한 달 동안 빌린 책 수의 평균은 몇 권인지 구해 보세요.

빌린 책 수

이름	현아	윤호	우진	민규	하은
빌린 책 수(권)	6	5	9	11	4

( )

➕ 나율이가 게임한 시간을 나타낸 표입니다. 대푯값을 알아보세요.

나율이가 게임한 시간

요일	월	화	수	목	금
게임한 시간(분)	10	20	15	5	20

(1) (평균) = (10＋20＋15＋5＋20)÷ ☐ = ☐ ÷ ☐ = ☐ (분)

(2) 중앙값: ☐ 분   (3) 최빈값: ☐ 분

대푯값 알아보기

자료 전체의 특징을 대표적으로 나타내는 값
① 평균: 자료의 값을 모두 더해 자료의 수로 나눈 값
② 중앙값: 자료를 작은 값부터 크기 순서로 나열할 때 중앙에 놓인 값
③ 최빈값: 자료 중 가장 많이 나타나는 값

 내가 만드는 문제

4 가족의 몸무게를 조사하여 표에 나타내고, 가족의 평균 몸무게는 몇 kg 인지 구해 보세요. (단, 평균은 반올림하여 일의 자리까지 나타냅니다.)

가족의 몸무게

가족	
몸무게(kg)	

( )

 평균은 항상 자연수일까?

한 봉지에 담긴 사과 수의 평균은

(4 + 5)÷ ☐ = ☐ (개)입니다.

사과의 개수는 자연수이어야 하지만 평균은 소수로 나타낼 수 있어.

5 한 사람당 제기차기 기록의 수가 더 많다고 할 수 있는 모둠은 누구네 모둠일까요?

지아 — 우리 모둠은 12명이 모두 156번을 찼어.

민우 — 우리 모둠은 13명이 모두 195번을 찼어.

( )

▶ 모둠별 한 사람당 제기차기 기록의 수를 비교하려면 모둠별 제기차기 기록의 평균을 구하면 알 수 있어.

6 은지네 반 학생들은 송편을 만들기로 했습니다. 물음에 답하세요.

모둠 학생 수

모둠	가	나	다	라
모둠 학생 수(명)	5	6	3	2

(1) 모든 학생이 송편을 먹으려면 128개를 만들어야 합니다. 한 모둠당 송편을 평균 몇 개씩 만들어야 하는지 구해 보세요.

( )

(2) 한 모둠당 학생 수는 평균 몇 명인지 구해 보세요.

( )

(3) 한 학생당 만들어야 하는 송편은 평균 몇 개인지 구해 보세요.

( )

7 나희네 과수원에는 배나무가 85그루 있습니다. 한 그루에 배가 평균 40개씩 열렸을 때, 배나무에 열린 배는 모두 몇 개인지 구해 보세요.

( )

▶ (자료의 값을 모두 더한 수)
= (평균) × (자료의 수)

8 현수네 모둠과 윤하네 모둠의 단체 줄넘기 기록을 나타낸 표입니다. 두 모둠의 단체 줄넘기 기록의 평균이 같을 때, 윤하네 모둠의 2회 기록은 몇 번인지 구해 보세요.

▶ 먼저 현수네 모둠의 단체 줄넘기 기록의 평균을 구해.

현수네 모둠의 단체 줄넘기 기록

회	단체 줄넘기 기록(번)
1회	17
2회	24
3회	35
4회	28

윤하네 모둠의 단체 줄넘기 기록

회	단체 줄넘기 기록(번)
1회	20
2회	?
3회	32
4회	16
5회	18

(   )

 내가 만드는 문제

9 가족 중 한 사람과 균형 잡기 기록을 3회씩 조사하여 표에 나타내고, 누구의 균형 잡기 기록의 평균이 더 높은지 구해 보세요.

나의 균형 잡기 기록

회	균형 잡기 기록(초)
1회	
2회	
3회	

[　　　]의 균형 잡기 기록

회	균형 잡기 기록(초)
1회	
2회	
3회	

(   )

합계가 같으면 평균도 같을까?

모둠 학생 수와 투호에 넣은 화살 수

모둠	가	나	다
모둠 학생 수(명)	3	4	5
화살 수(개)	60	60	60

(가 모둠의 평균) = 60 ÷ [　] = [　] (개)

(나 모둠의 평균) = 60 ÷ [　] = [　] (개)

(다 모둠의 평균) = 60 ÷ [　] = [　] (개)

넣은 화살 수는 60개로 모두 같지만 한 학생당 넣은 화살 수의 평균은 달라.

6. 평균과 가능성   **145**

3 가능성은 어떠한 상황에서 특정한 일이 일어나길 기대하는 정도를 말해.

● **일이 일어날 가능성을 말로 표현하기**

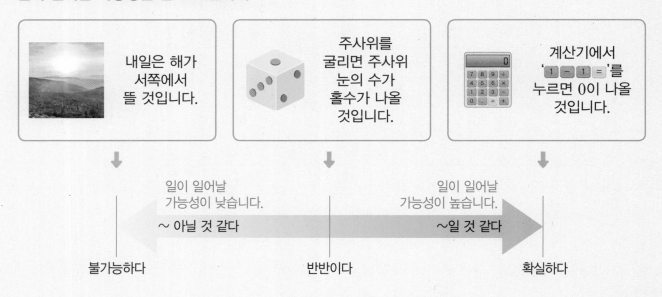

내일은 해가 서쪽에서 뜰 것입니다.

주사위를 굴리면 주사위 눈의 수가 홀수가 나올 것입니다.

계산기에서 '1 − 1 ='를 누르면 0이 나올 것입니다.

일이 일어날 가능성이 낮습니다.
~ 아닐 것 같다

일이 일어날 가능성이 높습니다.
~일 것 같다

불가능하다   반반이다   확실하다

● **일이 일어날 가능성 비교하기**

회전판에서 화살이 빨간색에 멈출 가능성을 비교하면 다음과 같습니다.

	가	나	다	라	마
회전판					
가능성	불가능하다	~ 아닐 것 같다	반반이다	~일 것 같다	확실하다

➡ 화살이 빨간색에 멈출 가능성이 높은 순서는 마, 라, 다, 나, 가입니다.

1 일이 일어날 가능성을 생각해 보고, 알맞게 표현한 곳에 ○표 하세요.

일 　　　　　　　　　　　　　　 가능성	불가능하다	반반이다	확실하다
우리나라에 겨울은 오지 않을 것입니다.			
은행에서 뽑은 번호표의 번호는 홀수일 것입니다.			
월요일 다음 날은 화요일일 것입니다.			

4 일이 일어날 가능성을 수로 나타낼 수 있어.

● 일이 일어날 가능성을 수로 표현하기

회전판에서 화살이 빨간색에 멈출 가능성을 수로 표현하면 다음과 같습니다.

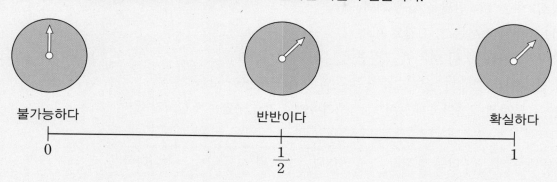

1 일이 일어날 가능성을 수로 알맞게 표현한 것을 찾아 이어 보세요.

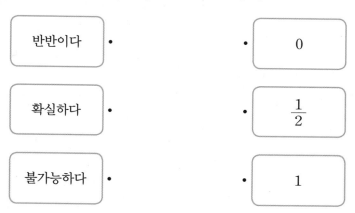

2 주사위를 한 번 굴릴 때 일이 일어날 가능성에 ↓로 나타내어 보세요.

(1) 주사위 눈의 수가 짝수가 나올 것입니다.

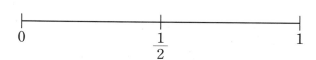

(2) 주사위 눈의 수가 7이 나올 것입니다.

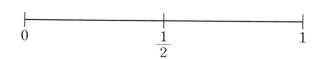

(3) 주사위 눈의 수가 6 이하로 나올 것입니다.

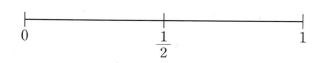

1 친구들이 말하는 일이 일어날 가능성을 생각해 보고, 해당하는 칸에 친구의 이름을 써넣으세요.

> 영호: 여름에는 반팔을 입을 거야.
>
> 나율: 내일 하루는 25시간일 거야.
>
> 윤아: 동전을 한 번 던지면 그림면이 나올 거야.
>
> 소진: 주사위를 3번 굴리면 주사위 눈의 수가 모두 6이 나올 거야.
>
> 민준: 빨간색 구슬만 4개 들어 있는 주머니에서 꺼낸 구슬은 빨간색일 거야.

불가능하다	~ 아닐 것 같다	반반이다	~일 것 같다	확실하다

2 빨간색, 노란색, 파란색으로 이루어진 회전판을 90번 돌려 화살이 멈춘 횟수를 나타낸 표입니다. 일이 일어날 가능성이 가장 비슷한 것을 찾아 기호를 써 보세요.

▶ 빨간색, 노란색, 파란색에 멈춘 횟수를 비교해 봐.

색깔	빨간색	노란색	파란색
횟수(회)	33	29	28

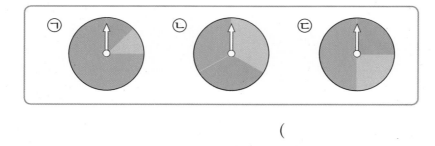

(   )

3 일이 일어날 가능성이 '불가능하다'인 경우의 기호를 쓰고, 가능성이 '확실하다'가 되도록 바꿔 보세요.

> ㉠ 파란색 구슬 10개, 노란색 구슬 10개가 들어 있는 주머니에서 꺼낸 구슬은 파란색일 것입니다.
>
> ㉡ 귤만 들어 있는 상자에서 꺼낸 과일은 사과일 것입니다.
>
> ㉢ 내년 7월에는 내년 12월보다 비가 더 많이 올 것입니다.

(   )

바꾸기

4 회전판에서 화살이 3의 배수에 멈출 가능성이 가장 높은 회전판을 찾아 기호를 써 보세요.

▶ 먼저 회전판의 수 중 3의 배수는 모두 몇 개인지 알아봐.

ㄱ 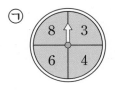　　ㄴ 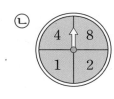　　ㄷ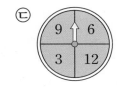

(　　　　　)

5 일이 일어날 가능성이 높은 순서대로 기호를 써 보세요.

▶ 각각의 일이 일어날 가능성을 말로 표현해 보고 가능성이 높은 순서대로 나열해 봐.

> ㉠ 주사위를 굴리면 주사위 눈의 수가 5 이하로 나올 것입니다.
> ㉡ 100명 중에는 서로 생일이 같은 사람이 있을 것입니다.
> ㉢ 1월 1일 다음에 1월 2일이 올 것입니다.
> ㉣ 1과 2가 적힌 수 카드 중에서 한 장을 고르면 1이 나올 것입니다.
> ㉤ 겨울 다음에 여름이 올 것입니다.

(　　　　　)

😊 내가 만드는 문제

6 2장의 카드를 빨간색을 이용하여 자유롭게 색칠하고, 이 중 한 장을 뽑을 때 빨간색 카드를 뽑을 가능성을 말로 표현해 보세요.

말 ....

6

🎓 주사위를 여러 번 굴리면 어떤 결과가 나올까?

주사위를 한 번 굴리면 주사위 눈의 수가 짝수가 나올 가능성은 (확실합니다 , 반반입니다 , 불가능합니다).

첫째　　둘째　　셋째　　넷째

한 번 굴릴 때마다 짝수가 나올 가능성이 반반이야.

➡ 주사위를 4번 굴렸더니 주사위 눈의 수가 홀수가 [ ]번, 짝수가 [ ]번 나왔습니다. 즉, 반반이 아닙니다.

7 수 카드 3 , 4 , 5 , 6 중에서 한 장을 뽑으려고 합니다. 다음을 수로 표현해 보세요.

(1) 10보다 작은 수가 나올 가능성　(　　　　　　)

(2) 홀수가 나올 가능성　(　　　　　　)

▶ 일이 일어날 가능성이 '불가능하다'이면 0, '반반이다'이면 $\frac{1}{2}$, '확실하다'이면 1로 표현할 수 있어.

8 회전판에서 화살이 초록색에 멈출 가능성을 수로 표현해 보세요.

(1)　　　　　　　　　　　　(2)

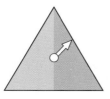　　　　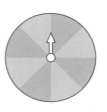

(　　　　　)　　(　　　　　)

▶ 회전판에서 초록색이 몇 칸인지 세어 봐.

9 주머니에서 구슬 한 개를 꺼낼 때 꺼낸 구슬이 노란색일 가능성을 수로 나타내고, 꺼낸 구슬이 노란색일 가능성이 높은 순서대로 기호를 써 보세요.

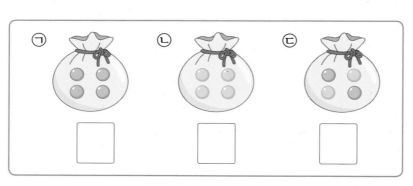

➡ 꺼낸 구슬이 노란색일 가능성이 높은 순서대로 주머니의 기호를 쓰면 　　, 　　, 　　입니다.

▶ 노란색 구슬 수가 많을수록 꺼낸 구슬이 노란색일 가능성이 높아.

10 상자 안에 1부터 8까지의 자연수가 적힌 공이 한 개씩 들어 있습니다. 상자에서 공을 한 개 꺼낼 때 8의 약수가 적힌 공을 꺼낼 가능성을 수로 표현해 보세요.

(   )

▶ 8의 약수가 적힌 공은 몇 개인지 구해 봐.

경우의 수 알아보기

동일한 조건에서 반복할 수 있는 실험이나 관찰에 의하여 나타나는 결과를 사건이라 하고 어떤 사건이 일어나는 모든 가짓수를 경우의 수라고 합니다.

➕ 주사위를 한 번 굴릴 때 다음 표를 완성해 보세요.

사건	경우	경우의 수
주사위 눈의 수가 3이 나올 것입니다.	3	1
주사위 눈의 수가 홀수가 나올 것입니다.	1, 3, 5	
주사위 눈의 수가 3의 배수가 나올 것입니다.		

😊 내가 만드는 문제

11 상자에 구슬이 4개 들어 있습니다. 구슬을 파란색과 빨간색을 이용하여 자유롭게 색칠하고, 이 중 한 개를 꺼냈을 때 파란색 구슬을 꺼낼 가능성에 ↓로 나타내어 보세요.

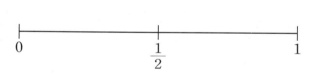

일이 일어날 가능성을 0, $\frac{1}{2}$, 1의 수 외에도 표현할 수 있을까?

- 일이 일어날 가능성이 '~ 아닐 것 같다'는 ☐ 보다 크고 ☐ 보다 작은 수로 표현할 수 있습니다.

```
0 ----- ~ 아닐 것 같다 ----- 1/2 ----- 1
```

- 일이 일어날 가능성이 '~일 것 같다'는 ☐ 보다 크고 ☐ 보다 작은 수로 표현할 수 있습니다.

```
0 ----- 1/2 ----- ~일 것 같다 ----- 1
```

① 평균을 이용하여 합계 구하기

1 준비

수연이네 학교 학생들이 수학여행을 가기 위해 버스 7대에 나누어 탔습니다. 버스 한 대에 탄 학생 수의 평균이 34명일 때, 버스 7대에 탄 학생은 모두 몇 명인지 구해 보세요.

( )

2 확인

어느 공장에서 하루에 만드는 인형 수의 평균은 238개입니다. 이 공장에서 7월부터 9월까지 3개월 동안 쉬지 않고 매일 인형을 만든다면 모두 몇 개의 인형을 만들 수 있는지 구해 보세요.

( )

3 완성

닭 15마리 중 8마리는 수탉이고 나머지는 암탉입니다. 닭 15마리 무게의 평균은 1.5 kg이고, 수탉 8마리 무게의 평균은 1.7 kg입니다. 암탉 무게의 합은 몇 kg인지 구해 보세요.

( )

② 평균을 이용하여 자료의 값 구하기

4 준비

혜성이의 중간고사 점수를 나타낸 표입니다. 수학 점수는 몇 점인지 구해 보세요.

중간고사 점수

과목	국어	수학	사회	과학	평균
점수(점)	92		86	90	89

( )

5 확인

농장별 배 수확량을 나타낸 표입니다. 배 수확량의 평균이 326 kg일 때, 배 수확량이 가장 적은 농장은 어디인지 써 보세요.

농장별 배 수확량

농장	별빛	달빛	햇빛	물빛	불빛
수확량(kg)	420	320		280	300

( )

6 완성

승우의 줄넘기 기록을 나타낸 표입니다. 승우의 하루 동안 줄넘기 기록의 평균이 90번 이상이 되려면 일요일에 줄넘기를 적어도 몇 번 넘어야 하는지 구해 보세요.

승우의 줄넘기 기록

요일	월	화	수	목	금	토	일
기록(번)	86	88	89	88	95	94	

( )

③ 두 자료의 전체 평균 구하기

7 준비

희주, 지민, 원진, 석주 4명의 윗몸 말아 올리기 기록의 평균은 41번이고, 서아의 윗몸 말아 올리기 기록은 36번입니다. 5명의 윗몸 말아 올리기 기록의 평균은 몇 번인지 구해 보세요.

( )

8 확인

지훈이네 모둠 남학생과 여학생의 제기차기 기록의 평균을 각각 나타낸 표입니다. 지훈이네 모둠 학생들의 제기차기 기록의 평균은 몇 개인지 구해 보세요.

제기차기 기록의 평균

남학생 3명	13번
여학생 4명	6번

( )

9 완성

영호는 국토대장정에 참가하였습니다. 처음 20일 동안 걸은 거리의 평균은 27 km이고, 마지막 5일 동안 걸은 거리의 평균은 22 km입니다. 영호가 하루 동안 걸은 거리의 평균은 몇 km인지 구해 보세요.

( )

④ 평균의 변화 알아보기

10 준비

어느 대리점의 연도별 자동차 판매량을 나타낸 표입니다. 2023년의 판매량이 2018년부터 2022년까지의 판매량의 평균보다 높으려면 2023년에는 적어도 몇 대를 팔아야 하는지 구해 보세요.

자동차 판매량

연도	2018년	2019년	2020년	2021년	2022년
자동차 수(대)	95	110	150	180	210

( )

11 확인

동아리 회원의 나이를 나타낸 표입니다. 새로운 회원 한 명이 들어와서 평균 나이가 한 살 많아졌다면 새로운 회원의 나이는 몇 살인지 구해 보세요.

동아리 회원의 나이

이름	현주	태호	수연	아리
나이(살)	13	16	15	12

( )

12 완성

은호네 모둠 학생들의 공 멀리 던지기 기록을 나타낸 표입니다. 우혁이는 모둠 전체 기록의 평균을 3 m 늘리려고 합니다. 우혁이는 공을 적어도 몇 m 던져야 하는지 구해 보세요.

공 멀리 던지기 기록

이름	은호	현웅	소라	지수	명진	우혁
기록(m)	25	44	36	55	50	

( )

5 일이 일어날 가능성을 수로 표현하기

13
준비

500원짜리 동전 한 개를 던졌을 때 그림면이 나올 가능성을 수로 표현해 보세요.

(   )

14
확인

1000원짜리 지폐가 3장, 5000원짜리 지폐가 3장 들어 있는 지갑에서 지폐 한 장을 꺼냈습니다. 꺼낸 지폐가 10000원일 가능성을 수로 표현해 보세요.

(   )

15
완성

1부터 10까지의 수가 쓰여 있는 수 카드 10장 중에서 한 장을 뽑으려고 합니다. 일이 일어날 가능성이 낮은 순서대로 기호를 써 보세요.

> ㉠ 뽑은 수 카드에 쓰여 있는 수가 10 이하일 가능성
>
> ㉡ 뽑은 수 카드에 쓰여 있는 수가 2의 배수일 가능성
>
> ㉢ 뽑은 수 카드에 쓰여 있는 수가 11 이상일 가능성

(   )

6 일이 일어날 가능성을 회전판에 나타내기

16
준비

회전판에서 화살이 파란색에 멈출 가능성이 $\frac{1}{2}$이 되도록 색칠해 보세요.

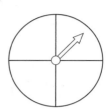

17
확인

회전판에서 화살이 초록색에 멈출 가능성이 주사위를 한 번 굴릴 때 나온 주사위 눈의 수가 짝수일 가능성과 같도록 회전판을 색칠해 보세요.

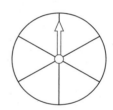

18
완성

조건 에 알맞은 회전판이 되도록 색칠해 보세요.

> **조건**
> • 화살이 노란색에 멈출 가능성은 두 번째로 높습니다.
> • 화살이 빨간색에 멈출 가능성은 초록색에 멈출 가능성의 3배입니다.

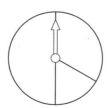

단원 평가

점수 | 확인

1 정아네 반 학생들이 좋아하는 색깔을 나타낸 막대그래프입니다. 막대의 높이를 고르게 해 보세요.

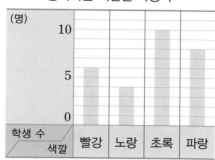

좋아하는 색깔별 학생 수

[2~4] 차민이의 과목별 수행 평가 점수를 나타낸 표입니다. 물음에 답하세요.

과목별 수행 평가 점수

과목	국어	수학	사회	과학
점수(점)	75	80	100	85

2 과목별 수행 평가 점수의 합은 몇 점일까요?

( )

3 과목별 수행 평가 점수의 평균은 몇 점일까요?

( )

4 수행 평가 점수가 평균보다 낮은 과목을 모두 써 보세요.

( )

5 일이 일어날 가능성을 수로 표현하려고 합니다. □ 안에 알맞은 수를 써넣으세요.

불가능하다　　　반반이다　　　확실하다

6 일이 일어날 가능성이 '확실하다'인 것을 찾아 ○표 하세요.

| 오후 2시에서 1시간 후는 오후 3시입니다. | |
| 1년은 360일입니다. | |

[7~8] 빨간색 구슬이 2개, 파란색 구슬이 2개 들어 있는 주머니에서 구슬을 한 개 꺼냈습니다. 물음에 답하세요.

7 꺼낸 구슬이 파란색일 가능성을 수로 표현해 보세요.

( )

8 꺼낸 구슬이 노란색일 가능성을 수로 표현해 보세요.

( )

9 상자 안에는 1번부터 9번까지 적힌 번호표가 들어 있습니다. 상자 안에서 번호표를 한 개 꺼낼 때 15번 번호표를 꺼낼 가능성을 말로 표현해 보세요.

말 _____

10 당첨 제비만 5개 들어 있는 제비뽑기 상자에서 제비 한 개를 뽑았습니다. 뽑은 제비가 당첨 제비일 가능성을 수로 표현해 보세요.

( )

11 버스 8대에 탄 전체 학생이 360명이라고 합니다. 버스 한 대에 탄 학생은 평균 몇 명인지 구해 보세요.

( )

12 일이 일어날 가능성이 '~일 것 같다'인 경우를 찾아 기호를 써 보세요.

┌─────────────────────────────┐
│ ㉠ 동전 3개를 동시에 던져 3개 모두 숫자 │
│   면이 나올 가능성 │
│ ㉡ 내년 2월 달력에 날짜가 30일까지 있을 │
│   가능성 │
│ ㉢ 주사위를 한 번 굴려 주사위 눈의 수가 2 │
│   이상으로 나올 가능성 │
└─────────────────────────────┘

( )

[13~15] 미연이네 모둠과 창수네 모둠 학생들이 각각 1년 동안 읽은 책 수를 기록한 것입니다. 물음에 답하세요.

1년 동안 읽은 책 수

미연이네 모둠(권)	67, 75, 83, 78, 82
창수네 모둠(권)	77, 68, 59, 92

13 미연이네 모둠과 창수네 모둠 학생들이 읽은 책 수의 평균은 각각 몇 권일까요?

미연이네 모둠 ( )
창수네 모둠 ( )

14 한 명당 읽은 책 수는 어느 모둠이 더 많다고 할 수 있을까요?

( )

15 두 모둠이 읽은 책 수에 대해 <u>잘못</u> 말한 친구를 고르고, 그 이유를 써 보세요.

┌─────────────────────────────┐
│ 유민: 두 모둠의 학생들이 읽은 책 수의 평 │
│   균을 구해 보면 어느 모둠이 한 명당 │
│   읽은 책 수가 더 많은지 알 수 있어. │
│ 진혁: 각 모둠에서 가장 많이 읽은 책 수로 │
│   는 어느 모둠이 한 명당 읽은 책 수가 │
│   더 많은지 알 수 없어. │
│ 선희: 미연이네 모둠은 385권, 창수네 모둠 │
│   은 296권을 읽었으니까 미연이네 모 │
│   둠이 한 명당 읽은 책의 수가 더 많아. │
└─────────────────────────────┘

( )

이유 _____

16 지수의 일기를 보고 지수는 지난 일주일 동안 훌라후프를 모두 몇 번 돌렸는지 구해 보세요.

> 10월 21일 날씨: 맑음
> 요즘 날씨가 너무 좋아서 동생과 같이 운동을 했다. 달리기, 줄넘기, 훌라후프 중에서 어떤 운동을 할까 고민하다가 훌라후프를 하기로 정했다.
> 일주일 동안 매일 훌라후프를 하고 몇 번 했는지 적어 봤더니 하루 평균 124번씩 했다. 열심히 한 것 같아서 뿌듯한 하루였다.

( )

17 경희네 모둠 남학생과 여학생의 몸무게의 평균을 나타낸 표입니다. 경희네 모둠 학생들의 몸무게의 평균은 몇 kg인지 구해 보세요.

몸무게의 평균

남학생 5명	45 kg
여학생 3명	37 kg

( )

18 현진이네 마을 독서 모임 회원의 나이를 나타낸 표입니다. 새로운 회원 한 명이 들어와서 평균 나이가 한 살 많아졌다면 새로운 회원의 나이는 몇 살인지 구해 보세요.

독서 모임 회원의 나이

이름	현진	미애	연호	명현
나이(살)	13	16	14	17

( )

19 회전판에서 화살이 빨간색에 멈출 가능성을 수로 표현하면 얼마인지 풀이 과정을 쓰고 답을 구해 보세요.

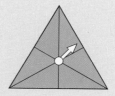

풀이

답

20 민아와 친구들의 윗몸 말아 올리기 기록을 나타낸 표입니다. 네 사람의 윗몸 말아 올리기 기록의 평균은 몇 번인지 두 가지 방법으로 설명하고 답을 구해 보세요.

윗몸 말아 올리기 기록

이름	민아	대한	현정	현수
기록(번)	30	30	34	30

방법 1

방법 2

답

계산이 아닌　　　　　개념을 깨우치는

수학을 품은 연산

디딤돌
연산은
수학이다.

1~6학년(학기용)

수학 공부의 새로운 패러다임

상위권의 기준!

똑같은 DNA를 품은 최상위지만,
심화문제 접근 방법에 따른 구성 차별화!

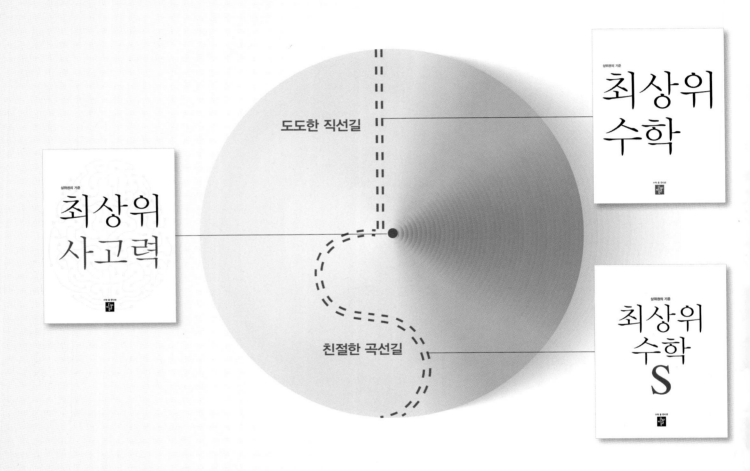

최상위 사고력

도도한 직선길

최상위 수학

친절한 곡선길

최상위 수학 S

최상위를 위한
심화 학습 서비스 제공!

문제풀이 동영상 ➕ 상위권 학습 자료
(QR 코드 스캔 혹은 디딤돌 홈페이지 참고)

수학 좀 한다면

기본탄탄북

5
2

차례

1 수의 범위와 어림하기 ···················· 02

2 분수의 곱셈 ···················· 14

3 합동과 대칭 ···················· 26

4 소수의 곱셈 ···················· 38

5 직육면체 ···················· 50

6 평균과 가능성 ···················· 62

수학 좀 한다면

초등수학

기본탄탄북

5
—
2

- **개념 적용 복습** │ 진도책의 개념 적용에서 틀리기 쉽거나 중요한 문제들을 다시
  한번 풀어 보세요.

- **서술형 문제** │ 쓰기 쉬운 서술형 문제로 수학적 의사표현 능력을 키워 보세요.

- **수행 평가** │ 수시평가를 대비하여 꼭 한번 풀어 보세요.
  시험에 대한 자신감이 생길 거예요.

- **총괄 평가** │ 최종적으로 모든 단원의 문제를 풀어 보면서 실력을 점검해 보세요.

➕ 개념 적용

1

진도책 12쪽
2번 문제

43 이하인 수는 모두 몇 개인지 구해 보세요.

43.6	43	$53\frac{2}{7}$	65.1	21
$34\frac{1}{2}$	55.3	44.4	55	42.9

🎓 **어떻게 풀었니?**

43 이하인 수를 나타낸 수직선을 살펴보고 43 이하인 수에는 어떤 수가 있을지 알아보자!

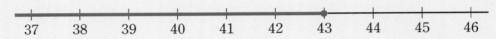

43 이하인 수는 43과 같거나 작은 수이니까

43 이하인 수에는 43이 (포함된다 , 포함되지 않는다)는 걸 꼭 기억해야 해.

주어진 수 중에서 43과 같거나 작은 수를 모두 찾아 ○표 해 보자.

43.6	43	$53\frac{2}{7}$	65.1	21
$34\frac{1}{2}$	55.3	44.4	55	42.9

위의 수 중에서 43 이하인 수를 모두 쓰면 ☐ , ☐ , $34\frac{1}{2}$, ☐ (이)야.

아~ 43 이하인 수는 모두 ☐개구나!

2

58 이상인 수는 모두 몇 개인지 구해 보세요.

$58\frac{1}{4}$	56.9	60.6	$47\frac{3}{5}$	58
52.7	49.2	64	59.3	$57\frac{7}{8}$

(   )

3

진도책 15쪽
12번 문제

민지와 친구들의 100 m 달리기 기록을 조사한 표입니다. 기록이 14초 미만인 사람이 교내 육상 대회 결승전에 나갑니다. 결승전에 나가는 사람의 이름을 모두 써 보세요.

100 m 달리기 기록

이름	기록(초)	이름	기록(초)
민지	14.0	아란	13.4
서준	12.3	지훈	15.2

🎓 **어떻게 풀었니?**

14 미만인 수는 14보다 작은 수인걸 기억하지? 먼저 14초 미만인 기록을 찾아보자!

14초 미만인 수를 나타낸 수직선에 민지와 친구들의 기록을 ↓로 표시해 보자.

14초 미만인 기록은 14초보다 (빠른 , 느린) 기록이니까 14.0초를 포함하지 않아.

위의 수직선에서 14초보다 빠른 기록을 모두 찾으면 ☐ 초, ☐ 초야.

즉, 기록이 14초 미만인 사람은 ☐ , ☐ (이)야.

아~ 기록이 14초 미만인 사람이 결승전에 나가니까

결승전에 나가는 사람은 ☐ , ☐ (이)구나!

4

정우네 모둠 친구들의 공 멀리 던지기 기록을 조사한 표입니다. 기록이 39 m 초과인 사람이 대회에 나갑니다. 대회에 나가는 사람의 이름을 모두 써 보세요.

공 멀리 던지기 기록

이름	기록(m)	이름	기록(m)
정우	39.1	수현	39.0
예지	37.9	윤기	40.8

(　　　　　　　　)

5

진도책 24쪽
4번 문제

지혜의 사물함 자물쇠의 비밀번호를 올림하여 백의 자리까지 나타내면 8600입니다. ☐ 안에 알맞은 수를 써넣으세요.

🔘 **어떻게 풀었니?**

구하려는 아래 자리 수를 올려서 나타내는 방법을 올림이라고 하지?

올림하여 백의 자리까지 나타냈을 때 8600이 되는 비밀번호를 알아보자!

☐☐27을 올림하여 백의 자리까지 나타내면 8600이 되니까 ☐☐27의 백의 자리 아래 수를 살펴봐야 해.

$$100 \atop {\uparrow} \atop \boxed{}\boxed{}\boxed{27} \rightarrow 8600$$

☐☐27의 백의 자리 아래 수인 27을 [   ](으)로 보고 올림하여 8600이 되었으니까

☐☐27의 백의 자리 숫자는 ☐(이)고, 천의 자리 숫자는 ☐(이)야.

아~ 지혜의 사물함 자물쇠의 비밀번호는 ☐☐27이구나!

6

준기의 휴대 전화의 비밀번호를 올림하여 백의 자리까지 나타내면 4900입니다. ☐ 안에 알맞은 수를 써넣으세요.

7

진도책 28쪽
18번 문제

수 카드 3장을 한 번씩만 사용하여 반올림하여 백의 자리까지 나타내면 300이 되는 수를 만들어 보세요.

3 5 0

👨‍🎓 **어떻게 풀었니?**

수 카드 3, 5, 0 을 한 번씩만 사용하여 만들 수 있는 세 자리 수 중에서 반올림하여 백의 자리까지 나타내면 300이 되는 수를 알아보자!

반올림은 구하려는 자리 바로 아래 자리의 숫자가 ☐, 1, 2, 3, 4이면 버리고,

☐, 6, 7, 8, 9이면 올리는 방법이야.

반올림하여 백의 자리까지 나타냈을 때 300이 되려면 백의 자리 숫자는 2나 ☐(이)어야 해.

이 중 수 카드에 적힌 수는 ☐(이)니까 만들려는 수의 백의 자리 숫자는 ☐(이)야.

만들려는 수를 3☐☐라고 하면 십의 자리 숫자가 0, 1, 2, 3, 4이어야 버림하여 300이 돼.

그러니까 3☐☐의 십의 자리 숫자는 ☐, 일의 자리 숫자는 ☐(이)야.

아~ 수 카드 3장을 한 번씩만 사용하여 만들 수 있는 수 중에서 반올림하여 백의 자리까지 나타내면 300이 되는 수는 ☐(이)구나!

8 수 카드 3장을 한 번씩만 사용하여 반올림하여 백의 자리까지 나타내면 600이 되는 수를 만들어 보세요.

2 7 6

(   )

9 수 카드 4장을 한 번씩만 사용하여 반올림하여 천의 자리까지 나타내면 9000이 되는 수를 모두 만들어 보세요.

8 1 4 6

(   )

쓰기 쉬운 서술형

1 조건에 알맞은 수 구하기

18 초과인 자연수 중에서 가장 작은 수는 얼마인지 풀이 과정을 쓰고 답을 구해 보세요.

18보다 큰 수 중에서 가장 작은 수는?

■ 초과인 수에는 ■가 포함되지 않아.

무엇을 쓸까?
① 18 초과인 자연수 구하기
② 18 초과인 자연수 중에서 가장 작은 수 찾기

풀이 예 18 초과인 자연수는 18보다 큰 자연수이므로 18 초과인 자연수를 작은 수부터

차례로 쓰면 ( ), (·), ( ), ...입니다. ··· ①

따라서 18 초과인 자연수 중에서 가장 작은 수는 ( )입니다. ··· ②

답

1-1

65 미만인 자연수 중에서 가장 큰 수는 얼마인지 풀이 과정을 쓰고 답을 구해 보세요.

무엇을 쓸까?
① 65 미만인 자연수 구하기
② 65 미만인 자연수 중에서 가장 큰 수 찾기

풀이

답

2 수의 범위 활용하기

승호네 학교에서 1학기와 2학기 동안 책을 많이 읽은 학생에게 오른쪽과 같이 상장을 주려고 합니다. 승호가 1학기에 45권, 2학기에 29권을 읽었다면 받을 수 있는 상장은 무엇인지 풀이 과정을 쓰고 답을 구해 보세요.

상장별 책 수

상장	최우수상	우수상	장려상
책 수(권)	80 이상	70 이상 80 미만	60 이상 70 미만

(45+29)권이 속한 수의 범위는?

이상은 경곗값을 포함하고 미만은 경곗값을 포함하지 않아.

✏️ **무엇을 쓸까?** ❶ 승호가 읽은 책 수가 속한 수의 범위 구하기

❷ 승호가 받을 수 있는 상장 구하기

풀이 예 승호가 1학기와 2학기 동안 읽은 책 수는 (　　　)＋(　　　)＝(　　　)(권)

이므로 (　　　)권 이상 (　　　)권 미만에 속합니다. --- ❶

따라서 승호가 받을 수 있는 상장은 (　　　　　　)입니다. --- ❷

답 _____

2-1

재현이는 11세이고 어머니는 40세입니다. 두 사람이 미술관에 입장하려면 얼마를 내야 하는지 풀이 과정을 쓰고 답을 구해 보세요.

미술관 입장료

나이(세)	6 초과 12 이하	12 초과 18 이하	18 초과
입장료(원)	2000	3000	7000

※ 6세 이하는 무료

✏️ **무엇을 쓸까?** ❶ 재현이와 어머니가 내야 할 입장료 각각 구하기

❷ 두 사람이 내야 할 입장료 구하기

풀이 _____

_____

답 _____

3 어림하여 ■가 되는 수 구하기

올림하여 백의 자리까지 나타내면 500이 되는 자연수는 모두 몇 개인지 풀이 과정을 쓰고 답을 구해 보세요.

올림하기 전의 자연수가 될 수 있는
수의 범위는?

올림은 구하려는 자리
아래 수를 올려서
나타내는 방법이야.

🖐 무엇을 쓸까? ❶ 올림하여 백의 자리까지 나타내면 500이 되는
자연수의 범위 구하기
❷ 올림하여 백의 자리까지 나타내면 500이 되는 자연수의 개수 구하기

풀이 예 올림하여 백의 자리까지 나타내면 500이 되는 자연수는 (   )부터 (   )
까지의 자연수입니다. … ❶

따라서 올림하여 백의 자리까지 나타내면 500이 되는 자연수는 모두 (   )개입니다. … ❷

답 _____

3-1

버림하여 백의 자리까지 나타내면 3900이 되는 자연수 중에서 가장 큰 수는 얼마인지 풀이
과정을 쓰고 답을 구해 보세요.

🖐 무엇을 쓸까? ❶ 버림하여 백의 자리까지 나타내면 3900이 되는 자연수의 범위 구하기
❷ 버림하여 백의 자리까지 나타내면 3900이 되는 자연수 중에서 가장 큰 수 찾기

풀이 ....

....

....

답 _____

3-2

반올림하여 십의 자리까지 나타내면 1000이 되는 세 자리 수는 모두 몇 개인지 풀이 과정을 쓰고 답을 구해 보세요.

무엇을 쓸까?
❶ 반올림하여 십의 자리까지 나타내면 1000이 되는 세 자리 수 구하기
❷ 반올림하여 십의 자리까지 나타내면 1000이 되는 세 자리 수의 개수 구하기

풀이

답

3-3

올림하여 천의 자리까지 나타내면 70000이 되는 자연수 중에서 가장 큰 수와 가장 작은 수의 차는 얼마인지 풀이 과정을 쓰고 답을 구해 보세요.

무엇을 쓸까?
❶ 올림하여 천의 자리까지 나타내면 70000이 되는 자연수의 범위 구하기
❷ 올림하여 천의 자리까지 나타내면 70000이 되는 자연수 중에서 가장 큰 수와 가장 작은 수 찾기
❸ 가장 큰 수와 가장 작은 수의 차 구하기

풀이

답

4 수의 어림 활용하기

현우네 학교 학생 324명이 강당에 있는 의자에 모두 앉으려고 합니다. 의자 한 개에 10명씩 앉을 수 있을 때 의자는 최소 몇 개 필요한지 풀이 과정을 쓰고 답을 구해 보세요.

> 10명씩 앉을 수 있는 의자 수와
> 남은 학생이 앉을 수 있는 의자 수를
> 더하면?

> 의자 한 개당 10명씩 앉고
> 남은 학생도 의자에 앉아야
> 하니까 올림을 해야 해.

✍ **무엇을 쓸까?** ❶ 10명씩 앉을 수 있는 의자 수와 남은 학생 수 구하기

❷ 필요한 최소 의자 수 구하기

풀이 ⑩ 학생 324명이 의자 한 개당 10명씩 앉는다면 의자 (   )개에 10명씩 앉고

학생 (   )명이 남습니다. … ❶

따라서 남은 학생이 앉을 수 있는 의자 한 개가 더 필요하므로 의자는 최소

(   )+1 = (   )(개) 필요합니다. … ❷

답 _____

4-1

제과점에서 빵을 8745개 만들었습니다. 한 봉지에 10개씩 담아서 판다면 팔 수 있는 빵은 최대 몇 봉지인지 풀이 과정을 쓰고 답을 구해 보세요.

✍ **무엇을 쓸까?** ❶ 담을 수 있는 봉지 수와 남은 빵의 수 구하기

❷ 팔 수 있는 빵의 봉지 수 구하기

풀이

_____

_____

_____

답 _____

4-2

윤서는 10원짜리 동전 287개와 100원짜리 동전 461개를 모았습니다. 윤서가 모은 돈을 1000원짜리 지폐로 바꾼다면 최대 얼마까지 바꿀 수 있는지 풀이 과정을 쓰고 답을 구해 보세요.

무엇을 쓸까? ❶ 윤서가 모은 금액 구하기

❷ 1000원짜리 지폐로 바꿀 수 있는 최대 금액 구하기

풀이

답

1

4-3

우진이네 학교 학년별 학생 수를 나타낸 표입니다. 우진이네 학교 전체 학생 수를 반올림하여 십의 자리까지 나타내면 몇 명인지 풀이 과정을 쓰고 답을 구해 보세요.

학년별 학생 수

학년	1	2	3	4	5	6
학생 수(명)	252	285	297	307	344	400

무엇을 쓸까? ❶ 우진이네 학교 전체 학생 수 구하기

❷ 우진이네 학교 전체 학생 수를 반올림하여 십의 자리까지 나타내기

풀이

답

수행 평가

1 27 초과인 수에 ○표, 16 이하인 수에 △표 하세요.

> 26 29 16 17 13 9 27

2 수를 버림하여 십의 자리까지 나타내어 보세요.

> 849

( )

3 수의 범위를 수직선에 나타내어 보세요.

> 53 초과 57 이하인 수

52 53 54 55 56 57 58 59

4 48을 포함하는 수의 범위를 찾아 기호를 써 보세요.

> ㉠ 48 초과 50 미만
> ㉡ 48 이상 55 이하
> ㉢ 47 초과 52 이하
> ㉣ 42 이상 48 미만

( )

5 반올림하여 나타낸 수의 크기를 비교하여 ○ 안에 >, =, <를 알맞게 써넣으세요.

1201을
반올림하여
십의 자리까지
나타낸 수

➡ [ ]

○

1196을
반올림하여
백의 자리까지
나타낸 수

➡ [ ]

6 연수네 모둠 학생들의 발 길이를 나타낸 표입니다. 발 길이가 230 mm 초과 240 mm 미만인 학생은 모두 몇 명인지 구해 보세요.

연수네 모둠 학생들의 발 길이

이름	연수	종현	태우	강석
발 길이 (mm)	229.6	231.3	239.4	240.2

( )

7 ☐ 안에 들어갈 수 있는 수 중에서 가장 작은 자연수를 구해 보세요.

> 45, 44, 43은 43 이상 ☐ 미만인 수입니다.

( )

8 빵집에서 빵 한 개를 만드는 데 설탕이 100 g 필요하다고 합니다. 설탕 4.26 kg으로 만들 수 있는 빵은 최대 몇 개인지 구해 보세요.

( )

9 준성이가 처음에 생각한 자연수에 7을 곱해서 나온 수를 올림하여 십의 자리까지 나타내면 60입니다. 준성이가 처음에 생각한 자연수를 구해 보세요.

( )

서술형 문제

10 수 카드 5장을 한 번씩만 사용하여 가장 작은 다섯 자리 수를 만들었습니다. 만든 다섯 자리 수를 반올림하여 천의 자리까지 나타내면 얼마인지 풀이 과정을 쓰고 답을 구해 보세요.

3 8 2 0 4

풀이

답

1

진도책 44쪽
3번 문제

계산 결과가 <u>다른</u> 하나를 찾아 기호를 써 보세요.

$$\text{㉠}\ 5\frac{1}{2}+5\frac{1}{2}+5\frac{1}{2}+5\frac{1}{2} \qquad \text{㉡}\ 5\frac{1}{2}\times 4$$

$$\text{㉢}\ 5+\frac{1}{2}\times 4 \qquad \text{㉣}\ \frac{11}{2}\times 4$$

👨‍🎓 어떻게 풀었니?

주어진 식을 계산한 다음 계산 결과를 비교해 보자!

㉠ $5\frac{1}{2}+5\frac{1}{2}+5\frac{1}{2}+5\frac{1}{2}$ 은 $5\frac{1}{2}$ 을 $\square$ 번 더한 거니까 $5\frac{1}{2}\times\square$ 와/과 같아.

$$5\frac{1}{2}+5\frac{1}{2}+5\frac{1}{2}+5\frac{1}{2}=5\frac{1}{2}\times\square=\frac{\boxed{}}{2}\times\frac{\square}{\square}=\boxed{}$$

㉡ $5\frac{1}{2}\times 4$ 의 계산 결과는 ㉠을 계산하는 과정에서 알 수 있지? $5\frac{1}{2}\times 4=\boxed{}$ (이)야.

㉢ 덧셈과 곱셈이 섞여 있는 식은 (덧셈 , 곱셈)을 먼저 계산해야 해.

$$5+\frac{1}{2}\times\overset{\square}{\underset{\square}{4}}=5+\boxed{}=\boxed{}$$

㉣ $\frac{11}{2}=5\frac{1}{2}$ 이고 $5\frac{1}{2}\times 4=\boxed{}$ (이)니까 $\frac{11}{2}\times 4=\boxed{}$ (이)야.

아~ 계산 결과가 다른 하나를 찾아 기호를 쓰면 $\boxed{}$ 이구나!

2

계산 결과가 <u>다른</u> 하나를 찾아 기호를 써 보세요.

$$\text{㉠}\ 4\frac{2}{9}\times 3 \qquad\qquad \text{㉡}\ (4\times 3)+\left(\frac{2}{9}\times 3\right)$$

$$\text{㉢}\ 4\frac{2}{9}+4\frac{2}{9}+4\frac{2}{9} \qquad \text{㉣}\ 4+\frac{2\times 3}{9}$$

(   )

3

진도책 46쪽
10번 문제

계산 결과가 7보다 큰 식에 ○표, 7보다 작은 식에 △표 하세요.

$$7 \times \frac{2}{9} \qquad 7 \times 2\frac{3}{5} \qquad 7 \times \frac{7}{10} \qquad 7 \times 1\frac{1}{2} \qquad 7 \times \frac{1}{4}$$

👨‍🎓 **어떻게 풀었니?**

주어진 분수의 곱셈을 계산하지 않고 7보다 큰지 작은지 알아보자!

진분수는 1보다 작고, 대분수는 1보다 크지?

그러니까 7에 진분수를 곱하면 7보다 작아지고 7에 대분수를 곱하면 7보다 커져.

• $7 \times \frac{2}{9}$에서 $\frac{2}{9}$는 (진분수 , 대분수)니까 $7 \times \frac{2}{9}$ ◯ 7이야.

• $7 \times 2\frac{3}{5}$에서 $2\frac{3}{5}$은 (진분수 , 대분수)니까 $7 \times 2\frac{3}{5}$ ◯ 7이야.

• $7 \times \frac{7}{10}$에서 $\frac{7}{10}$은 (진분수 , 대분수)니까 $7 \times \frac{7}{10}$ ◯ 7이야.

• $7 \times 1\frac{1}{2}$에서 $1\frac{1}{2}$은 (진분수 , 대분수)니까 $7 \times 1\frac{1}{2}$ ◯ 7이야.

• $7 \times \frac{1}{4}$에서 $\frac{1}{4}$은 (진분수 , 대분수)니까 $7 \times \frac{1}{4}$ ◯ 7이야.

아~ 계산 결과가 7보다 큰 식에 ○표, 7보다 작은 식에 △표 하면 다음과 같구나!

$$7 \times \frac{2}{9} \qquad 7 \times 2\frac{3}{5} \qquad 7 \times \frac{7}{10} \qquad 7 \times 1\frac{1}{2} \qquad 7 \times \frac{1}{4}$$

(   ) (   ) (   ) (   ) (   )

4

계산 결과가 6보다 큰 식에 ○표, 6보다 작은 식에 △표 하세요.

$$6 \times 2\frac{5}{8} \qquad 6 \times 1\frac{1}{4} \qquad 6 \times \frac{11}{12} \qquad 6 \times \frac{2}{9} \qquad 6 \times 1\frac{1}{3}$$

(   ) (   ) (   ) (   ) (   )

5

진도책 49쪽
16번 문제

가장 큰 수와 가장 작은 수의 곱을 구해 보세요.

$$\frac{1}{13} \quad \frac{1}{9} \quad \frac{1}{10} \quad \frac{1}{5} \quad \frac{1}{6}$$

 어떻게 풀었니?

먼저 분수의 크기를 비교한 다음 가장 큰 수와 가장 작은 수의 곱을 구해 보자!

$\dfrac{1}{13}, \dfrac{1}{9}, \dfrac{1}{10}, \dfrac{1}{5}, \dfrac{1}{6}$ 은 모두 분자가 1로 같으니까 분모가 작을수록 (큰 , 작은) 분수야.

분모의 크기를 비교하여 작은 수부터 차례로 쓰면 5, 6, 9, 10, 13이니까 큰 분수부터 차례로 쓰면

$$\frac{1}{\boxed{}}, \frac{1}{\boxed{}}, \frac{1}{\boxed{}}, \frac{1}{\boxed{}}, \frac{1}{\boxed{}}$$ 이야.

이 중 가장 큰 수는 $\dfrac{1}{\boxed{}}$ 이고, 가장 작은 수는 $\dfrac{1}{\boxed{}}$ 이지.

단위분수끼리 곱할 때는 분자 1은 그대로 두고 분모끼리 곱해야 해.

그럼 가장 큰 수와 가장 작은 수를 곱해 보자.

$$\frac{1}{\boxed{}} \times \frac{1}{\boxed{}} = \frac{1}{\boxed{} \times \boxed{}} = \frac{1}{\boxed{}}$$

아~ 가장 큰 수와 가장 작은 수의 곱은 $\boxed{}$ (이)구나!

6

가장 큰 수와 가장 작은 수의 곱을 구해 보세요.

$$\frac{1}{8} \quad \frac{1}{4} \quad \frac{1}{18} \quad \frac{1}{15} \quad \frac{1}{7}$$

(   )

7

가장 큰 수와 두 번째로 큰 수의 곱을 빈칸에 써넣으세요.

$$\frac{7}{12} \quad \frac{3}{4} \quad \frac{17}{24} \quad \frac{5}{6} \quad \boxed{}$$

8

진도책 51쪽
23번 문제

테니스 경기장은 가로가 $22\frac{7}{9}$ m, 세로가 $10\frac{40}{41}$ m인 직사각형 모양입니다. 테니스 경기장의 넓이는 몇 m^2인지 구해 보세요.

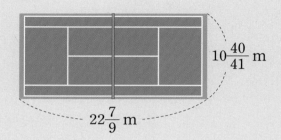

$10\frac{40}{41}$ m

$22\frac{7}{9}$ m

👨‍🎓 **어떻게 풀었니?**

직사각형 모양인 테니스 경기장의 넓이를 구해 보자!

직사각형의 넓이는 (가로) × (세로)로 구할 수 있어.

테니스 경기장의 가로와 세로는 대분수야. (대분수) × (대분수)를 계산하는 방법을 알고 있니?

(대분수) × (대분수)는 대분수를 가분수로 나타낸 후 분자는 분자끼리, 분모는 분모끼리 곱해야 해.

자, 이제 테니스 경기장의 넓이를 구해 봐.

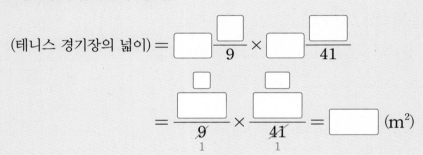

$$(\text{테니스 경기장의 넓이}) = \boxed{}\frac{\boxed{}}{9} \times \boxed{}\frac{\boxed{}}{41}$$

$$= \frac{\overset{\boxed{}}{\boxed{}}}{\underset{1}{9}} \times \frac{\overset{\boxed{}}{\boxed{}}}{\underset{1}{41}} = \boxed{} \ (m^2)$$

아~ 테니스 경기장의 넓이는 $\boxed{}$ m^2구나!

9

가로가 $32\frac{5}{8}$ m, 세로가 $15\frac{5}{29}$ m인 직사각형 모양의 잔디밭이 있습니다. 이 잔디밭의 넓이는 몇 m^2인지 구해 보세요.

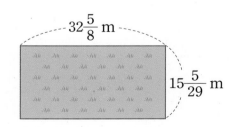

$32\frac{5}{8}$ m

$15\frac{5}{29}$ m

(   )

1

분수의 곱셈의 활용

사과가 한 상자에 $5\frac{1}{5}$ kg씩 들어 있습니다. 9상자에 들어 있는 사과의 무게는 몇 kg인지 풀이 과정을 쓰고 답을 구해 보세요.

(한 상자에 들어 있는 사과의 무게)
× (상자 수)는?

> (대분수) × (자연수)는 대분수를 가분수로 나타내어 계산할 수 있어.

🖊 무엇을 쓸까? ❶ 9상자에 들어 있는 사과의 무게 구하는 과정 쓰기

❷ 9상자에 들어 있는 사과의 무게 구하기

풀이 예 (9상자에 들어 있는 사과의 무게) $= \Big(\quad\Big) \times \Big(\quad\Big) = \dfrac{(\quad)}{5} \times \Big(\quad\Big)$

$= \dfrac{(\quad)}{5} = \Big(\quad\Big)$ (kg) ⸱⸱⸱ ❶

따라서 9상자에 들어 있는 사과의 무게는 $\Big(\quad\Big)$ kg입니다. ⸱⸱⸱ ❷

답

1-1

굵기가 일정한 철근 1 m의 무게가 $4\frac{1}{6}$ kg입니다. 이 철근 $1\frac{4}{5}$ m의 무게는 몇 kg인지 풀이 과정을 쓰고 답을 구해 보세요.

🖊 무엇을 쓸까? ❶ 철근 $1\frac{4}{5}$ m의 무게 구하는 과정 쓰기

❷ 철근 $1\frac{4}{5}$ m의 무게 구하기

풀이

답

1-2

지성이네 밭의 $\dfrac{4}{7}$에는 배추를 심고, 나머지의 $\dfrac{8}{15}$에는 무를 심었습니다. 지성이네 밭에서 무를 심은 부분은 전체의 몇 분의 몇인지 풀이 과정을 쓰고 답을 구해 보세요.

🍴 **무엇을 쓸까?** ❶ 배추를 심고 난 나머지는 전체의 몇 분의 몇인지 구하기
❷ 무를 심은 부분은 전체의 몇 분의 몇인지 구하기

풀이

답

2

1-3

하연이네 반 학생의 $\dfrac{1}{2}$은 여학생입니다. 여학생의 $\dfrac{4}{5}$는 과일을 좋아하고, 그중 $\dfrac{3}{8}$은 포도를 좋아합니다. 하연이네 반에서 포도를 좋아하는 여학생은 전체의 몇 분의 몇인지 풀이 과정을 쓰고 답을 구해 보세요.

🍴 **무엇을 쓸까?** ❶ 포도를 좋아하는 여학생은 전체의 몇 분의 몇인지 구하는 과정 쓰기
❷ 포도를 좋아하는 여학생은 전체의 몇 분의 몇인지 구하기

풀이

답

2 □ 안에 들어갈 수 있는 자연수 구하기

□ 안에 들어갈 수 있는 자연수는 모두 몇 개인지 풀이 과정을 쓰고 답을 구해 보세요.

$$\square < 1\frac{6}{7} \times 2\frac{1}{6}$$

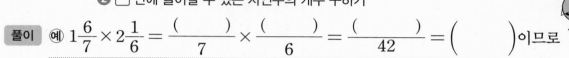

$1\frac{6}{7} \times 2\frac{1}{6}$ 보다 작은 자연수는?

> 대분수끼리의 곱셈을 할 때는 먼저 대분수를 가분수로 나타내야 해.

무엇을 쓸까? ❶ $1\frac{6}{7} \times 2\frac{1}{6}$ 을 계산하여 □의 범위 구하기

❷ □ 안에 들어갈 수 있는 자연수의 개수 구하기

풀이 (예) $1\frac{6}{7} \times 2\frac{1}{6} = \dfrac{(\qquad)}{7} \times \dfrac{(\qquad)}{6} = \dfrac{(\qquad)}{42} = (\qquad)$ 이므로

$\square < (\qquad)$ 입니다. --- ❶

따라서 □ 안에 들어갈 수 있는 자연수는 ( ), ( ), ( ), ( )(으)로 모두

( )개입니다. --- ❷

답

2-1

□ 안에 들어갈 수 있는 자연수는 모두 몇 개인지 풀이 과정을 쓰고 답을 구해 보세요.

$$10 \times \frac{3}{5} < \square < 14 \times \frac{5}{7}$$

무엇을 쓸까? ❶ $10 \times \dfrac{3}{5}$, $14 \times \dfrac{5}{7}$ 를 계산하여 □의 범위 구하기

❷ □ 안에 들어갈 수 있는 자연수의 개수 구하기

풀이

답

2-2

□ 안에 들어갈 수 있는 자연수 중에서 가장 큰 수는 얼마인지 풀이 과정을 쓰고 답을 구해 보세요.

$$\frac{\square}{16} < 1\frac{1}{6} \times \frac{5}{8} \times 1\frac{2}{7}$$

✎ 무엇을 쓸까?　❶ $1\frac{1}{6} \times \frac{5}{8} \times 1\frac{2}{7}$ 를 계산하여 □의 범위 구하기

❷ □ 안에 들어갈 수 있는 자연수 중에서 가장 큰 수 구하기

풀이

답

2-3

□ 안에 들어갈 수 있는 자연수 중에서 가장 작은 수는 얼마인지 풀이 과정을 쓰고 답을 구해 보세요.

$$\frac{5}{32} \times \frac{4}{15} > \frac{1}{4} \times \frac{1}{\square}$$

✎ 무엇을 쓸까?　❶ $\frac{5}{32} \times \frac{4}{15}$ 를 계산하여 □의 범위 구하기

❷ □ 안에 들어갈 수 있는 자연수 중에서 가장 작은 수 구하기

풀이

답

3 수 카드로 만든 분수의 곱 구하기

수 카드 1 , 3 , 4 를 한 번씩 모두 사용하여 대분수를 만들려고 합니다. 만들 수 있는 가장 큰 대분수와 가장 작은 대분수의 곱은 얼마인지 풀이 과정을 쓰고 답을 구해 보세요.

(가장 큰 대분수) × (가장 작은 대분수)를
계산하면?

가장 큰 대분수를 만들려면 자연수 부분에 가장 큰 수를 놓아야 해.

✏️ **무엇을 쓸까?** ❶ 가장 큰 대분수와 가장 작은 대분수 만들기
❷ 만든 두 대분수의 곱 구하기

풀이 ⑩ 가장 큰 대분수는 자연수 부분이 가장 크므로 (   )이고,

가장 작은 대분수는 자연수 부분이 가장 작으므로 (   )입니다. --- ❶

따라서 가장 큰 대분수와 가장 작은 대분수의 곱은

$\left(\quad \right) \times \left(\quad \right) = \dfrac{(\quad)}{3} \times \dfrac{(\quad)}{4} = \dfrac{(\quad)}{12} = \left(\quad \right)$ 입니다. --- ❷

답

3-1

수 카드 2 , 5 , 6 , 8 , 9 중에서 3장을 골라 한 번씩만 사용하여 세 단위분수의 곱셈을 만들려고 합니다. 계산 결과가 가장 작을 때의 곱은 얼마인지 풀이 과정을 쓰고 답을 구해 보세요.

$\dfrac{1}{\square} \times \dfrac{1}{\square} \times \dfrac{1}{\square}$

✏️ **무엇을 쓸까?** ❶ 계산 결과가 가장 작을 때의 곱 구하는 과정 쓰기
❷ 계산 결과가 가장 작을 때의 곱 구하기

풀이

답

4 바르게 계산한 값 구하기

어떤 분수에 $\dfrac{1}{5}$을 곱해야 할 것을 잘못하여 뺐더니 $\dfrac{3}{8}$이 되었습니다. 바르게 계산한 값은 얼마인지 풀이 과정을 쓰고 답을 구해 보세요.

잘못 계산한 식을 세워
어떤 분수를 먼저 구하면?

어떤 분수를 □라고 하여
식을 세워 봐.

✏️ **무엇을 쓸까?** ❶ 어떤 분수 구하기

❷ 바르게 계산한 값 구하기

풀이 예 어떤 분수를 □라고 하면 □$-\left(\right)=\left(\right)$이므로

$$\square=\left(\right)+\left(\right)=\dfrac{\left(\right)}{40}+\dfrac{\left(\right)}{40}=\dfrac{\left(\right)}{40}$$ 입니다. --- ❶

따라서 바르게 계산한 값은 $\left(\right)\times\left(\right)=\left(\right)$입니다. --- ❷

답

4-1

어떤 분수에 $1\dfrac{3}{4}$을 곱해야 할 것을 잘못하여 더했더니 $2\dfrac{11}{12}$이 되었습니다. 바르게 계산한 값은 얼마인지 풀이 과정을 쓰고 답을 구해 보세요.

✏️ **무엇을 쓸까?** ❶ 어떤 분수 구하기

❷ 바르게 계산한 값 구하기

풀이

답

수행 평가

1 그림을 보고 ☐ 안에 알맞은 수를 써넣으세요.

$$\frac{3}{4} \times 3 = \frac{\boxed{}}{4} = \boxed{}$$

2 보기 와 같은 방법으로 계산해 보세요.

> 보기
>
> $$3\frac{1}{5} \times 2\frac{3}{4} = \frac{\overset{4}{\cancel{16}}}{5} \times \frac{11}{\underset{1}{\cancel{4}}} = \frac{44}{5} = 8\frac{4}{5}$$

$$1\frac{3}{5} \times 3\frac{1}{3}$$

3 계산해 보세요.

(1) $14 \times \dfrac{6}{35}$

(2) $1\dfrac{4}{5} \times \dfrac{2}{9} \times 2\dfrac{1}{12}$

4 빈칸에 알맞은 수를 써넣으세요.

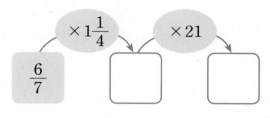

5 가장 큰 수와 가장 작은 수의 곱을 구해 보세요.

| $\dfrac{1}{7}$ | $\dfrac{1}{9}$ | $\dfrac{1}{4}$ | $\dfrac{1}{3}$ |

(   )

6 바르게 말한 친구의 이름을 써 보세요.

민수: 1 m의 $\frac{1}{2}$은 20 cm입니다.

영재: 1시간의 $\frac{1}{4}$은 15분입니다.

( )

7 직사각형의 넓이는 몇 cm²인지 구해 보세요.

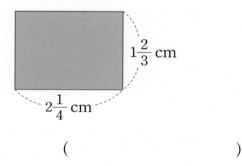

$1\frac{2}{3}$ cm

$2\frac{1}{4}$ cm

( )

8 어느 동물원의 어린이 입장료는 2000원입니다. 할인 기간에는 전체 입장료의 $\frac{3}{4}$만큼만 내면 된다고 합니다. 할인 기간에 어린이 6명이 입장 하려면 얼마를 내야 하는지 구해 보세요.

( )

9 3장의 수 카드 중에서 2장을 뽑아 한 번씩만 사용하여 만들 수 있는 가장 큰 진분수와 가장 작은 진분수의 곱을 구해 보세요.

3 8 7

( )

서술형 문제

10 가◉나 = 가×나×나라고 약속할 때 다음을 계산하려고 합니다. 풀이 과정을 쓰고 답을 구해 보세요.

$\frac{3}{64}$ ◉ 4

풀이

답

1

진도책 65쪽
10번 문제

두 삼각형은 서로 합동입니다. 각 ㄹㅁㅂ은 몇 도인지 구해 보세요.

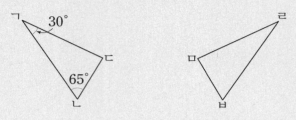

🎓 어떻게 풀었니?

합동인 두 도형에서 각각의 대응각의 크기가 서로 같다는 걸 기억하지?

이 성질을 이용하여 각 ㄹㅁㅂ의 크기를 구해 보자!

먼저 두 삼각형의 대응점끼리 선으로 이어 보자.

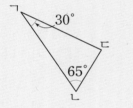 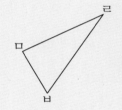

위의 그림을 보면 각 ㄹㅁㅂ의 대응각이 각 ☐ 인 걸 쉽게 알 수 있어.

그럼 대응각의 크기가 서로 같으니까 각 ㄱㄷㄴ의 크기를 구하면 되겠지?

삼각형 ㄱㄴㄷ에서 삼각형의 세 각의 크기의 합은 ☐°니까

(각 ㄹㅁㅂ) = (각 ㄱㄷㄴ) = ☐° − (☐° + ☐°) = ☐° − ☐° = ☐°야.

아~ 각 ㄹㅁㅂ은 ☐°구나!

2

두 삼각형은 서로 합동입니다. 각 ㄹㅂㅁ은 몇 도인지 구해 보세요.

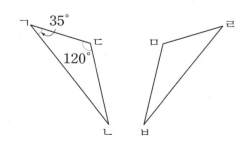

( )

3

진도책 71쪽
6번 문제

정삼각형과 정육각형은 선대칭도형입니다. 어떤 도형의 대칭축이 몇 개 더 많은지 구해 보세요.

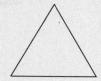 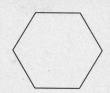

 어떻게 풀었니?

두 선대칭도형에 대칭축을 그려 대칭축의 수를 비교해 보자!

한 직선을 따라 접었을 때 완전히 겹치는 도형을 (선대칭도형 , 점대칭도형)이라고 해.

이때 그 직선을 대칭축이라고 하지.

먼저 정삼각형과 정육각형에 대칭축을 모두 그려 보자.

 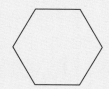

정삼각형의 대칭축은 ☐ 개이고, 정육각형의 대칭축은 ☐ 개야.

대칭축의 수를 비교해 보면 ☐ < ☐ (이)니까 ☐☐☐ 의 대칭축이 ☐☐☐ 의 대칭축

보다 더 많고 그 차는 ☐ − ☐ = ☐ (개)야.

아~ ☐☐☐ 의 대칭축이 ☐ 개 더 많구나!

4 정사각형과 정팔각형은 선대칭도형입니다. 어떤 도형의 대칭축이 몇 개 더 많은지 구해 보세요.

 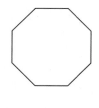

(   ), (   )

5

진도책 72쪽
10번 문제

직선 ㅅㅇ을 대칭축으로 하는 선대칭도형입니다. 각 ㄴㄷㄹ의 크기를 구해 보세요.

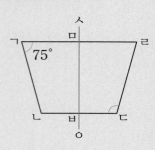

👨‍🎓 **어떻게 풀었니?**

선대칭도형의 성질을 이용하여 각 ㄴㄷㄹ의 크기를 구해 보자!

선대칭도형에서 대응각의 크기가 서로 같으니까 각 ㄱㄹㄷ의 크기는 각 ☐☐☐ 의 크기와 같아.

즉, 각 ㄱㄹㄷ은 ☐°지.

선대칭도형의 대응점끼리 이은 선분은 오른쪽 그림과 같이 대칭축과
(평행 , 수직)으로 만나는 걸 기억하지?

그럼 각 ㄹㅁㅂ과 각 ㄷㅂㅁ이 ☐°인 걸 알 수 있어.

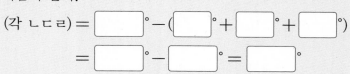

사각형 ㅁㅂㄷㄹ에서 사각형의 네 각의 크기의 합은 ☐°니까

각 ㄴㄷㄹ의 크기는 다음과 같아.

$$(각 ㄴㄷㄹ) = \boxed{}° - (\boxed{}° + \boxed{}° + \boxed{}°)$$

$$= \boxed{}° - \boxed{}° = \boxed{}°$$

아~ 각 ㄴㄷㄹ은 ☐°구나!

6

직선 ㅅㅇ을 대칭축으로 하는 선대칭도형입니다. 각 ㄱㄹㄷ의 크기를 구해 보세요.

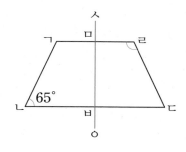

(   )

7

진도책 74쪽
16번 문제

선대칭도형도 되고 점대칭도형도 되는 것은 모두 몇 개인지 구해 보세요.

A D H K N P S V X

어떻게 풀었니?

먼저 주어진 알파벳이 선대칭도형인지 점대칭도형인지 알아보자!

선대칭도형은 한 직선을 따라 접었을 때 완전히 겹치고,

점대칭도형은 어떤 점을 중심으로 [   ]° 돌렸을 때 처음 도형과 완전히 겹친다는 걸 알고 있지?

선대칭도형을 찾으려면 한 직선을 따라 접었을 때 모양이 완전히 겹치는 걸 찾아야 해.

자, 주어진 알파벳 중에서 선대칭도형을 찾아 ○표 하자.

A D H K N P S V X

점대칭도형을 찾으려면 어떤 점을 중심으로 [   ]° 돌렸을 때 처음과 완전히 겹치는 걸 찾아야 해.

자, 주어진 알파벳 중에서 점대칭도형을 찾아 △표 하자.

A D H K N P S V X

그럼 선대칭도형도 되고 점대칭도형도 되는 것은 [ ], [ ](이)네.

아~ 선대칭도형도 되고 점대칭도형도 되는 것은 모두 [ ]개구나!

8 선대칭도형도 되고 점대칭도형도 되는 것은 모두 몇 개인지 구해 보세요.

ㄷ ㄹ ㅁ ㅂ ㅅ ㅇ ㅋ ㅍ

(   )

3 ✏️ 쓰기 쉬운 서술형

1 합동인 도형의 대응변의 길이의 활용

오른쪽 두 삼각형은 서로 합동입니다. 삼각형 ㄱㄴㄷ의
둘레는 몇 cm인지 풀이 과정을 쓰고 답을 구해 보세요.

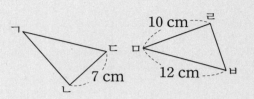

변 ㄱㄴ과 변 ㄱㄷ의 대응변은?

💬 합동인 두 도형에서 각각의 대응변의 길이가 서로 같아.

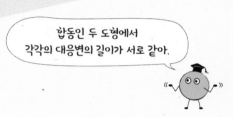

✍️ **무엇을 쓸까?** ❶ 변 ㄱㄴ과 변 ㄱㄷ의 길이 각각 구하기

❷ 삼각형 ㄱㄴㄷ의 둘레 구하기

풀이 예 변 ㄱㄴ의 대응변은 변 ㅁㄹ이므로 (변 ㄱㄴ)=(변 ㅁㄹ)=(   ) cm입니다.

변 ㄱㄷ의 대응변은 변 ㅁㅂ이므로 (변 ㄱㄷ)=(변 ㅁㅂ)=(   ) cm입니다. ⋯ ❶

따라서 삼각형 ㄱㄴㄷ의 둘레는 (   )+7+(   )=(   ) (cm)입니다. ⋯ ❷

답 _____

1-1

오른쪽 두 사각형은 서로 합동입니다. 사각형 ㄱㄴㄷㄹ의
둘레는 몇 cm인지 풀이 과정을 쓰고 답을 구해 보세요.

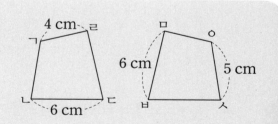

✍️ **무엇을 쓸까?** ❶ 변 ㄱㄴ과 변 ㄷㄹ의 길이 각각 구하기

❷ 사각형 ㄱㄴㄷㄹ의 둘레 구하기

풀이 _____

답 _____

1-2

오른쪽 두 직사각형은 서로 합동입니다. 직사각형 ㄱㄴㄷㄹ의 넓이는 몇 cm²인지 풀이 과정을 쓰고 답을 구해 보세요.

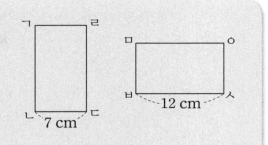

🖊 **무엇을 쓸까?**
① 직사각형 ㄱㄴㄷㄹ의 세로의 길이 구하기
② 직사각형 ㄱㄴㄷㄹ의 넓이 구하기

풀이

답

3

1-3

오른쪽 삼각형 ㄱㄴㅁ과 삼각형 ㄹㅁㄷ은 서로 합동입니다. 사각형 ㄱㄴㄷㄹ의 둘레는 몇 cm인지 풀이 과정을 쓰고 답을 구해 보세요.

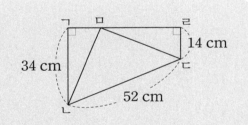

🖊 **무엇을 쓸까?**
① 변 ㄱㅁ과 변 ㄹㅁ의 길이 각각 구하기
② 사각형 ㄱㄴㄷㄹ의 둘레 구하기

풀이

답

2 합동인 도형의 대응각의 크기의 활용

오른쪽 삼각형 ㄱㄴㄷ과 삼각형 ㅁㄹㄷ은 서로 합동입니다. 각 ㄱㄷㅁ은 몇 도인지 풀이 과정을 쓰고 답을 구해보세요.

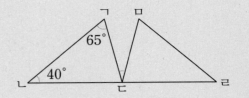

각 ㅁㄷㄹ의 대응각은?

합동인 두 도형에서
각각의 대응각의 크기가 서로 같아.

🖊 무엇을 쓸까? ❶ 각 ㅁㄷㄹ의 크기 구하기

❷ 각 ㄱㄷㅁ의 크기 구하기

풀이 예 삼각형의 세 각의 크기의 합은 (   )°이므로

각 ㄱㄷㄴ은 (   )° − (65° + 40°) = (   )°입니다.

각 ㅁㄷㄹ의 대응각은 각 ㄱㄷㄴ이므로 (각 ㅁㄷㄹ) = (각 ㄱㄷㄴ) = (   )°입니다. ⋯ ❶

따라서 각 ㄱㄷㅁ은 (   )° − (   )° − (   )° = (   )°입니다. ⋯ ❷

답 _____

2-1

오른쪽 삼각형 ㄱㄴㄷ과 삼각형 ㄹㄷㄴ은 서로 합동입니다. 각 ㄴㅁㄷ은 몇 도인지 풀이 과정을 쓰고 답을 구해 보세요.

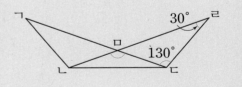

🖊 무엇을 쓸까? ❶ 각 ㄱㄷㄴ의 크기 구하기

❷ 각 ㄴㅁㄷ의 크기 구하기

풀이 _____

_____

_____

답 _____

3 선대칭도형 / 점대칭도형 찾기

선대칭도형은 모두 몇 개인지 풀이 과정을 쓰고 답을 구해 보세요.

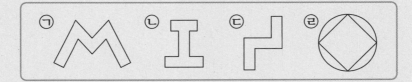

> 한 직선을 따라 접었을 때
> 완전히 겹치는 도형은?

직선을 그었을 때 양쪽
모양이 같은 것을 찾아봐.

무엇을 쓸까? ❶ 선대칭도형 모두 찾기

❷ 선대칭도형의 개수 구하기

풀이 예 한 직선을 따라 접어서 완전히 겹치는 도형을 모두 찾아 기호를 쓰면

(   ), (   ), (   )입니다. --- ❶

따라서 선대칭도형은 모두 (   )개입니다. --- ❷

답

3-1

점대칭도형은 모두 몇 개인지 풀이 과정을 쓰고 답을 구해 보세요.

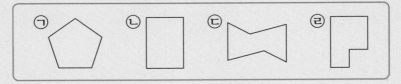

무엇을 쓸까? ❶ 점대칭도형 모두 찾기

❷ 점대칭도형의 개수 구하기

풀이

답

4 선대칭도형 / 점대칭도형의 활용

오른쪽 도형은 직선 ㅅㅇ을 대칭축으로 하는 선대칭도형입니다. 이 도형의 둘레는 몇 cm인지 풀이 과정을 쓰고 답을 구해 보세요.

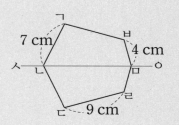

변 ㄷㄴ, 변 ㄹㅁ, 변 ㄱㅂ의 길이는?

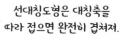

선대칭도형은 대칭축을 따라 접으면 완전히 겹쳐져.

🖊 무엇을 쓸까?　❶ 변 ㄷㄴ, 변 ㄹㅁ, 변 ㄱㅂ의 길이 각각 구하기

❷ 도형의 둘레 구하기

풀이　📝 각각의 대응변의 길이가 서로 같으므로 (변 ㄷㄴ) = (변 ㄱㄴ) = (　　) cm,

(변 ㄹㅁ) = (변 ㅂㅁ) = (　　) cm, (변 ㄱㅂ) = (변 ㄷㄹ) = (　　) cm입니다. ··· ❶

따라서 도형의 둘레는 (7+(　　)+(　　))×2 = (　　) (cm)입니다. ··· ❷

답　

4-1

오른쪽 도형은 점 ㅇ을 대칭의 중심으로 하는 점대칭도형입니다. 이 도형의 둘레는 몇 cm인지 풀이 과정을 쓰고 답을 구해 보세요.

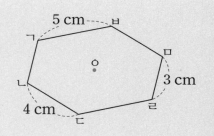

🖊 무엇을 쓸까?　❶ 변 ㄱㄴ, 변 ㄷㄹ, 변 ㅁㅂ의 길이 각각 구하기

❷ 도형의 둘레 구하기

풀이　

답

4-2

직선 ㄱㄴ을 대칭축으로 하는 선대칭도형을 완성하였을 때 완성한 선대칭
도형의 둘레는 몇 cm인지 풀이 과정을 쓰고 답을 구해 보세요.

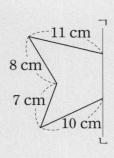

11 cm
8 cm
7 cm
10 cm

🖊 **무엇을 쓸까?** ❶ 완성한 선대칭도형의 둘레와 주어진 한쪽 모양의 선분의 길이 관계 알기
❷ 완성한 선대칭도형의 둘레 구하기

풀이

답

3

4-3

오른쪽 도형은 점 ㅇ을 대칭의 중심으로 하는 점대칭도형입니다.
이 도형의 둘레가 30 cm일 때 변 ㄹㅁ은 몇 cm인지 풀이 과정을
쓰고 답을 구해 보세요.

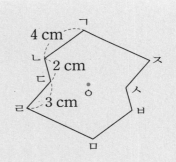

ㄱ
4 cm
ㄴ
ㄷ 2 cm
ㅈ
ㅇ
ㅅ
ㄹ 3 cm
ㅂ
ㅁ

🖊 **무엇을 쓸까?** ❶ 변 ㄱㄴ, 변 ㄴㄷ, 변 ㄷㄹ, 변 ㄹㅁ의 길이의 합 구하기
❷ 변 ㄹㅁ의 길이 구하기

풀이

답

수행 평가

1 서로 합동인 두 도형을 모두 찾아 기호를 써 보세요.

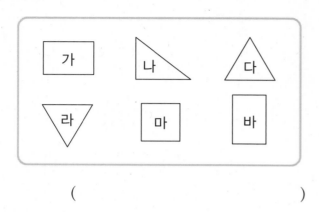

( )

2 선대칭도형에서 대칭축을 모두 그려 보세요.

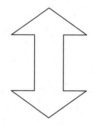

3 두 사각형은 서로 합동입니다. <u>잘못</u> 설명한 것을 찾아 기호를 써 보세요.

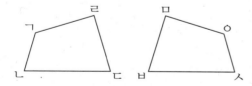

⊙ 점 ㄱ의 대응점은 점 ㅇ입니다.
ⓒ 변 ㄹㄷ의 대응변은 변 ㅁㅂ입니다.
ⓒ 각 ㄱㄴㄷ의 대응각은 각 ㅁㅂㅅ입니다.

( )

4 선대칭도형이면서 점대칭도형인 것을 모두 고르세요. ( )

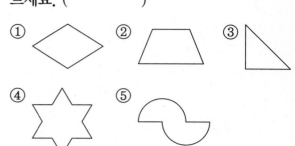

5 점 ㅇ을 대칭의 중심으로 하는 점대칭도형입니다. ☐ 안에 알맞은 수를 써넣으세요.

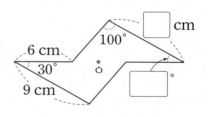

6 점대칭도형을 완성해 보세요.

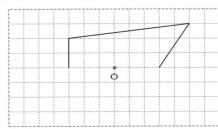

7 직선 ㅅㅇ을 대칭축으로 하는 선대칭도형입니다. 선분 ㄴㄷ은 몇 cm인지 구해 보세요.

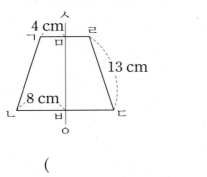

( )

8 두 삼각형은 서로 합동입니다. 삼각형 ㄱㄴㄷ의 둘레는 몇 cm인지 구해 보세요.

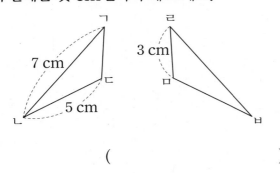

( )

9 직선 ㄱㄴ을 대칭축으로 하는 선대칭도형을 완성하였을 때 완성한 선대칭도형의 둘레는 몇 cm일까요?

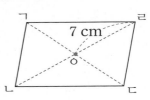

( )

서술형 문제

10 점 ㅇ을 대칭의 중심으로 하는 점대칭도형입니다. 선분 ㄱㄷ과 선분 ㄹㄴ의 길이의 합이 26 cm일 때 선분 ㅇㄷ은 몇 cm인지 풀이 과정을 쓰고 답을 구해 보세요.

풀이

답

1

진도책 96쪽
4번 문제

계산 결과를 비교하여 ○ 안에 >, =, <를 알맞게 써넣으세요.

$$0.6 \times 13 \;\bigcirc\; 0.52 \times 8$$

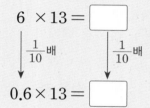

어떻게 풀었니?

0.6×13과 0.52×8을 계산하여 결과를 비교해 보자!

(소수) × (자연수)의 계산 방법은 여러 가지가 있는데 그중 자연수의 곱셈을 이용하여 계산하려고 해.

곱해지는 수가 $\frac{1}{10}$배가 되면 계산 결과도 $\frac{1}{10}$배가 되고,

곱해지는 수가 $\frac{1}{100}$배가 되면 계산 결과도 $\frac{1}{100}$배가 되는 것을 기억하지?

그럼 자연수의 곱셈을 이용하여 계산해 봐.

$6 \times 13 = \boxed{}$

$\downarrow \frac{1}{10}$배 $\qquad \downarrow \frac{1}{10}$배

$0.6 \times 13 = \boxed{}$

$52 \times 8 = \boxed{}$

$\downarrow \frac{1}{100}$배 $\qquad \downarrow \frac{1}{100}$배

$0.52 \times 8 = \boxed{}$

아~ 계산 결과를 비교하면 $0.6 \times 13 \;\bigcirc\; 0.52 \times 8$이구나!

2

계산 결과를 비교하여 ○ 안에 >, =, <를 알맞게 써넣으세요.

$$2.9 \times 6 \;\bigcirc\; 3.63 \times 5$$

3

계산 결과가 가장 큰 것을 찾아 기호를 써 보세요.

$$\boxed{\;\; \bigcirc\; 0.85 \times 9 \qquad \bigcirc\; 1.4 \times 7 \qquad \bigcirc\; 2.16 \times 4 \;\;}$$

(   )

4

진도책 98쪽
8번 문제

어림하여 계산 결과가 20보다 작은 것을 찾아 ○표 하세요.

| 9의 1.9배 | 7 × 3.49 | 8의 3.09 |

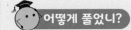 어떻게 풀었니?

(자연수) × (소수)를 계산하지 않고 어림하여 계산 결과가 20보다 작은 걸 찾아보자!

곱해지는 수가 같을 때 곱하는 수가 클수록 곱이 더 큰 건 알고 있지?

자, 곱하는 소수를 계산하기 쉬운 자연수로 어림하여 계산해 보자.

· 1.9 < 2니까 (9의 1.9배) ◯ (9의 2배)야. 즉, 9의 1.9배는 9의 2배인 ☐ 보다 작지.

· 3.49 > 3이니까 7 × 3.49 ◯ 7 × 3이야. 즉, 7 × 3.49는 7 × 3인 ☐ 보다 크지.

· 3.09 > 3이니까 (8의 3.09) ◯ (8의 3배)야. 즉, 8의 3.09는 8의 3배인 ☐ 보다 크지.

아~ 어림하여 계산 결과가 20보다 작은 것을 찾아 ○표 하면 다음과 같구나!

| 9의 1.9배 | 7 × 3.49 | 8의 3.09 |
| ( ) | ( ) | ( ) |

5 어림하여 계산 결과가 30보다 작은 것을 찾아 ○표 하세요.

| 7의 5.02 | 8의 4.2배 | 4 × 6.94 |
| ( ) | ( ) | ( ) |

6 어림하여 계산 결과가 40보다 작은 것을 모두 찾아 기호를 써 보세요.

㉠ 5 × 7.86   ㉡ 9의 3.96   ㉢ 6의 7.02배

( )

7

진도책 101쪽
19번 문제

떨어진 높이의 0.8배만큼 튀어 오르는 공이 있습니다. 이 공을 2.8 m의 높이에서 떨어뜨렸을 때 공이 두 번째로 튀어 오른 높이는 몇 m인지 구해 보세요.

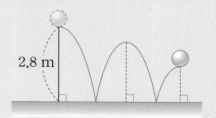

🎓 어떻게 풀었니?

그림을 보고 첫 번째로 튀어 오른 공의 높이를 구한 다음 두 번째로 튀어 오른 공의 높이를 구해 보자!

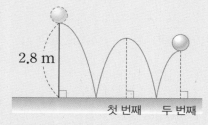

첫 번째로 튀어 오른 공의 높이는 떨어진 높이의 0.8배니까 ☐ × ☐ = ☐ (m)야.

두 번째로 튀어 오른 공의 높이는 첫 번째로 튀어 오른 공의 높이의 0.8배니까

☐ × ☐ = ☐ (m)야.

아~ 두 번째로 튀어 오른 공의 높이는 ☐ m구나!

8

떨어진 높이의 0.75배만큼 튀어 오르는 공이 있습니다. 이 공을 3.2 m의 높이에서 떨어뜨렸을 때 공이 두 번째로 튀어 오른 높이는 몇 m인지 구해 보세요.

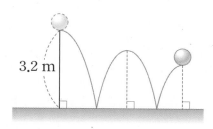

(   )

9

진도책 102쪽
23번 문제

$24 \times 7 = 168$을 이용하여 □ 안에 알맞은 수를 써넣으세요.

- $\boxed{} \times 7 = 1.68$
- $24 \times \boxed{} = 0.168$

어떻게 풀었니?

(소수) × (자연수), (자연수) × (소수)의 곱의 소수점 위치의 규칙을 이용하여 □ 안에 알맞은 수를 구해 보자.

- 곱하는 수가 같을 때 곱의 소수점이 왼쪽으로 옮겨진 자리 수만큼 곱해지는 수의 소수점도 똑같이 왼쪽으로 옮겨지는 것을 알고 있니?

  168의 소수점을 왼쪽으로 두 자리 옮기면 1.68이 되니까 24의 소수점도 똑같이 왼쪽으로 □ 자리 옮겨야 해.

  $$24 \times 7 = 168 \quad \Rightarrow \quad \boxed{} \times 7 = 1.68$$
  소수점을 왼쪽으로 두 자리 옮기기

- 곱해지는 수가 같을 때 곱의 소수점이 왼쪽으로 옮겨진 자리 수만큼 곱하는 수의 소수점도 똑같이 왼쪽으로 옮겨지는 것도 알고 있지?

  168의 소수점을 왼쪽으로 세 자리 옮기면 0.168이 되니까 7의 소수점도 똑같이 왼쪽으로 □ 자리 옮겨야 해.

  $$24 \times 7 = 168 \quad \Rightarrow \quad 24 \times \boxed{} = 0.168$$
  소수점을 왼쪽으로 세 자리 옮기기

아~ $\boxed{} \times 7 = 1.68$, $24 \times \boxed{} = 0.168$이구나!

10

$65 \times 9 = 585$를 이용하여 □ 안에 알맞은 수를 써넣으세요.

- $65 \times \boxed{} = 5.85$
- $\boxed{} \times 9 = 0.585$

1

소수의 곱셈 활용

소리는 1초 동안에 물 속에서 1.5 km를 갑니다. 물 속에서 화산이 폭발한 후 12.4초 후에는 화산이 폭발한 곳부터 몇 km 떨어진 곳까지 화산 폭발 소리를 들을 수 있는지 풀이 과정을 쓰고 답을 구해 보세요.

> 1초에 1.5 km를 갈 때
> 12.4초에 가는 거리는?

1.5 × 12.4는
15 × 124의
$\frac{1}{100}$배야.

무엇을 쓸까? ❶ 화산 폭발 소리를 들을 수 있는 거리 구하는 과정 쓰기
❷ 화산 폭발 소리를 들을 수 있는 거리 구하기

풀이 ⑩ (화산 폭발 소리를 들을 수 있는 거리)

= (소리가 1초 동안 가는 거리) × (시간)

= (　　　　) × (　　　　) = (　　　　) (km) ··· ❶

따라서 (　　　　) km 떨어진 곳까지 화산 폭발 소리를 들을 수 있습니다. ··· ❷

답　　　　　　

1-1

지윤이의 키는 152 cm이고, 아버지의 키는 지윤이의 키의 1.2배입니다. 아버지의 키는 몇 cm인지 풀이 과정을 쓰고 답을 구해 보세요.

무엇을 쓸까? ❶ 아버지의 키를 구하는 과정 쓰기
❷ 아버지의 키 구하기

풀이　　　　　　

답

1-2

세진이는 매일 물을 1.6 L씩 마십니다. 세진이가 9월 한 달 동안 마시는 물은 모두 몇 L인지 풀이 과정을 쓰고 답을 구해 보세요.

무엇을 쓸까?   ❶ 9월의 날수 구하기
❷ 9월 한 달 동안 마시는 물의 양 구하기

풀이 ....

....

....

답 ....

1-3

4

민경이는 한 시간에 12.21 km를 달립니다. 민경이가 일정한 빠르기로 3시간 30분 동안 달린 거리는 몇 km인지 풀이 과정을 쓰고 답을 구해 보세요.

무엇을 쓸까?   ❶ 달린 시간을 소수로 나타내기
❷ 3시간 30분 동안 달린 거리 구하기

풀이 ....

....

....

답 ....

2 도형의 넓이 구하기

오른쪽 평행사변형의 넓이는 몇 cm^2인지 풀이 과정을 쓰고 답을 구해 보세요.

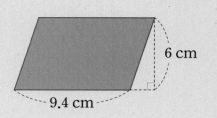
6 cm
9.4 cm

밑변의 길이가 9.4 cm,
높이가 6 cm인 평행사변형의 넓이는?

(평행사변형의 넓이)
=(밑변의 길이)×(높이)

✍ 무엇을 쓸까?   ❶ 평행사변형의 넓이 구하는 과정 쓰기
❷ 평행사변형의 넓이 구하기

풀이 ㉮ (평행사변형의 넓이) = (밑변의 길이) × (높이)

$$= (\quad) \times (\quad) = (\quad) (cm^2) \cdots ❶$$

따라서 평행사변형의 넓이는 (　　　) cm^2입니다. ··· ❷

답 _____

2-1

오른쪽 정사각형의 넓이는 몇 cm^2인지 풀이 과정을 쓰고 답을 구해 보세요.

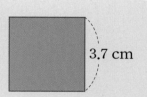
3.7 cm

✍ 무엇을 쓸까?   ❶ 정사각형의 넓이 구하는 과정 쓰기
❷ 정사각형의 넓이 구하기

풀이 _____

_____

_____

답 _____

2-2

직사각형 가와 평행사변형 나 중에서 어느 것의 넓이가 더 넓은지 기호를 쓰려고 합니다. 풀이 과정을 쓰고 답을 구해 보세요.

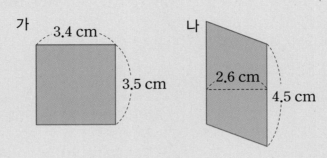

가   3.4 cm

3.5 cm

나   2.6 cm

4.5 cm

무엇을 쓸까? ❶ 직사각형 가와 평행사변형 나의 넓이 각각 구하기

❷ 직사각형 가와 평행사변형 나의 넓이 비교하기

풀이

답

4

2-3

오른쪽 직사각형 모양의 꽃밭의 가로와 세로를 각각 1.2배씩 늘려 새로운 꽃밭을 만들려고 합니다. 새로운 꽃밭의 넓이는 몇 m²인지 풀이 과정을 쓰고 답을 구해 보세요.

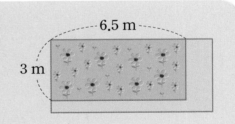

6.5 m

3 m

무엇을 쓸까? ❶ 새로운 꽃밭의 가로와 세로 각각 구하기

❷ 새로운 꽃밭의 넓이 구하기

풀이

답

3 수 카드로 곱이 가장 큰 / 작은 곱셈식 만들기

4장의 수 카드 2 , 3 , 5 , 7 을 한 번씩 모두 사용하여 오른
쪽과 같은 곱셈식을 만들려고 합니다. 곱이 가장 클 때의 곱은 얼마인
지 풀이 과정을 쓰고 답을 구해 보세요.

$$\square.\square \times \square.\square$$

일의 자리에 가장 큰 수와
두 번째로 큰 수를 넣어
곱셈식을 만들면?

곱이 가장 크려면
일의 자리에 가장 큰 수와
두 번째로 큰 수를 넣어야 해.

🖋 **무엇을 쓸까?** ❶ 곱이 가장 큰 곱셈식 만들기
❷ 곱이 가장 클 때의 곱 구하기

풀이 ⑩ 곱이 가장 크려면 일의 자리에 가장 큰 수와 두 번째로 큰 수를 넣어야 하므로

일의 자리에 7과 (   )을/를, 소수 첫째 자리에 2와 (   )을/를 넣습니다.

➡ $7.3 \times ($ $) = ($ $), 7.2 \times ($ $) = ($ $)$ ⋯ ❶

따라서 곱이 가장 클 때의 곱은 (   )입니다. ⋯ ❷

답

3-1

4장의 수 카드 3 , 6 , 7 , 8 을 한 번씩 모두 사용하여 오른
쪽과 같은 곱셈식을 만들려고 합니다. 곱이 가장 작을 때의 곱은 얼마
인지 풀이 과정을 쓰고 답을 구해 보세요.

$$\square.\square \times \square.\square$$

🖋 **무엇을 쓸까?** ❶ 곱이 가장 작은 곱셈식 만들기
❷ 곱이 가장 작을 때의 곱 구하기

풀이

답

4 바르게 계산한 값 구하기

어떤 소수에 1000을 곱해야 할 것을 잘못하여 100을 곱했더니 815가 되었습니다. 바르게 계산하면 얼마인지 풀이 과정을 쓰고 답을 구해 보세요.

> 잘못 계산한 식을 세워
> 어떤 수를 먼저 구하면?

> 어떤 소수에 100을
> 곱하면 곱의 소수점이
> 오른쪽으로 두 자리 옮겨져.

무엇을 쓸까? ① 어떤 소수 구하기

② 바르게 계산한 값 구하기

풀이 예 어떤 소수를 □라고 하면 □×(   ) = (   )입니다.

□의 소수점을 오른쪽으로 두 자리 옮기면 815가 되므로 □ = (   )입니다. ··· ①

따라서 바르게 계산하면 (   )×1000 = (   )입니다. ··· ②

답

4-1

어떤 소수에 100을 곱해야 할 것을 잘못하여 1000을 곱했더니 379가 되었습니다. 바르게 계산하면 얼마인지 풀이 과정을 쓰고 답을 구해 보세요.

무엇을 쓸까? ① 어떤 소수 구하기

② 바르게 계산한 값 구하기

풀이

답

수행 평가

1 소수를 분수로 고쳐서 계산해 보세요.

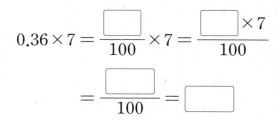

$$0.36 \times 7 = \frac{\boxed{}}{100} \times 7 = \frac{\boxed{} \times 7}{100}$$

$$= \frac{\boxed{}}{100} = \boxed{}$$

2 ☐ 안에 알맞은 수를 써넣으세요.

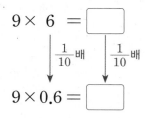

$$9 \times 6 = \boxed{}$$

$\frac{1}{10}$배 $\quad$ $\frac{1}{10}$배

$$9 \times 0.6 = \boxed{}$$

3 계산해 보세요.

(1) 1.8×4

(2) 24×0.35

4 계산 결과가 나머지와 <u>다른</u> 하나는 어느 것일까요? (   )

① 470.6×10 ② 47.06×100

③ 4.706×1000 ④ 47060×0.1

⑤ 4706×0.01

5 ㉠과 ㉡의 차를 구해 보세요.

| ㉠ 0.32×0.8 ㉡ 0.6×0.49 |

(   )

6 □ 안에 알맞은 수가 나머지와 <u>다른</u> 하나를 찾아 기호를 써 보세요.

> ㉠ $46 \times \square = 0.46$
> ㉡ $124 \times \square = 1.24$
> ㉢ $2730 \times \square = 2.73$

(   )

7 승현이가 키우는 나무는 0.51 m까지 자랐고, 하은이가 키우는 나무는 50.1 cm까지 자랐습니다. 누가 키우는 나무가 더 큰지 써 보세요.

(   )

8 □ 안에 들어갈 수 있는 자연수는 모두 몇 개인지 구해 보세요.

> $5 \times 4.3 < \square < 9.2 \times 2.8$

(   )

9 민의는 가지고 있던 고령토 10 kg 중에서 0.37만큼을 사용하여 항아리를 만들었습니다. 항아리를 만들고 남은 고령토는 몇 kg인지 구해 보세요.

(   )

서술형 문제

10 한 시간을 달리는 데 휘발유가 4.3 L 필요한 경운기가 있습니다. 이 경운기로 3시간 45분 동안 가는 데 필요한 휘발유는 몇 L인지 풀이 과정을 쓰고 답을 구해 보세요.

4

풀이 _____

_____

_____

답 _____

1

진도책 117쪽
4번 문제

직육면체와 정육면체에 대해 <u>잘못</u> 설명한 사람을 찾아 이름을 쓰고, 바르게 고쳐 보세요.

> 이안: 직육면체와 정육면체는 면, 모서리, 꼭짓점의 수가 각각 같습니다.
> 솔지: 정육면체는 직육면체라고 할 수 있습니다.
> 상우: 직육면체와 정육면체는 면의 모양이 정사각형입니다.

어떻게 풀었니?

먼저 직육면체와 정육면체의 특징을 알아보고 잘못 설명한 사람을 찾아보자!

도형	면의 수(개)	모서리의 수(개)	꼭짓점의 수(개)	면의 모양
직육면체	6			
정육면체		12		

이안: 직육면체와 정육면체는 면, 모서리, 꼭짓점의 수가 각각 (같아 , 달라).

솔지: 정육면체의 면의 모양은 [　　　　]이고 정사각형은 직사각형이라고 할 수 있으니까

　　　 정육면체는 직육면체라고 할 수 (있어 , 없어).

상우: 직육면체는 면의 모양이 [　　　　](이)야.

아~ 잘못 설명한 사람은 [　　]이고, 바르게 고치면 다음과 같구나!

바르게 고치기

직육면체는 면의 모양이 [　　　　]이고, 정육면체는 면의 모양이 [　　　　]입니다.

2

직육면체와 정육면체에 대해 <u>잘못</u> 설명한 사람을 찾아 이름을 쓰고, 바르게 고쳐 보세요.

> 하연: 정육면체는 면의 모양과 크기가 같습니다.
> 윤재: 직육면체는 모서리가 6개입니다.
> 승훈: 정육면체는 모서리의 길이가 모두 같습니다.

이름 ....

바르게 고치기 ....

3

진도책 119쪽
10번 문제

직육면체에서 두 면 사이의 관계가 <u>다른</u> 것을 찾아 기호를 써 보세요.

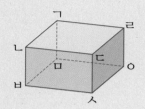

㉠ 면 ㄱㄴㄷㄹ과 면 ㄱㅁㅇㄹ
㉡ 면 ㄴㅂㅅㄷ과 면 ㄷㅅㅇㄹ
㉢ 면 ㅁㅂㅅㅇ과 면 ㄴㅂㅁㄱ
㉣ 면 ㄱㅁㅇㄹ과 면 ㄴㅂㅅㄷ

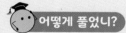 **어떻게 풀었니?**

직육면체에서 색칠한 두 면 사이의 관계를 알아보자!

㉠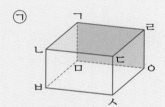

면 ㄱㄴㄷㄹ과 면 ㄱㅁㅇㄹ은 만나니까
(수직이야 , 평행해).

㉡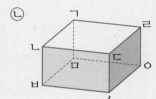

면 ㄴㅂㅅㄷ과 면 ㄷㅅㅇㄹ은 만나니까
(수직이야 , 평행해).

㉢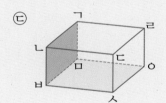

면 ㅁㅂㅅㅇ과 면 ㄴㅂㅁㄱ은 만나니까
(수직이야 , 평행해).

㉣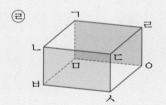

면 ㄱㅁㅇㄹ과 면 ㄴㅂㅅㄷ은 마주 보니까
(수직이야 , 평행해).

아~ 직육면체에서 두 면 사이의 관계가 다른 것을 찾아 기호를 쓰면 ☐ 이구나!

4

직육면체에서 두 면 사이의 관계가 <u>다른</u> 것을 찾아 기호를 써 보세요.

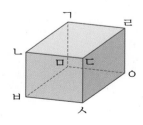

㉠ 면 ㄴㅂㅅㄷ와 면 ㄱㅁㅇㄹ
㉡ 면 ㄱㄴㄷㄹ와 면 ㅁㅂㅅㅇ
㉢ 면 ㄷㅅㅇㄹ와 면 ㄱㄴㄷㄹ
㉣ 면 ㄴㅂㅁㄱ와 면 ㄷㅅㅇㄹ

(   )

5

진도책 125쪽
5번 문제

직육면체의 겨냥도에서 보이지 않는 모서리의 길이의 합은 몇 cm일까요?

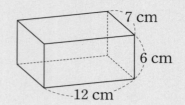

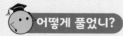 어떻게 풀었니?

직육면체의 겨냥도에서 보이지 않는 모서리를 찾아서 모서리의 길이의 합을 구해 보자!

직육면체의 겨냥도는 보이는 모서리는 (실선 , 점선)으로, 보이지 않는 모서리는 (실선 , 점선)으로 나타낸 그림이야.

오른쪽 그림에서 서로 평행한 모서리는 길이가 같으니까 같은 색의 모서리는 길이가 같아. 즉, 점선으로 나타낸 모서리의 길이는

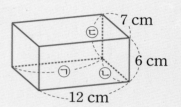

㉠ = ☐ cm, ㉡ = ☐ cm, ㉢ = ☐ cm지.

보이지 않는 모서리의 길이를 모두 더하면

㉠+㉡+㉢ = ☐ + ☐ + ☐ = ☐ (cm)야.

아~ 보이지 않는 모서리의 길이의 합은 ☐ cm구나!

6 오른쪽 직육면체의 겨냥도에서 보이지 않는 모서리의 길이의 합은 몇 cm일까요?

(   )

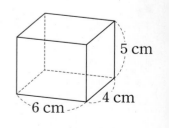

7 오른쪽 직육면체의 겨냥도에서 보이는 모서리의 길이의 합은 몇 cm일까요?

(   )

8

진도책 127쪽
10번 문제

오른쪽 전개도를 접어서 직육면체를 만들려고 합니다. 면 가와 평행
한 면을 찾아 쓰고, 넓이는 몇 cm²인지 구해 보세요.

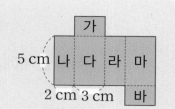

어떻게 풀었니?

전개도를 접었을 때 면 가와 평행한 면을 찾아 넓이를 구해 보자!

전개도를 접었을 때 면 가와 만나는 면은 모두 수직이고, 마주 보는 면은 평행해.

면 가와 마주 보는 면을 찾아 색칠해 보자.

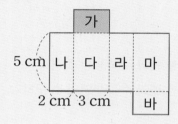

면 가와 평행한 면은 면 ☐ 야.

전개도를 접었을 때 서로 만나는 선분의 길이가 같아야 해.

위의 전개도에서 면 바의 선분과 같은 색 선분은 만나니까 같은 색 선분은 길이가 같아.

즉, 전개도를 접었을 때 면 바의 가로는 면 다의 가로와 만나니까 ☐ cm이고,

면 바의 세로는 면 나의 가로와 만나니까 ☐ cm야.

면 바는 가로가 ☐ cm, 세로가 ☐ cm인 직사각형이니까

넓이는 (가로) × (세로) = ☐ × ☐ = ☐ (cm²)야.

아~ 면 바의 넓이는 ☐ cm²구나!

5

9 오른쪽 전개도를 접어서 직육면체를 만들려고 합니다. 면 마와 평행한 면을 찾
아 쓰고, 넓이는 몇 cm²인지 구해 보세요.

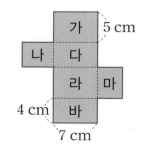

(   ), (   )

🔵 쓰기 쉬운 서술형

1

직육면체에서 평행한 면 / 수직인 면 알아보기

오른쪽 직육면체에서 색칠한 면과 수직인 면은 모두 몇 개인지 풀이 과정을 쓰고 답을 구해 보세요.

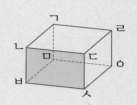

색칠한 면과 만나는 면은?

직육면체에서 서로 만나는 면은 수직이야.

✏️ **무엇을 쓸까?** ① 색칠한 면과 수직인 면 찾기

② 색칠한 면과 수직인 면의 수 구하기

풀이 예 색칠한 면과 수직인 면은 서로 만나는 면이므로

면 ㄴㅂㅁㄱ, 면 (   ), 면 (   ), 면 (   )입니다. --- ❶

따라서 색칠한 면과 수직인 면은 모두 (   )개입니다. --- ❷

답

1-1

오른쪽 직육면체에서 면 ㄱㄴㄷㄹ과 면 ㄷㅅㅇㄹ에 공통으로 수직인 면을 모두 찾아 쓰려고 합니다. 풀이 과정을 쓰고 답을 구해 보세요.

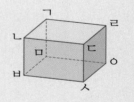

✏️ **무엇을 쓸까?** ① 면 ㄱㄴㄷㄹ과 면 ㄷㅅㅇㄹ에 수직인 면 각각 찾기

② 면 ㄱㄴㄷㄹ과 면 ㄷㅅㅇㄹ에 공통으로 수직인 면 찾기

풀이

답

1-2

오른쪽 직육면체에서 면 ㄱㅁㅇㄹ과 평행한 면의 모서리의 길이의
합은 몇 cm인지 풀이 과정을 쓰고 답을 구해 보세요.

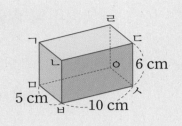

🖊 **무엇을 쓸까?** ❶ 면 ㄱㅁㅇㄹ과 평행한 면 찾기
　　　　　　　　　❷ 면 ㄱㅁㅇㄹ과 평행한 면의 모서리의 길이의 합 구하기

풀이 _____

_____

_____

답 _____

1-3

주사위에서 서로 평행한 두 면의 눈의 수의 합은 7입니다. 눈의 수가 4인 면과
수직인 면들의 눈의 수의 합은 얼마인지 풀이 과정을 쓰고 답을 구해 보세요.

5

🖊 **무엇을 쓸까?** ❶ 눈의 수가 4인 면과 수직인 면들의 눈의 수 구하기
　　　　　　　　　❷ 눈의 수가 4인 면과 수직인 면들의 눈의 수의 합 구하기

풀이 _____

_____

_____

답 _____

2 모서리의 길이의 합 구하기

오른쪽 직육면체의 모든 모서리의 길이의 합은 몇 cm인지 풀이 과정을 쓰고 답을 구해 보세요.

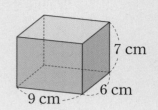

7 cm
9 cm 6 cm

길이가 같은 모서리는?

직육면체에서 서로 평행한 모서리는 길이가 같아.

🖊 무엇을 쓸까? ❶ 길이가 같은 모서리의 수 구하기
❷ 모든 모서리의 길이의 합 구하기

풀이 ⑩ 직육면체는 길이가 9 cm, (   ) cm, 7 cm인 모서리가 각각 (   )개씩 있습니다. ⋯ ❶

따라서 모든 모서리의 길이의 합은 (9+(   )+7)×(   )=(   )(cm)입니다. ⋯ ❷

답 _____

2-1

오른쪽 정육면체의 모든 모서리의 길이의 합은 몇 cm인지 풀이 과정을 쓰고 답을 구해 보세요.

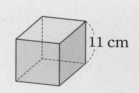

11 cm

🖊 무엇을 쓸까? ❶ 길이가 같은 모서리의 수 구하기
❷ 모든 모서리의 길이의 합 구하기

풀이 _____

_____

_____

답 _____

2-2

직육면체의 두 면이 오른쪽과 같을 때 이 직육면체의 모든 모서리의 길이의 합은 몇 cm인지 풀이 과정을 쓰고 답을 구해 보세요.

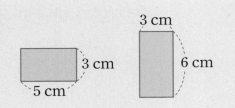

무엇을 쓸까? ❶ 직육면체의 모서리의 길이 구하기
❷ 모든 모서리의 길이의 합 구하기

풀이

답

2-3

오른쪽 정육면체의 겨냥도에서 보이지 않는 모서리의 길이의 합이 24 cm입니다. 이 정육면체의 모든 모서리의 길이의 합은 몇 cm인지 풀이 과정을 쓰고 답을 구해 보세요.

무엇을 쓸까? ❶ 보이지 않는 모서리의 수 구하기
❷ 정육면체의 한 모서리의 길이 구하기
❸ 모든 모서리의 길이의 합 구하기

풀이

답

3 전개도가 아닌 이유 쓰기

오른쪽 전개도가 직육면체의 전개도가 <u>아닌</u> 이유를 써 보세요.

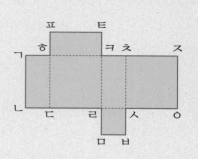

전개도를 접었을 때의 모양은?

접었을 때 면은 겹치지 않아야 하고, 만나는 선분은 길이가 같아야 해.

✍ **무엇을 쓸까?**   ❶ 직육면체의 전개도에 대하여 설명하기

　　　　　　　　 ❷ 직육면체의 전개도가 아닌 이유 쓰기

이유 　예 직육면체의 모서리를 잘라서 펼친 그림을 직육면체의 (　　　　　)라고 합니다. … ❶

전개도를 접었을 때 선분 ㄹㅁ과 만나는 선분은 선분 (　　　　)입니다.

이 두 선분의 길이가 (같으므로 , 다르므로) 직육면체의 전개도가 아닙니다. … ❷

3-1

오른쪽 전개도가 정육면체의 전개도가 <u>아닌</u> 이유를 써 보세요.

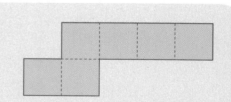

✍ **무엇을 쓸까?**   ❶ 정육면체의 전개도에 대하여 설명하기

　　　　　　　　 ❷ 정육면체의 전개도가 아닌 이유 쓰기

이유

4

주사위의 전개도에서 눈의 수 구하기

주사위에서 평행한 두 면의 눈의 수의 합은 7입니다. 주사위의 전개도에서 면 가의 눈의 수는 얼마인지 풀이 과정을 쓰고 답을 구해 보세요.

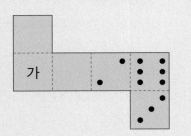

면 가와 마주 보는 면은?

> 한쪽 방향으로 한 개의 면을 건너 뛰면 평행한 면을 찾을 수 있어.

무엇을 쓸까? ❶ 면 가와 평행한 면의 눈의 수 구하기

❷ 면 가의 눈의 수 구하기

풀이 ㉄ 전개도에서 면 가와 평행한 면의 눈의 수는 (   )입니다. --- ❶

따라서 면 가의 눈의 수는 (   )−(   )=(   )입니다. --- ❷

답

5

4-1

주사위에서 서로 평행한 두 면의 눈의 수의 합은 7입니다. 주사위의 전개도에서 면 가와 면 나의 눈의 수의 차는 얼마인지 풀이 과정을 쓰고 답을 구해 보세요.

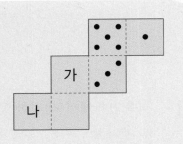

무엇을 쓸까? ❶ 면 가와 면 나의 눈의 수 각각 구하기

❷ 면 가와 면 나의 눈의 수의 차 구하기

풀이

답

수행 평가

1 그림과 같이 직사각형 6개로 둘러싸인 도형을 무엇이라고 하는지 써 보세요.

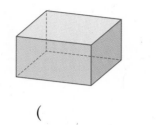

(   )

2 정육면체는 어느 것일까요? (   )

①   ②   ③

④   ⑤

3 직육면체에서 색칠한 면과 평행한 면을 찾아 써 보세요.

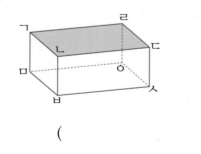

(   )

4 정육면체의 전개도를 접었을 때 면 마와 수직인 면을 모두 써 보세요.

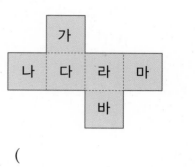

(   )

5 다음 직육면체의 겨냥도를 <u>잘못</u> 설명한 것을 찾아 기호를 써 보세요.

ㄱ 보이는 면은 3개입니다.
ㄴ 보이지 않는 모서리는 3개입니다.
ㄷ 보이지 않는 꼭짓점은 7개입니다.

(   )

6 직육면체를 보고 전개도를 그려 보세요.

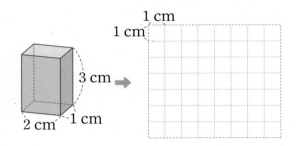

7 직육면체에서 보이는 모서리의 길이의 합은 몇 cm인지 구해 보세요.

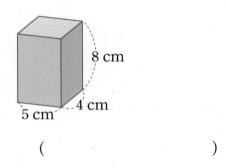

( )

8 다음과 같이 정육면체 모양의 상자를 끈으로 둘렀습니다. 상자를 두르는 데 사용한 끈의 길이는 몇 cm인지 구해 보세요.

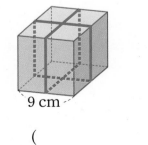

( )

9 주사위에서 서로 평행한 두 면의 눈의 수의 합이 7이 되도록 전개도의 빈 곳에 눈을 알맞게 그려 넣으세요.

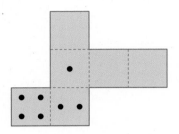

서술형 문제

10 직육면체의 전개도를 그린 것입니다. 선분 ㅊㅇ은 몇 cm인지 풀이 과정을 쓰고 답을 구해 보세요.

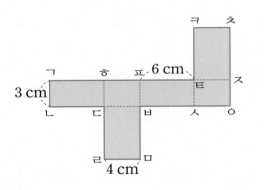

풀이

답

1

진도책 144쪽
5번 문제

한 사람당 제기차기 기록의 수가 더 많다고 할 수 있는 모둠은 누구네 모둠일까요?

지아 우리 모둠은 12명이 모두 156번을 찼어.

우리 모둠은 13명이 모두 195번을 찼어. 민우

🎓 어떻게 풀었니?

제기차기 기록의 합이 더 많은 모둠이 한 사람당 제기차기 기록의 수가 더 많다고 할 수 있을까?

각 모둠의 친구 수가 다르니까 한 사람당 제기차기 기록의 수가 더 많다고 말할 수 없어.

그러니까 모둠별 제기차기 기록의 평균을 각각 구하여 비교해 보자!

평균은 자료의 값을 모두 더해 자료의 수로 나눈 값이야.

그럼 지아네 모둠과 민우네 모둠의 제기차기 기록의 평균을 구해 보자.

지아네 모둠의 제기차기 기록의 합은 ☐번이고, 모둠 친구 수는 ☐명이니까

(지아네 모둠의 제기차기 기록의 평균) = ☐ ÷ ☐ = ☐(번)이야.

민우네 모둠의 제기차기 기록의 합은 ☐번이고, 모둠 친구 수는 ☐명이니까

(민우네 모둠의 제기차기 기록의 평균) = ☐ ÷ ☐ = ☐(번)이야.

두 모둠의 평균을 비교하면 ☐번 < ☐번이니까 민우네 모둠의 제기차기 기록의 평균이 더 높아.

아~ 한 사람당 제기차기 기록의 수가 더 많다고 할 수 있는 모둠은 ☐네 모둠이구나!

2

한 사람당 윗몸 말아 올리기 기록의 수가 더 많다고 할 수 있는 모둠은 누구네 모둠일까요?

은호 우리 모둠은 14명이 모두 602번을 했어.

우리 모둠은 15명이 모두 630번을 했어. 태리

( )

3

진도책 145쪽
8번 문제

현수네 모둠과 윤하네 모둠의 단체 줄넘기 기록을 나타낸 표입니다. 두 모둠의 단체 줄넘기 기록의 평균이 같을 때 윤하네 모둠의 2회 기록은 몇 번인지 구해 보세요.

현수네 모둠의 단체 줄넘기 기록

회	단체 줄넘기 기록(번)
1회	17
2회	24
3회	35
4회	28

윤하네 모둠의 단체 줄넘기 기록

회	단체 줄넘기 기록(번)
1회	20
2회	?
3회	32
4회	16
5회	18

어떻게 풀었니?

먼저 현수네 모둠의 단체 줄넘기 기록의 평균을 구해 보자!

현수네 모둠의 단체 줄넘기 기록의 평균은 (17 + ☐ + ☐ + 28) ÷ 4 = ☐ (번)이야.

두 모둠의 단체 줄넘기 기록의 평균이 같으니까

윤하네 모둠의 단체 줄넘기 기록의 평균도 ☐ 번이지.

(자료의 값을 모두 더한 수) = (☐) × (자료의 수)인 걸 기억하지?

윤하네 모둠의 단체 줄넘기 기록의 합은 ☐ × 5 = ☐ (번)이야.

그러니까 윤하네 모둠의 2회 기록은 ☐ − (20 + ☐ + ☐ + 18) = ☐ (번)이야.

아~ 윤하네 모둠의 2회 기록은 ☐ 번이구나!

4

선우네 모둠과 민지네 모둠의 이어달리기 기록을 나타낸 표입니다. 두 모둠의 이어달리기 기록의 평균이 같을 때 선우네 모둠의 이어달리기 기록을 나타낸 표를 완성해 보세요.

선우네 모둠의 이어달리기 기록

회	이어달리기 기록(초)
1회	56
2회	53
3회	
4회	51

민지네 모둠의 이어달리기 기록

회	이어달리기 기록(초)
1회	58
2회	54
3회	47

5

진도책 149쪽
4번 문제

회전판에서 화살이 3의 배수에 멈출 가능성이 가장 높은 회전판을 찾아 기호를 써 보세요.

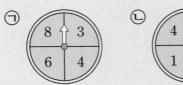 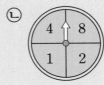 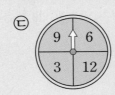

어떻게 풀었니?

화살이 3의 배수에 멈출 가능성이 가장 높은 회전판을 찾아보자!

3의 배수는 3을 1배, 2배, 3배, 4배, ...한 수니까 3의 배수를 작은 수부터 차례로 쓰면

☐, ☐, ☐, ☐, ...(이)야.

다음 회전판에서 3의 배수가 있는 칸을 색칠해 보자.

 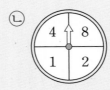 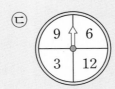

㉠ 회전판의 수 중 3의 배수는 절반이니까 화살이 3의 배수에 멈출 가능성을 말로 표현하면

'☐'(이)야.

㉡ 회전판의 수는 모두 3의 배수가 아니니까 화살이 3의 배수에 멈출 가능성을 말로 표현하면

'☐'(이)야.

㉢ 회전판의 수는 모두 3의 배수니까 화살이 3의 배수에 멈출 가능성을 말로 표현하면

'☐'(이)야.

아~ 화살이 3의 배수에 멈출 가능성이 가장 높은 회전판을 찾아 기호를 쓰면 ☐이구나!

6

회전판에서 화살이 6의 배수에 멈출 가능성이 가장 낮은 회전판을 찾아 기호를 써 보세요.

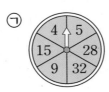 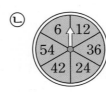 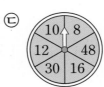

(   )

7

진도책 151쪽
10번 문제

상자 안에 1부터 8까지의 자연수가 적힌 공인 한 개씩 들어 있습니다. 상자에서 공 한 개를 꺼낼 때 8의 약수가 적힌 공을 꺼낼 가능성을 수로 표현해 보세요.

🎓 어떻게 풀었니?

공 한 개를 꺼낼 때 8의 약수가 적힌 공을 꺼낼 가능성을 수로 표현해 보자!

8의 약수는 8을 나누어떨어지게 하는 수라는 걸 알고 있지?

그러니까 8의 약수는 1, ☐, ☐, ☐(이)야.

상자 안에 다음과 같은 수가 적힌 공이 들어 있어. 이 중에서 8의 약수에 ○표 해 보자.

1   2   3   4   5   6   7   8

8개의 공 중 8의 약수가 적힌 공이 ☐개 있어.

즉, 8의 약수가 적힌 공의 수는 전체 공의 수의 반만큼 있어.

그러니까 공 한 개를 꺼낼 때 8의 약수가 적힌 공을 꺼낼 가능성을 말로 표현하면

'☐'이고, 이를 수로 표현하면 ☐(이)야.

아~ 공 한 개를 꺼낼 때 8의 약수가 적힌 공을 꺼낼 가능성을 수로 표현하면 ☐(이)구나!

8 주머니 안에 1부터 7까지의 자연수가 적힌 구슬이 한 개씩 들어 있습니다. 주머니에서 구슬 한 개를 꺼낼 때 7 이하의 수가 적힌 구슬을 꺼낼 가능성을 수로 표현해 보세요.

(   )

9 상자 안에 1번부터 10번까지 적힌 번호표가 한 개씩 들어 있습니다. 상자에서 번호표 한 개를 뽑을 때 12의 약수가 적힌 번호표를 뽑을 가능성을 수로 표현해 보세요.

(   )

1 평균 구하기

승호네 양계장의 닭들이 낳은 달걀 수를 나타낸 표입니다. 요일별 낳은 달걀 수의 평균은 몇 개인지 풀이 과정을 쓰고 답을 구해 보세요.

요일별 낳은 달걀 수

요일	월	화	수	목	금
달걀 수(개)	72	88	63	51	66

(전체 달걀 수)÷(날수)는?

먼저 5일 동안 낳은 달걀 수를 모두 더해 봐.

✏️ 무엇을 쓸까? ❶ 전체 달걀 수와 날수 각각 구하기

❷ 요일별 낳은 달걀 수의 평균 구하기

풀이 예 전체 달걀 수는 72＋88＋(　　　)＋(　　　)＋(　　　)＝(　　　　)(개)이고, 날수는 5일입니다. … ❶

따라서 요일별 낳은 달걀 수의 평균은 (　　　　)÷5＝(　　　)(개)입니다. … ❷

답

1-1

윤서네 가족이 만든 만두 수를 나타낸 표입니다. 윤서네 가족 중 만두를 평균보다 많이 만든 사람은 모두 몇 명인지 풀이 과정을 쓰고 답을 구해 보세요.

윤서네 가족이 만든 만두 수

가족	아빠	엄마	윤서	오빠	동생
만두 수(개)	35	56	29	48	22

✏️ 무엇을 쓸까? ❶ 윤서네 가족이 만든 만두 수의 평균 구하기

❷ 평균보다 많이 만든 사람 수 구하기

풀이

답

2 **두 자료의 전체 평균 구하기**

서진, 지아, 남현, 은서 4명의 몸무게의 평균은 42 kg이고, 정우의 몸무게는 47 kg입니다.
5명의 몸무게의 평균은 몇 kg인지 풀이 과정을 쓰고 답을 구해 보세요.

4명의 몸무게의 평균에
사람 수를 곱하면?

(자료의 값을 모두 더한 수)
=(평균)×(자료의 수)야.

무엇을 쓸까? ① 5명의 몸무게의 합 구하기

② 5명의 몸무게의 평균 구하기

풀이 예 4명의 몸무게의 합은 (   )×4＝(   ) (kg)이므로 5명의 몸무게의 합은

(   )＋47＝(   ) (kg)입니다. ··· ①

따라서 5명의 몸무게의 평균은 (   )÷(   )＝(   ) (kg)입니다. ··· ②

답

2-1

채연이네 반 남학생과 여학생의 공 멀리 던지기 기록의 평균을
각각 나타낸 표입니다. 채연이네 반 전체 학생들의 공 멀리 던지
기 기록의 평균은 몇 m인지 풀이 과정을 쓰고 답을 구해 보세요.

공 멀리 던지기 기록의 평균	
남학생 12명	23 m
여학생 9명	16 m

무엇을 쓸까? ① 남학생과 여학생의 공 멀리 던지기 기록의 합 각각 구하기

② 전체 학생들의 공 멀리 던지기 기록의 평균 구하기

풀이

답

3 평균을 이용하여 자료의 값 구하기

준호네 모둠이 하루 동안 마신 주스의 양을 나타낸 표입니다. 유진이가 마신 주스는 몇 mL인지 풀이 과정을 쓰고 답을 구해 보세요.

준호네 모둠이 마신 주스의 양

이름	준호	유진	성현	수민	평균
주스의 양(mL)	60		95	70	75

4명이 마신 주스 양의 합에서
3명이 마신 주스 양의 합을 빼면?

평균을 이용하여 준호네 모둠이 마신 전체 주스의 양을 구해 봐.

✍ 무엇을 쓸까? ❶ 준호네 모둠이 마신 전체 주스의 양 구하기
❷ 유진이가 마신 주스의 양 구하기

풀이 예 준호네 모둠이 마신 주스는 모두

( )×( )=( )(mL)입니다. … ❶

따라서 유진이가 마신 주스는

( )−(60+( )+70)=( )(mL)입니다. … ❷

답

3-1

민정이의 성취도 평가 점수를 나타낸 표입니다. 성취도 평가 점수의 평균이 90점일 때 국어 점수는 몇 점인지 풀이 과정을 쓰고 답을 구해 보세요.

민정이의 성취도 평가 점수

과목	국어	수학	사회	과학
점수(점)		86	84	92

✍ 무엇을 쓸까? ❶ 네 과목의 점수의 합 구하기
❷ 국어 점수 구하기

풀이

답

3-2

수하가 1분 동안 기록한 타자 수를 나타낸 표입니다. 수하의 타자 수의 평균이 282타 이상이 되려면 수하가 3회에 기록한 타자 수는 적어도 몇 타이어야 하는지 풀이 과정을 쓰고 답을 구해 보세요.

수하의 타자 수

회	1회	2회	3회	4회	5회
타자 수(타)	283	276		272	310

무엇을 쓸까?
❶ 수하의 타자 수의 합이 몇 타 이상이 되어야 하는지 구하기
❷ 수하가 3회에 기록한 타자 수는 적어도 몇 타이어야 하는지 구하기

풀이

답

3-3

보드게임 동호회 회원의 나이를 나타낸 표입니다. 새로운 회원 한 명이 더 들어와서 나이의 평균이 한 살 늘어났다면 새로운 회원의 나이는 몇 살인지 풀이 과정을 쓰고 답을 구해 보세요.

보드게임 동호회 회원의 나이

이름	지우	민혁	은재	정인
나이(살)	17	15	16	12

무엇을 쓸까?
❶ 보드게임 동호회 회원의 나이의 평균 구하기
❷ 새로운 회원의 나이 구하기

풀이

답

4 일이 일어날 가능성을 수로 표현하기

오른쪽 주머니에서 구슬 한 개를 꺼낼 때 꺼낸 구슬이 초록색일 가능성을 수로 표현하려고 합니다. 풀이 과정을 쓰고 답을 구해 보세요.

초록색 구슬의 수는?

일이 일어날 가능성은 0, $\frac{1}{2}$, 1의 수로 표현할 수 있어.

🖊 **무엇을 쓸까?** ❶ 꺼낸 구슬이 초록색일 가능성을 말로 표현하기

❷ 꺼낸 구슬이 초록색일 가능성을 수로 표현하기

풀이 몡 주머니 안에 초록색 구슬이 없으므로 구슬 한 개를 꺼낼 때 꺼낸 구슬이

초록색일 가능성을 말로 표현하면 '(   )'입니다. --- ❶

따라서 꺼낸 구슬이 초록색일 가능성을 수로 표현하면 (   )입니다. --- ❷

답

4-1

다음 카드 중에서 한 장을 뽑을 때 ◆ 카드를 뽑을 가능성을 수로 표현하려고 합니다. 풀이 과정을 쓰고 답을 구해 보세요.

🖊 **무엇을 쓸까?** ❶ ◆ 카드를 뽑을 가능성을 말로 표현하기

❷ ◆ 카드를 뽑을 가능성을 수로 표현하기

풀이

답

4-2

4장의 수 카드 2 , 4 , 6 , 8 중에서 한 장을 뽑을 때 일이 일어날 가능성이 0인 것을 찾아 기호를 쓰려고 합니다. 풀이 과정을 쓰고 답을 구해 보세요.

> ㉠ 뽑은 수 카드에 적힌 수가 홀수일 가능성
> ㉡ 뽑은 수 카드에 적힌 수가 4의 배수일 가능성

✍ **무엇을 쓸까?**
❶ 일이 일어날 가능성을 각각 수로 표현하기
❷ 일이 일어날 가능성이 0인 것 찾기

풀이 ....

....

....

답

4-3

1부터 6까지의 눈이 그려진 주사위를 한 번 굴릴 때 일이 일어날 가능성이 높은 것부터 차례로 기호를 쓰려고 합니다. 풀이 과정을 쓰고 답을 구해 보세요.

> ㉠ 주사위의 눈의 수가 짝수로 나올 가능성
> ㉡ 주사위의 눈의 수가 6 이하로 나올 가능성
> ㉢ 주사위의 눈의 수가 8의 배수로 나올 가능성

✍ **무엇을 쓸까?**
❶ 일이 일어날 가능성을 각각 수로 표현하기
❷ 일이 일어날 가능성 비교하기

풀이 ....

....

....

....

답

수행 평가

[1~2] 예진이네 모둠이 받은 칭찬 도장 수를 나타낸 표입니다. 물음에 답하세요.

예진이네 모둠이 받은 칭찬 도장 수

이름	예진	석현	수진	준상
도장 수(개)	15	14	11	12

1 한 명당 받은 칭찬 도장 수를 정하는 올바른 방법에 ○표 하세요.

방법	○표
각 친구의 칭찬 도장 수 15, 14, 11, 12 중 가장 큰 수인 15로 정합니다.	
각 친구의 칭찬 도장 수 15, 14, 11, 12를 고르게 하면 13, 13, 13, 13이 되므로 13으로 정합니다.	

2 예진이네 모둠이 받은 칭찬 도장 수의 평균은 몇 개일까요?

( )

3 일이 일어날 가능성을 수직선에 ↓로 나타내어 보세요.

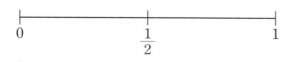

4장의 수 카드 **3**, **4**, **5**, **6** 중 한 장을 뽑을 때 짝수가 나올 가능성

0         $\frac{1}{2}$ 1

4 일이 일어날 가능성이 가장 낮은 순서대로 이름을 써 보세요.

> 윤성: 지금은 오후 1시이므로 1시간 후는 오후 2시입니다.
>
> 지현: 우리나라의 12월 평균 기온은 8월 평균 기온보다 높을 것입니다.
>
> 성우: 동전을 4번 던지면 4번 모두 그림면이 나올 것입니다.

( )

5 1부터 6까지의 눈이 있는 주사위를 한 번 굴릴 때 주사위 눈의 수가 1 이상이 나올 가능성을 말과 수로 표현해 보세요.

말 _____

수 _____

6 파란색 케이블카는 38인승, 노란색 케이블카는 48인승입니다. 각각의 정원에 맞춰 탔을 때 두 케이블카에 탄 사람들의 총 몸무게의 차는 몇 kg인지 구해 보세요.

평균 61kg

평균 59kg

( )

7 조건 에 알맞은 회전판이 되도록 오른쪽 회전판에 색칠해 보세요.

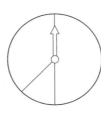

조건
• 화살이 노란색에 멈출 가능성이 가장 높습니다.
• 화살이 빨간색에 멈출 가능성은 파란색에 멈출 가능성의 3배입니다.

8 주한이가 매달 저금한 금액을 나타낸 표입니다. 네 달 동안 저금한 금액의 평균이 7200원 이상이 되려면 10월에 적어도 얼마를 저금해야 하는지 구해 보세요.

주한이가 저금한 금액

월	9월	10월	11월	12월
금액(원)	5800		7800	6400

( )

9 지우네 모둠 4명의 키를 나타낸 것입니다. 새로운 학생 한 명이 더 들어와서 키의 평균이 1 cm 줄었다면 새로운 학생의 키는 몇 cm일까요?

| 142 cm 138 cm 146 cm 150 cm |

( )

서술형 문제

10 현서와 민재의 턱걸이 기록을 나타낸 표입니다. 누구의 턱걸이 기록의 평균이 더 좋은지 풀이 과정을 쓰고 답을 구해 보세요.

현서의 턱걸이 기록

회	1회	2회	3회	4회
기록(번)	5	4	8	3

민재의 턱걸이 기록

회	1회	2회	3회	4회
기록(번)	1	3	7	13

풀이

답

총괄 평가

1 직육면체를 모두 고르세요. (   )

①   ②   ③

④   ⑤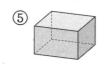

2 보기 와 같이 분수의 곱셈으로 고쳐서 계산해 보세요.

> 보기
>
> $$2.6 \times 3.1 = \frac{26}{10} \times \frac{31}{10} = \frac{26 \times 31}{10 \times 10}$$
> $$= \frac{806}{100} = 8.06$$

1.9×2.5

_____

_____

3 두 사각형은 서로 합동입니다. 변 ㅁㅂ은 몇 cm일까요?

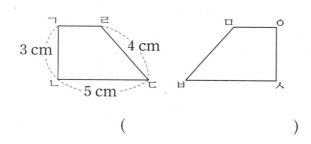

(   )

4 15049를 올림, 버림, 반올림하여 천의 자리까지 나타내어 보세요.

올림	버림	반올림

5 잘못 계산한 사람의 이름을 쓰고, 바르게 계산한 값을 구해 보세요.

> 수현: $16 \times \frac{5}{6} = 14\frac{1}{3}$
>
> 재준: $\frac{7}{10} \times 15 = 10\frac{1}{2}$

이름 (   )
바르게 계산한 값 (   )

6 그림에서 빠진 부분을 그려 넣어 직육면체의 겨냥도를 완성해 보세요.

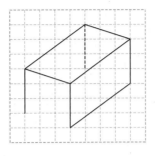

7 계산 결과를 비교하여 ○ 안에 >, =, <를 알맞게 써넣으세요.

$$1\frac{3}{5} \times 2\frac{1}{4} \bigcirc 2\frac{4}{9} \times 1\frac{7}{11}$$

8 ☐ 안에 알맞은 수를 써넣으세요.

$258 \times 73 = 18834$

➡ $2.58 \times \boxed{} = 18.834$

9 태권도 경기에서 초등학교 5학년 남학생의 웰터급의 몸무게는 45 kg 초과 49 kg 이하입니다. 웰터급에 해당하는 사람을 모두 찾아 이름을 써 보세요.

5학년 남학생 태권도 선수들의 몸무게

이름	몸무게(kg)	이름	몸무게(kg)
현진	47.5	하진	50.9
민혁	41.3	권욱	41.0
재우	49.6	수현	45.8

( )

10 어느 전시장의 입장객 수를 나타낸 표입니다. 월요일부터 금요일까지 전시장의 하루 입장객 수의 평균은 몇 명인지 구해 보세요.

전시장 입장객 수

요일	월	화	수	목	금
입장객 수(명)	65	80	72	75	83

( )

11 직육면체의 성질에 대해 <u>잘못</u> 설명한 친구의 이름을 써 보세요.

> 성연: 한 꼭짓점에서 만나는 면은 모두 3개입니다.
>
> 승우: 한 면과 수직으로 만나는 면은 모두 5개입니다.
>
> 지민: 서로 평행한 면은 모두 3쌍입니다.

(   )

12 다음은 선대칭도형입니다. 대칭축의 수가 가장 많은 것을 찾아 기호를 써 보세요.

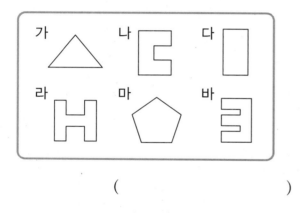

(   )

13 일이 일어날 가능성이 높은 순서대로 기호를 써 보세요.

> ㉠ 100원짜리 동전 한 개를 한 번 던졌을 때 그림면이 나올 것입니다.
>
> ㉡ 계산기에서 '7 + 3 ='을 누르면 11이 나올 것입니다.
>
> ㉢ 검은색 바둑돌 2개가 들어 있는 주머니에서 바둑돌 1개를 꺼낼 때 검은색 바둑돌이 나올 것입니다.

(   )

14 직육면체에서 면 ㄱㄴㄷㄹ과 평행한 면의 모서리의 길이의 합은 몇 cm인지 구해 보세요.

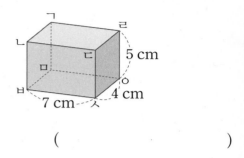

(   )

15 윤지네 모둠이 가지고 있는 책 수를 나타낸 표입니다. 윤지네 모둠이 가지고 있는 책 수의 평균이 88권일 때 책을 가장 많이 가지고 있는 친구의 이름을 써 보세요.

윤지네 모둠이 가지고 있는 책 수

이름	윤지	현성	민주	도빈
책 수(권)	82		98	86

(   )

16 우유 643 L를 통에 모두 담으려고 합니다. 한 통에 10 L씩 담을 때 우유 통은 최소 몇 통 필요한지 구해 보세요.

(   )

17 점 ㅇ을 대칭의 중심으로 하는 점대칭도형입니다. 선분 ㅇㅈ은 몇 cm인지 구해 보세요.

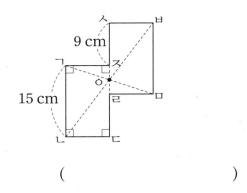

(   )

18 길이가 0.68 m인 색 테이프 9장을 그림과 같이 0.05 m씩 겹치게 이어 붙였습니다. 이어 붙인 색 테이프의 전체 길이는 몇 m인지 구해 보세요.

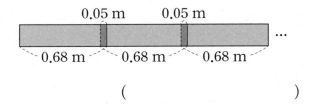

(   )

서술형 문제

19 두 삼각형은 서로 합동입니다. 각 ㄱㄷㄴ은 몇 도인지 풀이 과정을 쓰고 답을 구해 보세요.

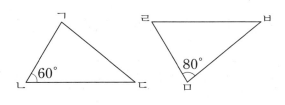

풀이

답

서술형 문제

20 어떤 대분수에 $\frac{2}{3}$를 곱해야 할 것을 잘못하여 뺐더니 $\frac{7}{12}$이 되었습니다. 바르게 계산한 값은 얼마인지 풀이 과정을 쓰고 답을 구해 보세요.

풀이

답

국어, 사회, 과학을
한 권으로 끝내는 교재가 있다?

이 한 권에 다 있다! 국·사·과 교과개념 통합본

디딤돌
통합본

국어·사회·과학

3~6학년(학기용)

"그건 바로 디딤돌만이 가능한 3 in 1"

한걸음 한걸음 디딤돌을 걷다 보면 수학이 완성됩니다.

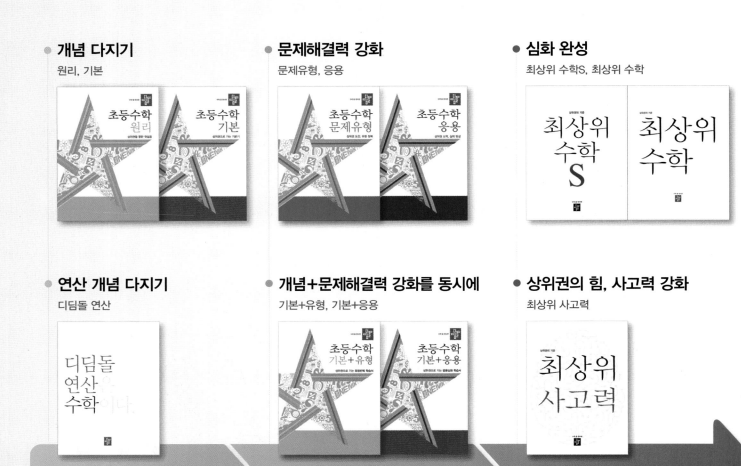

- **개념 다지기**
  원리, 기본

- **문제해결력 강화**
  문제유형, 응용

- **심화 완성**
  최상위 수학S, 최상위 수학

- **연산 개념 다지기**
  디딤돌 연산

- **개념+문제해결력 강화를 동시에**
  기본+유형, 기본+응용

- **상위권의 힘, 사고력 강화**
  최상위 사고력

개념 이해

개념 응용

개념 확장

학습 능력과 목표에 따라
맞춤형이 가능한 디딤돌 초등 수학

개념 이해
디딤돌수학 개념연산

개념 응용
최상위수학 라이트

개념 이해 · 적용
디딤돌수학 고등 개념기본

개념 적용
디딤돌수학 개념기본

개념 확장
최상위수학

고등 수학

중학 수학

초등부터
고등까지

수학 좀 한다면 디딤돌

개념을 이해하고, 깨우치고, 꺼내 쓰는
올바른 중고등 개념 학습서

수능까지 연결되는 독해 로드맵

디딤돌 독해력은 수능까지 연결되는 체계적인 라인업을 통하여

수능에서 요구하는 핵심 독해 원리에 대한 이해는 물론,

단계 별로 심화되며 연결되는 학습의 과정을 통해

깊이 있고 종합적인 독해 사고의 능력까지 기를 수 있도록 도와줍니다.

기초를 다진 후에는 **본격 실전 독해 훈련으로!**
디딤돌 독해력 고학년 Ⅰ~Ⅳ

·수능 국어 독서 영역을 기준으로 주제별, 수준별 구성
·초등 고학년이 감당할 수 있는 중등 수준의 지문을 4단계로 세분화

독해력 공부를 처음 시작한다면, 기초를 튼튼히!
디딤돌 독해력 초등국어 1~6

·초등 국어 교과서의 학년별 성취 기준을 바탕으로 독해 목표 설정
·문학+비문학 제재로 구성, 차근차근 심화되는 독해 원리 학습

1~4학년군 1, 2, 3, 4   5~6학년군 5, 6

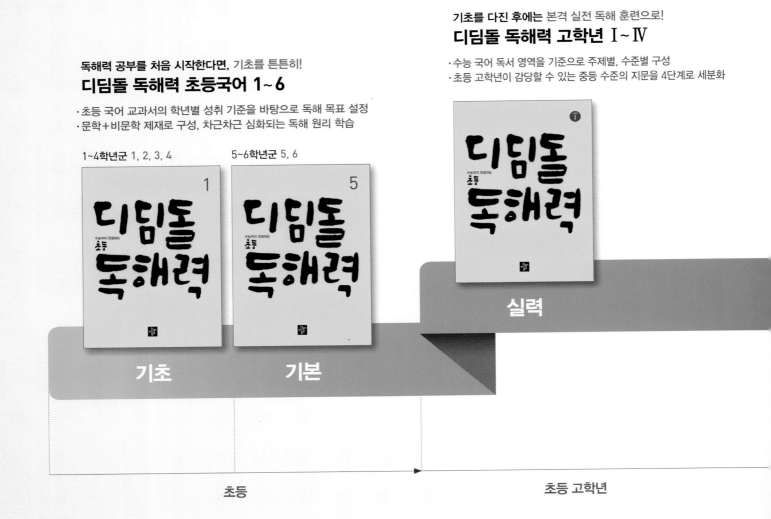

기초   기본

실력

초등   초등 고학년

기본 | 정답과 풀이

5
2

수학 좀 한다면

디딤돌

1 수의 범위와 어림하기

수의 범위는 수를 몇 개의 범위로 구분하여 나눌 때 사용하고, 어림하기는 정확한 값이 아니지만 대략적이면서도 합리적인 값을 산출할 때 이용합니다. 특히 올림, 버림, 반올림은 일상생활에서 정확한 값을 구하기보다는 대략적인 값만으로도 충분한 상황에 유용합니다. 이에 이 단원은 학생들에게 친숙한 일상생활의 여러 상황을 통해서 수의 범위를 나누어 보고 여러 가지 어림을 해 보는 활동으로 구성하였습니다. 수의 범위에서는 경곗값이 포함되는지를 구분하여 지도하는 것이 중요합니다. 또 어림하기는 중학교 과정의 근삿값과 관련되므로 정확한 개념의 이해에 초점을 두어 지도하고, 기계적으로 올림, 버림, 반올림을 하기보다 그 의미를 알고 실생활에 활용하는 데 초점을 두어야 합니다.

교과서 개념 이해 1 12 이상인 수와 12 이하인 수는 12를 포함해.   8쪽

1 (1) 67, 55, 75, 50, 61
　(2) 36, 40, 30, 23, 29

2 (1) 이상　(2) 이하

---

2 (1) 89와 같거나 큰 수이므로 89 이상인 수입니다.
　(2) 56과 같거나 작은 수이므로 56 이하인 수입니다.

교과서 개념 이해 2 53 초과인 수와 53 미만인 수는 53을 포함하지 않아.   9쪽

1 70, 52에 ○표

2 31, 22, 16에 ○표

3 (1) 초과　(2) 미만

---

1 47 초과인 수는 47보다 큰 수이므로 70, 52입니다.

2 34 미만인 수는 34보다 작은 수이므로 31, 22, 16입니다.

3 (1) 127보다 큰 수이므로 127 초과인 수입니다.
　(2) 109보다 작은 수이므로 109 미만인 수입니다.

교과서 개념 이해 3 수의 범위를 이상, 이하, 초과, 미만을 이용하여 나타내.   10~11쪽

1 (1) 16, 17, 12, 14에 ○표
　(2) 16, 12, 9, 14에 △표
　(3) 16, 12, 14

2 (1) 초과, 이하　(2) 초과, 미만
　(3) 이상, 이하　(4) 이상, 미만

3 위칸에 ○표

4 4개

5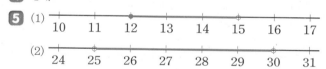

6 (1) ㉡, ㉢　(2) ㉠, ㉢

---

2 (1) 5보다 크고 8과 같거나 작은 수입니다.
　(2) 16보다 크고 19보다 작은 수입니다.
　(3) 32와 같거나 크고 36과 같거나 작은 수입니다.
　(4) 46과 같거나 크고 50보다 작은 수입니다.

3 18, 19, 20은 17 초과 21 미만인 자연수입니다.
（또는 18 이상 20 이하인 자연수, 17 초과 20 이하인 자연수, 18 이상 21 미만인 자연수로 설명할 수 있습니다.）

4 26보다 크고 35와 같거나 작은 수는 30, 27, 33, 35로 모두 4개입니다.

5 (1) 12 이상인 수는 ●을 이용하여 나타내고, 15 미만인 수는 ○을 이용하여 나타냅니다.
　(2) 25 초과인 수는 ○을 이용하여 나타내고, 30 미만인 수는 ○을 이용하여 나타냅니다.

6 이상과 이하는 경곗값을 포함하고, 초과와 미만은 경곗값을 포함하지 않습니다.

1 이상과 이하 알아보기 　　　　12~13쪽

1 24, 26$\frac{2}{3}$, 25.7에 ○표　**2** 4개

3 (1) ┬─┬─┬─┬─●─┬─┬─┬─┬
　　　31 32 33 34 35 36 37 38 39
　　(2) ┬─┬─┬─┬─┬─┬─●─┬─┬
　　　51 52 53 54 55 56 57 58 59

4 가, 다, 라

5 (1) 이하에 ○표　(2) 이상에 ○표

6 2관

7 📗 21 / 21, 22, 23

🐟 ●에 ○표, 오른쪽에 ○표 / ●에 ○표, 왼쪽에 ○표

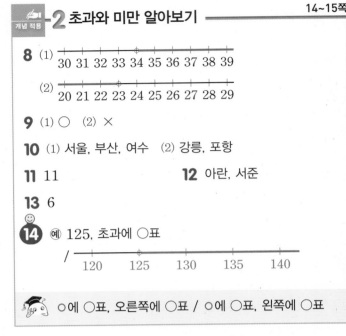

2 초과와 미만 알아보기 　　　　14~15쪽

8 (1) ┬─┬─┬─┬─◦─┬─┬─┬─┬
　　　30 31 32 33 34 35 36 37 38 39
　　(2) ┬─┬─┬─◦─┬─┬─┬─┬─┬
　　　20 21 22 23 24 25 26 27 28 29

9 (1) ○　(2) ×

10 (1) 서울, 부산, 여수　(2) 강릉, 포항

11 11　　　　　　　**12** 아란, 서준

13 6

14 📗 125, 초과에 ○표

　/ ┬─◦─┬─┬─┬
　120　125　130　135　140

🐟 ○에 ○표, 오른쪽에 ○표 / ○에 ○표, 왼쪽에 ○표

---

1 24 이상인 수는 24와 같거나 큰 수입니다.

2 43 이하인 수는 43과 같거나 작은 수이므로 43, 21, 34$\frac{1}{2}$, 42.9로 모두 4개입니다.

3 (1) 35 이상인 수는 35에 ●으로 나타내고 오른쪽으로 선을 긋습니다.
　(2) 57 이하인 수는 57에 ●으로 나타내고 왼쪽으로 선을 긋습니다.

4 무게가 15 kg과 같거나 가벼운 가방은 가(13.9 kg), 다(15 kg), 라(6.3 kg)입니다.

5 (1) 5까지의 수는 5와 같거나 작은 수이므로 5 이하인 수입니다.
　(2) 130부터의 수는 130과 같거나 큰 수이므로 130 이상인 수입니다.

6 15세 관람가는 나이가 15세와 같거나 많은 사람이 볼 수 있으므로 채희가 볼 수 없습니다.
　12세 관람가는 나이가 12세와 같거나 많은 사람이 볼 수 있으므로 채희가 볼 수 있습니다.

😊 내가 만드는 문제
7 47 이상인 수는 47과 같거나 큰 수이므로 수의 범위에 속하는 자연수는 47, 48, 49, …입니다.
　21 이상인 수는 21과 같거나 큰 수이므로 수의 범위에 속하는 자연수는 21, 22, 23, …입니다.
　60 이상인 수는 60과 같거나 큰 수이므로 수의 범위에 속하는 자연수는 60, 61, 62, …입니다.
　39 이상인 수는 39와 같거나 큰 수이므로 수의 범위에 속하는 자연수는 39, 40, 41, …입니다.

---

8 (1) 34 초과인 수는 34에 ◦으로 나타내고 오른쪽으로 선을 긋습니다.
　(2) 23 미만인 수는 23에 ◦으로 나타내고 왼쪽으로 선을 긋습니다.

9 (1) 30 초과인 수는 30보다 큰 수입니다.
　(2) 5.9 미만인 수는 5.9보다 작은 수이므로 5.9를 포함하지 않습니다.

10 (1) 기온이 26 ℃보다 높은 도시는 서울(26.1 ℃), 부산(26.9 ℃), 여수(31.3 ℃)입니다.
　(2) 기온이 22 ℃보다 낮은 도시는 강릉(19.7 ℃), 포항(21.8 ℃)입니다.

11 10 초과인 자연수는 10보다 큰 자연수이므로 11, 12, 13, 14, …입니다.
　따라서 10 초과인 자연수 중에서 가장 작은 수는 11입니다.

12 달리기 기록이 14초보다 적은 사람은 아란(13.4초), 서준(12.3초)입니다.

13 ▲ 미만인 자연수가 5개이면 1, 2, 3, 4, 5이므로 ▲에 알맞은 수는 6입니다.

---

3 수의 범위 나타내기 　　　　16~17쪽

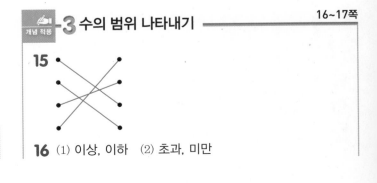

15

16 (1) 이상, 이하　(2) 초과, 미만

17 4500원

18 초과, 미만 /

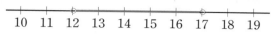

+ 미만 /

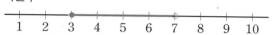

19 예 45 이하, 45 초과 55 이하, 55 초과 /
예 48.8 kg / 사슴

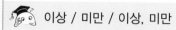
이상 / 미만 / 이상, 미만

15 이상과 이하는 경곗값을 포함하고, 초과와 미만은 경곗값을 포함하지 않습니다.

16 유람선을 운행하는 승객의 범위는 150명부터 450명까지입니다.
  (1) 150명과 450명을 각각 포함하므로 150명 이상 450명 이하입니다.
  (2) 149명과 451명은 모두 포함하지 않으므로 149명 초과 451명 미만입니다.

17 택배 무게는 3.5 + 0.3 = 3.8 (kg)입니다. 이 무게가 속한 범위는 3 kg 초과 5 kg 이하이므로 요금은 4500원입니다.

18 12보다 크고 17보다 작은 수의 범위이므로 12 초과 17 미만인 수입니다.

😊 내가 만드는 문제
19 몸무게가 48.8 kg인 경우 몸무게의 범위는 45 kg 초과 55 kg 이하이므로 사슴 체급입니다.

---

1 (1) 십의 자리 아래 수인 8을 10으로 보고 올림하여 270으로 나타냅니다. (268 ➡ 270)
  (2) 십의 자리 아래 수인 5를 10으로 보고 올림하여 4310으로 나타냅니다. (4305 ➡ 4310)

2 (1) 십의 자리 아래 수인 1을 10으로 보고 올림하여 510으로 나타냅니다. (501 ➡ 510)
  (2) 십의 자리 아래 수인 3을 10으로 보고 올림하여 1830으로 나타냅니다. (1823 ➡ 1830)
  (3) 십의 자리 아래 수가 0이므로 올리지 않습니다.
  (4) 십의 자리 아래 수가 0이므로 올리지 않습니다.

3 (1) 백의 자리 아래 수인 57을 100으로 보고 올림하여 900으로 나타냅니다. (857 ➡ 900)
  (2) 백의 자리 아래 수인 45를 100으로 보고 올림하여 6200으로 나타냅니다. (6145 ➡ 6200)

4 (1) 2.39 ➡ 3, 2.39 ➡ 2.4
  (2) 8.042 ➡ 9, 8.042 ➡ 8.1

5 (1) 남은 열대어도 어항에 담아야 하므로 올림하여 나타냅니다.
  (2) 100마리씩 어항 13개에 담으면 62마리가 남으므로 어항은 최소 13 + 1 = 14(개)가 필요합니다.

6 (1) 공책을 10권씩 판매하는 경우 350명과 나머지 2명에게도 나누어 주어야 하므로 최소 360권을 사야 합니다.
  (2) 공책을 100권씩 판매하는 경우 300명과 나머지 52명에게도 나누어 주어야 하므로 최소 400권을 사야 합니다.

교과서 개념 이해
4 올림은 더 큰 수로 어림하는 방법이야. 18~19쪽

1 (1) 7, 0 (2) 1, 0

2 (1) 510에 ○표 (2) 1830에 ○표
  (3) 760에 ○표 (4) 4900에 ○표

3 (1) 8에 ○표 / 9, 0, 0
  (2) 1에 ○표 / 6, 2, 0, 0

4 (1) 3 / 2.4 (2) 9 / 8.1

5 (1) 올림 (2) 14개

6 (1) 십, 360, 360 (2) 백, 400, 400

교과서 개념 이해
5 버림은 더 작은 수로 어림하는 방법이야. 20~21쪽

1 (1) 8, 0 (2) 1, 0

2 (1) 3에 ○표 / 3, 0, 0
  (2) 4에 ○표 / 1, 4, 0, 0

3 (1) ✕ (2) ○ (3) ○

4 1, 1.2, 1.24 / 28, 28.5, 28.59

5 (1) 버림 (2) 560개

6 (1) 천, 35000, 35000
  (2) 만, 30000, 30000

1 (1) 십의 자리 아래 수인 5를 0으로 보고 버림하여 480으로 나타냅니다. (48<u>5</u> ➡ 480)
(2) 십의 자리 아래 수인 9를 0으로 보고 버림하여 6210으로 나타냅니다. (621<u>9</u> ➡ 6210)

2 (1) 백의 자리 아래 수인 2를 0으로 보고 버림하여 300으로 나타냅니다. (3<u>02</u> ➡ 300)
(2) 백의 자리 아래 수인 78을 0으로 보고 버림하여 1400으로 나타냅니다. (14<u>78</u> ➡ 1400)

3 (1) 십의 자리 아래 수인 4를 0으로 보고 버림하여 나타내면 7500입니다. (750<u>4</u> ➡ 7500)
(2) 백의 자리 아래 수인 86을 0으로 보고 버림하여 나타내면 4200입니다. (42<u>86</u> ➡ 4200)
(3) 천의 자리 아래 수인 916을 0으로 보고 버림하여 나타내면 53000입니다. (53<u>916</u> ➡ 53000)

4 구하려는 자리 아래 수를 0으로 보고 버림하여 나타냅니다.
1.<u>246</u> ➡ 1, 1.<u>246</u> ➡ 1.2, 1.2<u>46</u> ➡ 1.24,
28.<u>593</u> ➡ 28, 28.<u>593</u> ➡ 28.5, 28.5<u>93</u> ➡ 28.59

5 (1) 10개가 안되는 사탕은 담을 수 없으므로 버림하여 나타냅니다.
(2) 10개씩 56봉지에 담으면 4개가 남으므로 사탕은 최대 560개까지 팔 수 있습니다.

6 (1) 1000원짜리 지폐 35장으로 35000원까지 바꿀 수 있고 남은 720원은 바꿀 수 없습니다.
(2) 10000원짜리 지폐 3장으로 30000원까지 바꿀 수 있고 남은 5720원은 바꿀 수 없습니다.

교과서 개념 이해 6 반올림은 더 가까운 수로 어림하는 방법이야.

22~23쪽

1 (1)

(2) 750
(3) 750

2 (1) 1에 ○표 / 2, 0, 0
(2) 9에 ○표 / 9, 0, 0
(3) 8에 ○표 / 3, 8, 0, 0
(4) 4에 ○표 / 2, 5, 0, 0

3 (1) 7에 ○표 (2) 0.5에 ○표 (3) 3.63에 ○표

4 3180, 3200, 3000 / 62060, 62100, 62000

5 (1) 4 (2) 450

6 1700, 1300, 1600, 1900

---

2 (1) 십의 자리 숫자가 6이므로 올림하여 나타내면 200입니다.
(2) 십의 자리 숫자가 2이므로 버림하여 나타내면 900입니다.
(3) 십의 자리 숫자가 0이므로 버림하여 나타내면 3800입니다.
(4) 십의 자리 숫자가 9이므로 올림하여 나타내면 2500입니다.

3 (1) 소수 첫째 자리 숫자가 0이므로 버림하여 나타내면 7입니다.
(2) 소수 둘째 자리 숫자가 1이므로 버림하여 나타내면 0.5입니다.
(3) 소수 셋째 자리 숫자가 9이므로 올림하여 나타내면 3.63입니다.

4 구하려는 자리 바로 아래 자리의 숫자가 0, 1, 2, 3, 4이면 버림하고, 5, 6, 7, 8, 9이면 올림합니다.

5 (1) 소수 첫째 자리 숫자가 7이므로 올림하면 4 g이 됩니다.
(2) 일의 자리 숫자가 3이므로 버림하면 450 g이 됩니다.

6 십의 자리 숫자가 0, 1, 2, 3, 4이면 버림하고, 5, 6, 7, 8, 9이면 올림합니다.

개념 적용 4 올림 알아보기

24~25쪽

1 5400, 6000 / 60100, 61000

2 (1) ○ (2) ×

3 (1) 180, >, 170 (2) 500, =, 500

4 8, 5

5 6 kg

6 83개

☺ **7** 예 공책, 지우개 / 3장

🎓 30 / 20000

---

1 53<u>19</u> ➡ 5400, 5<u>319</u> ➡ 6000,
600<u>72</u> ➡ 60100, 60<u>072</u> ➡ 61000

2 (1) 소수 첫째 자리 아래 수인 0.01을 0.1로 보고 올림하여 나타내면 5.1입니다. (5.<u>01</u> ➡ 5.1)
(2) 소수 둘째 자리 아래 수인 0.009를 0.01로 보고 올림하여 나타내면 3.73입니다. (3.7<u>29</u> ➡ 3.73)

3 (1) 175를 올림하여 십의 자리까지 나타내면
175 ➡ 180이고, 170을 올림하여 십의 자리까지 나타내면 170 ➡ 170입니다. ➡ 180 > 170
(2) 493을 올림하여 십의 자리까지 나타내면
493 ➡ 500이고, 428을 올림하여 백의 자리까지 나타내면 428 ➡ 500입니다. ➡ 500 = 500

4 백의 자리 아래 수인 27을 100으로 보고 올림하여 8600이 되었으므로 올림하기 전의 수는 8527입니다.

5 빵을 만드는 데 필요한 밀가루는 5470 g = 5.47 kg입니다. 밀가루를 1 kg 단위로 판매하므로 5.47을 올림하여 일의 자리까지 구하면 5.47 ➡ 6입니다. 따라서 밀가루를 최소 6 kg 사야 합니다.

6 떡을 10개씩 접시 82개에 담으면 떡 6개가 남습니다. 남은 떡 6개도 접시에 담아야 하므로 접시는 최소 83개가 필요합니다.

☺ 내가 만드는 문제
7 공책과 지우개를 고르면 가격의 합은
1200 + 850 = 2050(원)입니다. 올림하여 천의 자리까지 나타내면 2050 ➡ 3000이므로 1000원짜리 지폐는 최소 3장을 내야 합니다.

9 십의 자리 아래 수를 버림하여 나타내면 각각 다음과 같습니다.
1547 ➡ 1540, 1563 ➡ 1560, 1531 ➡ 1530,
1630 ➡ 1630, 1538 ➡ 1530
따라서 버림하여 십의 자리까지 나타낸 수가 같은 두 수는 1531, 1538입니다.

10 버림하여 백의 자리까지 나타내면 2700이 되는 자연수는 2700부터 2799까지입니다.
따라서 이 중에서 가장 큰 수는 2799입니다.

11 버림하여 십의 자리까지 나타내면 50이 되는 자연수는 50부터 59까지의 자연수입니다.
이 중에서 7의 배수는 56이므로 어떤 자연수는 56 ÷ 7 = 8입니다.

12 배추를 10포기씩 담으면 154상자에 10포기씩 담고 2포기가 남습니다. 따라서 상자에 담아서 팔 수 있는 배추는 최대 1540포기입니다.

13 500원짜리 동전 67개는 500 × 67 = 33500(원)이므로 최대 30000원까지 10000원짜리 지폐로 바꿀 수 있습니다. 따라서 10000원짜리 지폐는 최대 3장까지 바꿀 수 있습니다.

☺ 내가 만드는 문제
14 5291을 만들었을 때 버림하여 백의 자리까지 나타내면 5291 ➡ 5200입니다.

 **5 버림 알아보기**   26~27쪽

8 (1) 6270   (2) 52000   (3) 2.54

9 1531, 1538

10 2799

11 8

12 1540포기

13 3장

☺ **14** 예 5291 / 5200

🐷 1500 / 75

8 (1) 십의 자리 아래 수인 8을 0으로 보고 버림하여 나타내면 6270입니다. (6278 ➡ 6270)
(2) 천의 자리 아래 수인 96을 0으로 보고 버림하여 나타내면 52000입니다. (52096 ➡ 52000)
(3) 소수 둘째 자리 아래 수인 0.003을 0으로 보고 버림하여 나타내면 2.54입니다. (2.543 ➡ 2.54)

---

 6 반올림 알아보기   28~29쪽

15 (1) 25380명   (2) 25000명

16 ( ) (×) ( ) ( )

17 지우 / 예 2.53 L짜리 물병의 부피를 반올림하여 일의 자리까지 나타내면 3 L야.

18 305

19 5, 6, 7, 8, 9
➕ 1.43

☺ **20** 예 17.9 cm / 18 cm

 40 / 400

15 (1) 일의 자리 숫자가 6이므로 올림하여 나타내면 25380명입니다.
(2) 백의 자리 숫자가 3이므로 버림하여 나타내면 25000명입니다.

16 5327은 백의 자리 숫자가 3이므로 버림하여 나타내면 5000입니다. 5704는 백의 자리 숫자가 7이므로 올림하여 나타내면 6000입니다. 4863은 백의 자리 숫자가 8이므로 올림하여 나타내면 5000입니다. 5091은 백의 자리 숫자가 0이므로 버림하여 나타내면 5000입니다. 따라서 반올림하여 천의 자리까지 나타낸 수가 나머지와 다른 것은 5704입니다.

17 2.53을 반올림하여 일의 자리까지 나타내면 소수 첫째 자리 숫자가 5이므로 올림하여 3입니다.

18 반올림하여 백의 자리까지 나타내면 300이 되므로 백의 자리 숫자는 3입니다. 3□□의 십의 자리 숫자가 0, 1, 2, 3, 4이어야 버림하여 300이 되므로 십의 자리 숫자는 0, 일의 자리 숫자는 5입니다.

19 73.◆를 반올림하여 일의 자리까지 나타내면 74가 되므로 소수 첫째 자리에서 올림한 것을 알 수 있습니다.
따라서 ◆에 알맞은 수는 5, 6, 7, 8, 9입니다.

☺ 내가 만드는 문제
20 반올림하여 일의 자리까지 나타내므로 소수 첫째 자리 숫자가 0, 1, 2, 3, 4이면 버림하고, 5, 6, 7, 8, 9이면 올림하여 나타냅니다.
자로 잰 길이가 17.9 cm라면 소수 첫째 자리 숫자가 9이므로 올림하여 나타냅니다. 따라서 반올림하여 일의 자리까지 나타내면 18 cm입니다.

개념 완성 **발전 문제**
30~32쪽

1 22, 31, 20, 28에 ○표

2 79, 80, 81, 82, 83

3 14개   **4** 12개

5 16, 26   **6** 795

7 360 / 940   **8** 8600

9 0.5   **10** 20 / 11

11 ────┼──────────●──────── / 500, 600
400　　　500　　　600

12 3715, 3716, 3717, 3718, 3719

13 ㉡, ㉣   **14** 2000원

15 4050원   **16** 18번

17 27000원   **18** 40000원

---

1 수직선에 나타낸 수의 범위는 20 이상 35 미만인 수입니다.
20과 같거나 크고 35보다 작은 수는 22, 31, 20, 28입니다.

2 수직선에 나타낸 수의 범위는 79 이상 83 이하인 수이므로 79와 같거나 크고 83과 같거나 작은 자연수는 79, 80, 81, 82, 83입니다.

3 31 초과 45 이하인 자연수는 31보다 크고 45와 같거나 작은 수이므로 32, 33, 34, 35, 36, 37, 38, 39, 40, 41, 42, 43, 44, 45로 모두 14개입니다.

4 87 초과인 자연수는 87보다 큰 자연수입니다. 이 중에서 두 자리 수는 88, 89, 90, 91, 92, 93, 94, 95, 96, 97, 98, 99로 모두 12개입니다.

5 십의 자리 숫자는 1 이상 2 이하이므로 1, 2이고, 일의 자리 숫자는 5 초과 7 미만이므로 6입니다.
따라서 만들 수 있는 두 자리 수는 16, 26입니다.

6 716 초과 800 미만인 자연수는 백의 자리 숫자가 7인 세 자리 수입니다. 십의 자리 숫자는 8 초과 9 이하인 수이므로 9입니다.
각 자리 숫자의 합은 21이므로 일의 자리 숫자는 21 − 7 − 9 = 5입니다.
따라서 조건을 모두 만족하는 수는 795입니다.

7 민지: 359에서 십의 자리 아래 수인 9를 10으로 보고 올림하여 나타내면 360입니다.
수호: 935에서 십의 자리 아래 수인 5를 10으로 보고 올림하여 나타내면 940입니다.

8 만들 수 있는 가장 큰 네 자리 수는 8641입니다.
백의 자리 아래 수인 41을 0으로 보고 버림하여 나타내면 8600입니다.

9 만들 수 있는 가장 작은 소수 두 자리 수는 23.47입니다. 23.47을 반올림하여 일의 자리까지 나타내면 소수 첫째 자리 숫자가 4이므로 버림하여 23이 되고, 반올림하여 소수 첫째 자리까지 나타내면 소수 둘째 자리 숫자가 7이므로 올림하여 23.5가 됩니다. 따라서 두 수의 차는 23.5 − 23 = 0.5입니다.

10 올림하여 십의 자리까지 나타내었을 때 20이 되는 자연수는 11부터 20까지의 자연수입니다.

11 버림하여 백의 자리까지 나타내었을 때 500이 되는 수는 500과 같거나 크고 600보다 작아야 하므로 500 이상 600 미만인 수입니다.

12 버림하여 십의 자리까지 나타내면 3710이 되는 자연수는 3710부터 3719까지의 자연수이고, 반올림하여 십의 자리까지 나타내면 3720이 되는 자연수는 3715부터 3724까지의 자연수입니다.
따라서 어떤 자연수로 알맞은 수는 3715부터 3719까지의 자연수입니다.

13 2.5 m보다 높은 자동차를 모두 찾으면
ⓒ (2.7 m), ② (3.1 m)입니다.

14 오후 2시 15분부터 오후 2시 40분까지 25분 동안 주차했으므로 주차 요금은 2000원입니다.

15 지우는 어린이 요금인 450원, 아버지와 어머니는 일반 요금인 1300원, 오빠는 청소년 요금인 1000원을 냅니다.
따라서 모두 $450 + 1300 \times 2 + 1000 = 4050$(원)을 내야 합니다.

16 케이블카 한 대에 10명씩 타고 남은 학생들까지 모두 타기 위해서는 올림을 이용합니다. 케이블카 한 대당 10명씩 탄다면 17번을 운행한 후 남은 학생 2명이 탈 수 있도록 케이블카를 한 번 더 운행해야 합니다. 따라서 적어도 18번 운행해야 합니다.

17 100원짜리 동전 275개는 모두 $100 \times 275 = 27500$(원)입니다. 1000원보다 적은 돈은 1000원짜리 지폐로 바꿀 수 없으므로 버림을 이용합니다.
천의 자리 아래 수인 500을 0으로 보고 버림하면 27000입니다.
따라서 최대 27000원까지 바꿀 수 있습니다.

18 손수건이 부족하면 모두에게 나누어 줄 수 없으므로 올림을 이용합니다. 백의 자리 아래 수인 53을 100으로 보고 올림하여 나타내면 800입니다.
손수건을 100장씩 묶음으로만 팔고 있으므로 최소 $800 \div 100 = 8$(묶음)을 사야 합니다.
따라서 손수건을 사려면 적어도
$8 \times 5000 = 40000$(원)이 필요합니다.

1단원 단원 평가   33~35쪽

1 이하

2 35, 41에 ○표 / 17, 12, 10에 △표

3 760

4
```
 ├──┼──┼──┼──┼──┼──◆──┼──┤
 24 25 26 27 28 29 30 31 32
```

5 28000, 27000, 28000

6 (1) 3   (2) 5.3   (3) 1.21

7 ⓒ, ②

8 3개

9 ⓒ

10 45, 47, 51, 53에 ○표

11 공책

12 재호, 나연

13 16개

14 200켤레

15 규호

16 7000원, 600원

17 121명 이상 130명 이하

18 1649

19 3일

20 9

2 35 이상인 수는 35와 같거나 큰 수이므로 35, 41이고 20 미만인 수는 20보다 작은 수이므로 17, 12, 10입니다.

3 십의 자리 아래 수인 2를 10으로 보고 올림하여 나타내면 760입니다.

4 26 초과인 수는 ○을 이용하여 나타내고, 30 이하인 수는 ●을 이용하여 나타냅니다.

5 천의 자리 아래 수인 641을 1000으로 보고 올림하면 28000이고, 천의 자리 아래 수인 641을 0으로 보고 버림하면 27000입니다. 백의 자리 숫자가 6이므로 올림하면 28000입니다.

6 (1) 일의 자리 아래 수인 0.71을 1로 보고 올림하여 나타내면 3입니다.
(2) 소수 첫째 자리 아래 수인 0.086을 0으로 보고 버림하여 나타내면 5.3입니다.
(3) 소수 셋째 자리 숫자가 9이므로 올림하여 나타내면 1.21입니다.

7 ⊙ 30 초과인 수는 30보다 큰 수이므로 30을 포함하지 않습니다.
ⓒ 31 이하인 수는 31과 같거나 작은 수이므로 30을 포함합니다.
ⓒ 29 미만인 수는 29보다 작은 수이므로 30을 포함하지 않습니다.
② 30 이상인 수는 30과 같거나 큰 수이므로 30을 포함합니다.

8 수직선에 나타낸 수의 범위는 13 초과 17 미만인 수입니다. 따라서 수의 범위에 포함되는 자연수는 14, 15, 16으로 모두 3개입니다.

9 ⊙ 백의 자리 아래 수인 51을 100으로 보고 올림하여 나타내면 400입니다.

ⓒ 백의 자리 아래 수인 51을 0으로 보고 버림하여 나타내면 300입니다.

ⓒ 십의 자리 숫자가 5이므로 올림하여 나타내면 400입니다.

10 반올림하여 십의 자리까지 나타내면 50이 되는 수는 45 이상 55 미만인 수입니다.

11 520 g은 500 g 이상 800 g 미만에 포함되므로 지우는 선물로 공책을 받을 수 있습니다.

12 몸무게가 45 kg과 같거나 무겁고 47.5 kg보다 가벼운 학생을 모두 찾으면 재호(47.3 kg)와 나연(45.2 kg)입니다.

13 20 초과 36 이하인 자연수는 20은 포함하지 않고 36은 포함합니다. 따라서 21부터 36까지의 자연수는 모두 $36 - 20 = 16$(개)입니다.

14 양말을 10켤레씩 19묶음을 사면 $10 \times 19 = 190$(켤레)이므로 남은 3명에게 나누어 줄 양말이 더 필요합니다. 따라서 양말은 적어도 $10 \times 20 = 200$(켤레) 사야 합니다.

15 지수: 올림, 규호: 반올림, 은우: 올림
따라서 어림하는 방법이 다른 한 사람은 규호입니다.

16 음식 값은 $4500 + 1200 + 700 = 6400$(원)입니다.
따라서 1000원짜리 지폐로만 음식 값을 낸다면 적어도 7000원을 내고 거스름돈으로 600원을 받아야 합니다.

17 관광객 수는 $10 \times 12 = 120$(명)보다 많고 $10 \times 13 = 130$(명)과 같거나 적습니다.
따라서 관광객은 121명 이상 130명 이하입니다.

18 반올림하여 백의 자리까지 나타내면 1600이 되는 수는 1550 이상 1650 미만인 수입니다. 따라서 어떤 수가 될 수 있는 자연수 중에서 가장 큰 수는 1649입니다.

서술형
19 (예) 100 초과는 100보다 큰 수이고 120 미만은 120보다 작은 수이므로 줄넘기 기록이 100번 초과 120번 미만인 날은 105번을 한 화요일, 117번을 한 목요일, 109번을 한 일요일로 모두 3일입니다.

평가 기준	배점
100 초과 120 미만인 수를 구했나요?	2점
100번 초과 120번 미만인 날을 모두 찾았나요?	3점

서술형
20 (예) 반올림하여 십의 자리까지 나타내면 70이 되는 자연수는 65부터 74까지의 수 중 하나입니다. 이 중에서 8의 배수는 72이므로 어떤 자연수는 $72 \div 8 = 9$입니다.

평가 기준	배점
반올림하기 전의 자연수의 범위를 구했나요?	3점
어떤 수를 구했나요?	2점

2 분수의 곱셈

분수의 곱셈은 소수의 곱셈 이전에 사용되기 시작하였으며, 문명의 발달과 함께 자연스럽게 활용되어 왔습니다. 분수의 곱셈은 소수의 곱셈에 비해 보다 정확한 계산 결과를 얻을 수 있으며, 학생들의 논리적인 사고력을 향상시킬 수 있는 중요한 주제입니다. 이에 본 단원은 학생들에게 분수의 곱셈을 통해 수학의 논리적인 체계를 탐구하고 수학의 유용성을 느낄 수 있도록 구성하였습니다. 전 차시 활동을 통해 분수 곱셈의 계산 원리를 탐구하고, 분모는 분모끼리, 분자는 분자끼리 곱한다는 계산 원리가 (분수)×(자연수), (자연수)×(분수), (분수)×(분수)에 모두 적용될 수 있음을 지도합니다. 또 자연수의 곱셈에서는 항상 그 결과가 커지지만 분수의 곱셈에서는 그 결과가 작아질 수도 있다는 것을 명확히 인식하도록 합니다.

교과서 개념 이해 **1** 분모는 그대로 두고 분자와 자연수를 곱해.
38~39쪽

1 $2, 2, 2, \dfrac{4}{3}, 1\dfrac{1}{3}$

2 방법1 $\dfrac{3}{8} \times 6 = \dfrac{3 \times 6}{8} = \dfrac{\overset{9}{\cancel{18}}}{\underset{4}{\cancel{8}}} = \dfrac{9}{4} = 2\dfrac{1}{4}$

방법2 $\dfrac{3}{\underset{4}{\cancel{8}}} \times \overset{3}{\cancel{6}} = \dfrac{9}{4} = 2\dfrac{1}{4}$

3 방법1 $1, 1, 3, 3, 3\dfrac{3}{4}$ / 방법2 $5, 5, 15, 3\dfrac{3}{4}$

4 (1) $\dfrac{1}{6} \times 4 = \dfrac{1 \times \boxed{4}}{6} = \dfrac{\overset{2}{\cancel{4}}}{\underset{3}{\cancel{6}}} = \boxed{\dfrac{2}{3}}$

(2) $\dfrac{4}{9} \times \overset{2}{\cancel{6}} = \boxed{\dfrac{8}{3}} = \boxed{2\dfrac{2}{3}}$

(3) $2\dfrac{1}{4} \times 2 = (\boxed{2} \times 2) + \left(\dfrac{1}{\underset{2}{\cancel{4}}} \times \overset{1}{\cancel{2}}\right)$

$= \boxed{4} + \boxed{\dfrac{1}{2}} = \boxed{4\dfrac{1}{2}}$

(4) $1\dfrac{5}{12} \times 8 = \dfrac{\boxed{17}}{\underset{3}{\cancel{12}}} \times \overset{2}{\cancel{8}} = \boxed{\dfrac{34}{3}} = \boxed{11\dfrac{1}{3}}$

1 분모는 그대로 두고 분자와 자연수를 곱합니다.

2 방법1 은 분수의 곱셈을 먼저 한 다음 약분하는 방법이고, 방법2 는 분수의 곱셈을 하기 전에 약분하는 방법입니다.

3 방법1 은 대분수를 자연수와 진분수의 합으로 바꾸어 계산하는 방법이고, 방법2 는 대분수를 가분수로 나타내어 계산하는 방법입니다.

4 (1) 분자와 자연수를 곱한 후, 분자와 분모를 2로 약분합니다.

(2) 분수의 분모와 자연수를 3으로 약분한 후, 분자와 자연수를 곱합니다.

(3) 대분수를 자연수와 진분수의 합으로 바꾸어 곱합니다. 이때 진분수와 자연수의 곱은 2로 약분한 후 계산합니다.

(4) 대분수를 가분수로 나타낸 뒤 분수의 분모와 자연수를 4로 약분하여 계산합니다.

2 방법1 은 대분수를 자연수와 진분수의 합으로 바꾸어 계산하는 방법이고, 방법2 는 대분수를 가분수로 나타내어 계산하는 방법입니다.

3 (1) 자연수와 분자를 곱한 후, 분자와 분모를 2로 약분합니다.

(2) 자연수와 분수의 분모를 5로 약분한 후, 자연수와 분자를 곱합니다.

(3) 대분수를 자연수와 진분수의 합으로 바꾸어 곱합니다. 이때 자연수와 진분수의 곱은 4로 약분한 후 계산합니다.

(4) 대분수를 가분수로 나타낸 뒤 자연수와 분수의 분모를 6으로 약분하여 계산합니다.

4 (1) $\overset{4}{\underset{3}{12}} \times \dfrac{5}{9} = \dfrac{20}{3} = 6\dfrac{2}{3}$

(2) $16 \times 2\dfrac{5}{8} = \overset{2}{16} \times \dfrac{21}{\underset{1}{8}} = 42$

교과서 개념 이해 **2** 분모는 그대로 두고 자연수와 분자를 곱해.

40~41쪽

1 2 / 0 1 2 3 4 5 6 7 8 , 2, 6

2 방법1 1, 1, 3, 3, 3, 1, $4\dfrac{1}{2}$ / 방법2 3, 3, 9, $4\dfrac{1}{2}$

3 (1) $6 \times \dfrac{5}{8} = \dfrac{\boxed{6} \times 5}{8} = \dfrac{\overset{15}{30}}{\underset{4}{8}} = \boxed{3\dfrac{3}{4}}$

(2) $\overset{3}{15} \times \dfrac{7}{10} = \dfrac{\boxed{21}}{\underset{2}{ }} = \boxed{10\dfrac{1}{2}}$

(3) $4 \times 2\dfrac{1}{12} = (4 \times \boxed{2}) + \left(\overset{1}{4} \times \dfrac{1}{\underset{3}{12}}\right)$

$= \boxed{8} + \dfrac{\boxed{1}}{3} = \boxed{8\dfrac{1}{3}}$

(4) $12 \times 1\dfrac{5}{6} = \overset{2}{12} \times \dfrac{\boxed{11}}{\underset{1}{6}} = \boxed{22}$

4 (1) $6\dfrac{2}{3}$ (2) 42

1 $8 \times \dfrac{3}{4}$ 은 $8 \times \dfrac{1}{4}$ 의 3배이므로 $8 \times \dfrac{3}{4} = 8 \times \dfrac{1}{4} \times 3$ 입니다.

교과서 개념 이해 **3** 분자는 분자끼리, 분모는 분모끼리 곱해.

42쪽

1 (1) 5, 3, 15 (2) 5, 3, $\dfrac{4}{15}$

2 (1) $\dfrac{5}{6} \times \dfrac{4}{7} = \dfrac{5 \times 4}{6 \times 7} = \dfrac{\overset{10}{20}}{\underset{21}{42}} = \boxed{\dfrac{10}{21}}$

(2) $\dfrac{\overset{1}{3}}{\underset{4}{8}} \times \dfrac{\overset{7}{14}}{\underset{5}{15}} = \boxed{\dfrac{7}{20}}$

(3) $\dfrac{4}{9} \times \dfrac{1}{2} \times \dfrac{3}{5} = \dfrac{4 \times 1 \times 3}{9 \times 2 \times 5} = \dfrac{\overset{2}{12}}{\underset{15}{90}} = \boxed{\dfrac{2}{15}}$

(4) $\dfrac{3}{\underset{4}{8}} \times \dfrac{\overset{1}{2}}{\underset{1}{5}} \times \dfrac{\overset{1}{5}}{7} = \boxed{\dfrac{3}{28}}$

1 (1) $\dfrac{1}{5} \times \dfrac{1}{3}$ 은 그림과 같이 5×3 으로 나눈 것 중의 하나이므로 $\dfrac{1}{15}$ 입니다.

(2) $\dfrac{2}{5} \times \dfrac{2}{3}$ 는 그림과 같이 5×3 으로 나눈 것 중의 2×2 와 같으므로 $\dfrac{4}{15}$ 입니다.

4 대분수는 가분수로 나타내어 계산해.

43쪽

1 9, 7, $\dfrac{63}{20}$, $3\dfrac{3}{20}$

2 (1) 7, 13, $\dfrac{91}{10}$, $9\dfrac{1}{10}$ (2) 11, $\dfrac{22}{21}$, $1\dfrac{1}{21}$

1 (대분수)×(대분수)는 대분수를 가분수로 나타내어 계산할 수 있습니다.

개념 적용 1 (분수)×(자연수)

44~45쪽

1 (1) $2\dfrac{2}{5}$ (2) 10 (3) $3\dfrac{1}{7}$ (4) $18\dfrac{3}{4}$

2 (1) $<$ (2) $>$

3 ㉢

4 예 $2\dfrac{1}{6}\times9=(2\times9)+\left(\dfrac{1}{\overset{}{\underset{2}{6}}}\times\overset{3}{9}\right)=18+\dfrac{3}{2}$

$\phantom{4 예 2\frac{1}{6}\times9}=18+1\dfrac{1}{2}=19\dfrac{1}{2}$

5 7개   **6** $2\dfrac{2}{5}$ L

7 예 정육각형 / $16\dfrac{1}{2}$ cm

 17, $\dfrac{17}{2}$, $8\dfrac{1}{2}$

1 (1) $\dfrac{4}{5}\times3=\dfrac{12}{5}=2\dfrac{2}{5}$ (2) $\dfrac{5}{\overset{}{\underset{1}{6}}}\times\overset{2}{12}=10$

(3) $1\dfrac{4}{7}\times2=\dfrac{11}{7}\times2=\dfrac{22}{7}=3\dfrac{1}{7}$

(4) $3\dfrac{1}{8}\times6=(3\times6)+\left(\dfrac{1}{\overset{}{\underset{4}{8}}}\times\overset{3}{6}\right)=18+\dfrac{3}{4}=18\dfrac{3}{4}$

2 (1) $\dfrac{5}{8}\times3=\dfrac{15}{8}=1\dfrac{7}{8}$, $\dfrac{7}{\overset{}{\underset{8}{16}}}\times\overset{3}{6}=\dfrac{21}{8}=2\dfrac{5}{8}$

$\Rightarrow \dfrac{5}{8}\times3<\dfrac{7}{16}\times6$

(2) $2\dfrac{2}{3}\times5=\dfrac{8}{3}\times5=\dfrac{40}{3}=13\dfrac{1}{3}$,

$3\dfrac{8}{9}\times3=\dfrac{35}{\overset{}{\underset{3}{9}}}\times\overset{1}{3}=\dfrac{35}{3}=11\dfrac{2}{3}$

$\Rightarrow 2\dfrac{2}{3}\times5>3\dfrac{8}{9}\times3$

---

3 $5\dfrac{1}{2}+5\dfrac{1}{2}+5\dfrac{1}{2}+5\dfrac{1}{2}=5\dfrac{1}{2}\times4=\dfrac{11}{\overset{}{\underset{1}{2}}}\times\overset{2}{4}=22$

이고, ㉢ $5+\dfrac{1}{\overset{}{\underset{1}{2}}}\times\overset{2}{4}=5+2=7$이므로 계산 결과가

다른 하나는 ㉢입니다.

4 대분수를 자연수와 진분수의 합으로 바꾸어 계산하거나 대분수를 가분수로 나타낸 뒤 약분하여 계산합니다.

5 $\dfrac{5}{\overset{}{\underset{2}{14}}}\times\overset{3}{21}=\dfrac{15}{2}=7\dfrac{1}{2}$이므로 □$<7\dfrac{1}{2}$입니다.

따라서 □ 안에 들어갈 수 있는 자연수는 1, 2, 3, 4, 5, 6, 7로 모두 7개입니다.

6 $\dfrac{6}{\overset{}{\underset{5}{25}}}\times\overset{2}{10}=\dfrac{12}{5}=2\dfrac{2}{5}$ (L)

😊 내가 만드는 문제
7 정육각형을 만든다면 필요한 철사의 길이는

$2\dfrac{3}{4}\times6=\dfrac{11}{\overset{}{\underset{2}{4}}}\times\overset{3}{6}=\dfrac{33}{2}=16\dfrac{1}{2}$ (cm)입니다.

개념 적용 2 (자연수)×(분수)

46~47쪽

8 (1) 1 (2) $5\dfrac{1}{3}$ (3) $10\dfrac{4}{5}$ (4) $16\dfrac{1}{3}$

➕ (1) 5 (2) 12

9

10 (△) (○) (△) (○) (△)

11 46 cm^2

😊 12 예

 $>$, $>$ / $<$, $<$

8 (1) $\overset{1}{6}\times\dfrac{1}{\overset{}{\underset{1}{6}}}=1$ (2) $\overset{4}{12}\times\dfrac{4}{\overset{}{\underset{3}{9}}}=\dfrac{16}{3}=5\dfrac{1}{3}$

(3) $10\times1\dfrac{2}{25}=(10\times1)+\left(\overset{2}{10}\times\dfrac{2}{\overset{}{\underset{5}{25}}}\right)$

$\phantom{(3) 10\times1\frac{2}{25}}=10+\dfrac{4}{5}=10\dfrac{4}{5}$

(4) $7\times2\dfrac{1}{3}=7\times\dfrac{7}{3}=\dfrac{49}{3}=16\dfrac{1}{3}$

9
$$\overset{2}{\cancel{10}} \times \frac{3}{\cancel{5}} = 6, \quad 2 \times 3\frac{4}{7} = 2 \times \frac{25}{7} = \frac{50}{7} = 7\frac{1}{7},$$

$$\overset{3}{\cancel{6}} \times \frac{3}{\underset{4}{\cancel{8}}} = \frac{9}{4} = 2\frac{1}{4},$$

$$7 \times 2\frac{1}{2} = 7 \times \frac{5}{2} = \frac{35}{2} = 17\frac{1}{2}$$

10 어떤 수에 진분수를 곱하면 곱한 결과는 어떤 수보다 작고, 어떤 수에 대분수를 곱하면 곱한 결과는 어떤 수보다 큽니다.

11 (평행사변형의 넓이) = (밑변의 길이) × (높이)
$$= 8 \times 5\frac{3}{4}$$
$$= \overset{2}{\cancel{8}} \times \frac{23}{\underset{1}{\cancel{4}}} = 46 \text{ (cm}^2)$$

☺ 내가 만드는 문제

12 4와 $\frac{7}{8}$을 선택한 경우: $\overset{1}{\cancel{4}} \times \frac{7}{\underset{2}{\cancel{8}}} = \frac{7}{2} = 3\frac{1}{2}$

4와 $1\frac{5}{9}$를 선택한 경우:
$$4 \times 1\frac{5}{9} = 4 \times \frac{14}{9} = \frac{56}{9} = 6\frac{2}{9}$$

4와 $2\frac{3}{10}$을 선택한 경우:
$$4 \times 2\frac{3}{10} = \overset{2}{\cancel{4}} \times \frac{23}{\underset{5}{\cancel{10}}} = \frac{46}{5} = 9\frac{1}{5}$$

6과 $\frac{7}{8}$을 선택한 경우: $\overset{3}{\cancel{6}} \times \frac{7}{\underset{4}{\cancel{8}}} = \frac{21}{4} = 5\frac{1}{4}$

6과 $1\frac{5}{9}$를 선택한 경우:
$$6 \times 1\frac{5}{9} = \overset{2}{\cancel{6}} \times \frac{14}{\underset{3}{\cancel{9}}} = \frac{28}{3} = 9\frac{1}{3}$$

6과 $2\frac{3}{10}$을 선택한 경우:
$$6 \times 2\frac{3}{10} = \overset{3}{\cancel{6}} \times \frac{23}{\underset{5}{\cancel{10}}} = \frac{69}{5} = 13\frac{4}{5}$$

48~49쪽

개념 적용 **-3** (진분수)×(진분수)

13 (1) $\dfrac{1}{25}$ (2) $\dfrac{7}{32}$

14 (위에서부터) $\dfrac{1}{42}$, $\dfrac{5}{12}$, $\dfrac{1}{8}$, $\dfrac{5}{63}$

➕ (1) 2, $\dfrac{3}{8}$ (2) 6, $\dfrac{4}{27}$

---

15 미리내 **16** $\dfrac{1}{65}$

17 $\dfrac{5}{27}$

☺ **18** (예) 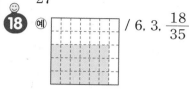 / 6, 3, $\dfrac{18}{35}$

🐬 $\dfrac{3}{8}, \dfrac{3}{8}, \cdot = / \dfrac{1}{2}, \dfrac{1}{2}, \cdot =$

13 (1) $\dfrac{\overset{1}{\cancel{7}}}{10} \times \frac{2}{5} \times \frac{1}{\underset{1}{\cancel{7}}} = \frac{1}{25}$

(2) $\dfrac{\overset{1}{\cancel{5}}}{\underset{2}{\cancel{6}}} \times \frac{3}{8} \times \frac{7}{\underset{2}{\cancel{10}}} = \frac{7}{32}$

14 $\dfrac{1}{6} \times \frac{1}{7} = \frac{1}{42}, \quad \frac{\cancel{3}}{4} \times \frac{5}{\underset{3}{\cancel{9}}} = \frac{5}{12},$

$$\dfrac{1}{\underset{2}{\cancel{6}}} \times \frac{\cancel{3}}{4} = \frac{1}{8}, \quad \frac{1}{7} \times \frac{5}{9} = \frac{5}{63}$$

➕ (2) $\dfrac{8}{9} \div 6 = \frac{\overset{4}{\cancel{8}}}{9} \times \frac{1}{\underset{3}{\cancel{6}}} = \frac{4}{27}$

15 어떤 수에 진분수를 곱하면 계산 결과는 어떤 수보다 작고, 어떤 수에 더 작은 수를 곱할수록 계산 결과는 더 작은 수가 됩니다.

16 분자가 1로 같으므로 분모가 작을수록 큰 분수입니다.
$$\frac{1}{5} > \frac{1}{6} > \frac{1}{9} > \frac{1}{10} > \frac{1}{13}$$이므로 가장 큰 수와 가장 작은 수의 곱은 $\dfrac{1}{5} \times \dfrac{1}{13} = \dfrac{1}{65}$입니다.

17 서울특별시의 인구는 우리나라 전체 인구의
$$\frac{1}{\underset{1}{\cancel{2}}} \times \frac{\overset{5}{\cancel{10}}}{27} = \frac{5}{27}$$입니다.

50~51쪽

개념 적용 **-4** (대분수)×(대분수)

19 (1) 6 (2) $2\dfrac{6}{11}$ (3) $16\dfrac{2}{3}$ (4) $6\dfrac{3}{4}$

20 (예) $1\dfrac{1}{8} \times \dfrac{4}{15} = \dfrac{\overset{3}{\cancel{9}}}{\underset{2}{\cancel{8}}} \times \dfrac{\overset{1}{\cancel{4}}}{\underset{5}{\cancel{15}}} = \dfrac{3}{10}$

21 $1\frac{1}{2}$, $3\frac{3}{4}$, 6

22 (1) $<$, $>$ (2) $>$, $>$

23 250 m²

24 (예) 1 3 4 / $7\frac{7}{12}$

🐷 2, 2, $\frac{6}{5}$, $1\frac{1}{5}$ / 5, 5, $\frac{5}{12}$

19 (1) $1\frac{2}{7} \times 4\frac{2}{3} = \frac{\overset{3}{\cancel{9}}}{\cancel{7}} \times \frac{\overset{2}{\cancel{14}}}{\cancel{3}} = 6$

(2) $2\frac{4}{5} \times \frac{10}{11} = \frac{14}{\cancel{5}} \times \frac{\overset{2}{\cancel{10}}}{11} = \frac{28}{11} = 2\frac{6}{11}$

(3) $4\frac{1}{6} \times 4 = \frac{25}{\cancel{6}} \times \frac{\overset{2}{\cancel{4}}}{1} = \frac{50}{3} = 16\frac{2}{3}$

(4) $\frac{3}{10} \times 6 \times 3\frac{3}{4} = \frac{3}{\cancel{10}} \times \frac{\overset{3}{\cancel{6}}}{1} \times \frac{\overset{3}{\cancel{15}}}{\cancel{4}} = \frac{27}{4} = 6\frac{3}{4}$

20 대분수를 가분수로 나타낸 뒤 약분해야 합니다.

21 $2\frac{1}{4} \times \frac{2}{3} = \frac{\overset{3}{\cancel{9}}}{\cancel{4}} \times \frac{\overset{1}{\cancel{2}}}{\cancel{3}} = \frac{3}{2} = 1\frac{1}{2}$,

$2\frac{1}{4} \times 1\frac{2}{3} = \frac{\overset{3}{\cancel{9}}}{4} \times \frac{5}{\cancel{3}} = \frac{15}{4} = 3\frac{3}{4}$,

$2\frac{1}{4} \times 2\frac{2}{3} = \frac{\overset{3}{\cancel{9}}}{\cancel{4}} \times \frac{\overset{2}{\cancel{8}}}{\cancel{3}} = 6$

22 (어떤 수) × (진분수) < (어떤 수),
(어떤 수) × (대분수) > (어떤 수)

23 (테니스 경기장의 넓이) = (가로) × (세로)

$= 22\frac{7}{9} \times 10\frac{40}{41}$

$= \frac{\overset{5}{\cancel{205}}}{\cancel{9}} \times \frac{\overset{50}{\cancel{450}}}{\cancel{41}} = 250 \ (m²)$

😊 내가 만드는 문제
24 1, 3, 4를 쓴 경우 만들 수 있는 가장 큰 대분수는
$4\frac{1}{3}$이고, 가장 작은 대분수는 $1\frac{3}{4}$입니다.
따라서 두 수의 곱은
$4\frac{1}{3} \times 1\frac{3}{4} = \frac{13}{3} \times \frac{7}{4} = \frac{91}{12} = 7\frac{7}{12}$입니다.

🚁 **발전 문제** 52~54쪽

1 2일

2 (1) ✕ (2) ◯ (3) ◯

3 민규

4 88 cm²

5 $24\frac{3}{4}$ cm²

6 나

7 12

8 22개

9 2, 3, 4, 5

10 2, 4, 8

11 $8\frac{8}{15}$

12 $\frac{3}{140}$

13 $30\frac{1}{2}$ km

14 $5\frac{5}{16}$ km

15 $1\frac{2}{5}$ km

16 $\frac{1}{12}$

17 $\frac{2}{21}$

18 $\frac{13}{20}$

1 일주일은 7일이므로 일주일의 $\frac{2}{7}$는 $7 \times \frac{2}{7} = 2$(일)입니다.

2 (1) 하루는 24시간이므로
하루의 $\frac{5}{12}$는 $\overset{2}{\cancel{24}} \times \frac{5}{\cancel{12}} = 10$(시간)입니다.

(2) 1 km = 1000 m이므로
1 km의 $\frac{7}{20}$은 $\overset{50}{\cancel{1000}} \times \frac{7}{\cancel{20}} = 350$ (m)입니다.

(3) 1 t = 1000 kg이므로
1 t의 $\frac{3}{8}$은 $\overset{125}{\cancel{1000}} \times \frac{3}{\cancel{8}} = 375$ (kg)입니다.

3 1 L = 1000 mL이므로 1 L의 $\frac{12}{25}$는

$\overset{40}{\cancel{1000}} \times \frac{12}{\cancel{25}} = 480$ (mL)입니다.

480 mL > 450 mL이므로 물을 더 많이 마신 사람은 민규입니다.

4 (직사각형의 넓이) = (가로) × (세로)

$= 12 \times 7\frac{1}{3}$

$= \overset{4}{\cancel{12}} \times \frac{22}{\cancel{3}} = 88$ (cm²)

5 (평행사변형의 넓이) = (밑변의 길이) × (높이)

$= 4\frac{1}{8} \times 6$

$$= (4 \times 6) + \left(\frac{1}{\overset{}{\underset{4}{8}}} \times \overset{3}{6}\right) = 24 + \frac{3}{4}$$

$$= 24\frac{3}{4} \text{ (cm}^2)$$

6 (정사각형 가의 넓이) $= 2\frac{1}{4} \times 2\frac{1}{4} = \frac{9}{4} \times \frac{9}{4}$

$$= \frac{81}{16} = 5\frac{1}{16} \text{ (cm}^2)$$

(직사각형 나의 넓이) $= 3\frac{3}{7} \times 1\frac{5}{8} = \frac{\overset{3}{24}}{7} \times \frac{13}{\overset{}{\underset{1}{8}}}$

$$= \frac{39}{7} = 5\frac{4}{7} \text{ (cm}^2)$$

$5\frac{1}{16} < 5\frac{4}{7}$ 이므로 더 넓은 사각형은 나입니다.

7 $\frac{1}{4} \times \frac{1}{9} = \frac{1}{36}$, $\frac{1}{3} \times \frac{1}{\square} = \frac{1}{3 \times \square}$ 이므로

$\frac{1}{36} = \frac{1}{3 \times \square}$ 에서 $3 \times \square = 36$, $\square = 36 \div 3 = 12$
입니다.

8 $2\frac{4}{5} \times 8\frac{1}{3} = \frac{14}{\overset{}{\underset{1}{5}}} \times \frac{\overset{5}{25}}{3} = \frac{70}{3} = 23\frac{1}{3} > \square\frac{2}{3}$

따라서 $\square$ 안에 들어갈 수 있는 자연수는 1, 2, 3, …, 22로 모두 22개입니다.

9 $\frac{1}{5} \times \frac{1}{\square} = \frac{1}{5 \times \square}$, $\frac{7}{\overset{}{\underset{6}{18}}} \times \frac{\overset{1}{3}}{\overset{}{\underset{5}{35}}} = \frac{1}{30}$ 이므로

$\frac{1}{5 \times \square} > \frac{1}{30}$ 에서 $5 \times \square < 30$ 입니다.

따라서 1보다 큰 자연수 중에서 $\square$ 안에 들어갈 수 있는 수는 2, 3, 4, 5입니다.

10 분모가 작을수록 계산 결과가 커집니다. 따라서 수 카드 2와 4를 사용하여 곱셈식을 만듭니다.

11 가장 큰 대분수: $5\frac{1}{3}$, 가장 작은 대분수: $1\frac{3}{5}$

$$5\frac{1}{3} \times 1\frac{3}{5} = \frac{16}{3} \times \frac{8}{5} = \frac{128}{15} = 8\frac{8}{15}$$

12 분모가 클수록, 분자가 작을수록 계산 결과가 작아집니다. 따라서 계산 결과가 가장 작은 것은

$$\frac{1 \times \overset{1}{2} \times 3}{5 \times 7 \times \overset{}{\underset{4}{8}}} = \frac{3}{140}$$ 입니다.

13 (민지가 2시간 동안 가는 거리)

$$= 15\frac{1}{4} \times 2 = \frac{61}{\overset{}{\underset{2}{4}}} \times \overset{1}{2} = \frac{61}{2} = 30\frac{1}{2} \text{ (km)}$$

14 3분 45초 $= 3\frac{45}{60}$ 분 $= 3\frac{3}{4}$ 분이므로

(자동차가 3분 45초 동안 달린 거리)

$$= 1\frac{5}{12} \times 3\frac{3}{4} = \frac{17}{\overset{}{\underset{4}{12}}} \times \frac{\overset{5}{15}}{4} = \frac{85}{16} = 5\frac{5}{16} \text{ (km)}$$

입니다.

15 60 m $= \frac{60}{1000}$ km $= \frac{3}{50}$ km,

23분 20초 $= 23\frac{20}{60}$ 분 $= 23\frac{1}{3}$ 분이므로

(시후가 23분 20초 동안 걸은 거리)

$$= \frac{3}{50} \times 23\frac{1}{3} = \frac{\overset{1}{3}}{\overset{}{\underset{5}{50}}} \times \frac{\overset{7}{70}}{\overset{}{\underset{1}{3}}} = \frac{7}{5} = 1\frac{2}{5} \text{ (km)}$$

입니다.

16 주하네 아파트에서 햇빛초등학교에 다니는 학생은 전체의 $\frac{1}{6} \times \frac{1}{2} = \frac{1}{12}$ 입니다.

17 호연이네 반 여학생은 전체의 $1 - \frac{3}{7} = \frac{4}{7}$ 이므로

호연이네 반에서 안경을 쓴 여학생은 전체의

$$\frac{\overset{2}{4}}{7} \times \frac{1}{\overset{}{\underset{3}{6}}} = \frac{2}{21}$$ 입니다.

18 지유가 마시고 남은 주스는 전체의 $1 - \frac{2}{5} = \frac{3}{5}$ 이므로

동생이 마신 주스는 전체의 $\frac{\overset{1}{3}}{\overset{}{\underset{}{5}}} \times \frac{\overset{1}{5}}{\overset{}{\underset{4}{12}}} = \frac{1}{4}$ 입니다.

따라서 지유와 동생이 마신 주스는 전체의

$$\frac{2}{5} + \frac{1}{4} = \frac{8}{20} + \frac{5}{20} = \frac{13}{20}$$ 입니다.

2단원 **단원 평가** 55~57쪽

1 4, $1\frac{1}{3}$

2 방법 1 $3 \times 2\frac{5}{6} = (3 \times 2) + \left(\overset{1}{\overset{}{3}} \times \frac{5}{\overset{}{\underset{2}{6}}}\right) = 6 + \boxed{\frac{5}{2}}$

$$= 6 + \boxed{2}\boxed{\frac{1}{2}} = \boxed{8\frac{1}{2}}$$

방법 2 $3 \times 2\frac{5}{6} = \overset{1}{\overset{}{3}} \times \frac{\boxed{17}}{\overset{}{\underset{2}{6}}} = \frac{\boxed{17}}{\boxed{2}} = \boxed{8\frac{1}{2}}$

3 $1\frac{1}{3} \times 1\frac{1}{5} \times \frac{3}{4} = \frac{\overset{4}{4}}{\overset{}{\underset{3}{3}}} \times \frac{\overset{2}{6}}{5} \times \frac{3}{\overset{}{\underset{1}{4}}} = \frac{6}{5} = 1\frac{1}{5}$

4 (1) $\dfrac{1}{24}$ (2) $\dfrac{7}{27}$ (3) $10\dfrac{1}{5}$

5 ✕ (선 교차)

6 $\dfrac{1}{7}$

7 (1) = (2) <

8 ㉢

9 $8\dfrac{2}{3}$ cm

10 6 m

11 ㉡

12 ㉣

13 가

14 30000원

15 750 mL

16 $\dfrac{5}{9}$

17 $3\dfrac{3}{16}$

18 3

19 예 $12 \times 2\dfrac{1}{9} = \overset{4}{12} \times \dfrac{19}{\underset{3}{9}} = \dfrac{76}{3} = 25\dfrac{1}{3}$

20 70개

1 $\dfrac{2}{3} \times 2 = \dfrac{2 \times 2}{3} = \dfrac{4}{3} = 1\dfrac{1}{3}$

2 방법1 대분수를 자연수와 진분수의 합으로 바꾸어 계산합니다. 방법2 대분수를 가분수로 나타내어 계산합니다.

3 대분수를 가분수로 나타내어 약분하여 계산합니다.

4 (1) $\dfrac{1}{8} \times \dfrac{1}{3} = \dfrac{1}{24}$ (2) $\dfrac{7}{\underset{3}{12}} \times \dfrac{\overset{1}{4}}{9} = \dfrac{7}{27}$

(3) $3\dfrac{3}{5} \times 2\dfrac{5}{6} = \dfrac{\overset{3}{18}}{5} \times \dfrac{17}{\underset{1}{6}} = \dfrac{51}{5} = 10\dfrac{1}{5}$

5 $\dfrac{\overset{1}{3}}{5} \times \dfrac{2}{\underset{3}{9}} = \dfrac{2}{15}$,

$3\dfrac{1}{5} \times 1\dfrac{1}{10} = \dfrac{16}{5} \times \dfrac{\overset{8}{11}}{\underset{5}{10}} = \dfrac{88}{25} = 3\dfrac{13}{25}$,

$\overset{2}{10} \times \dfrac{3}{\underset{1}{5}} = 6$

6 $\dfrac{\overset{1}{\cancel{6}}}{7} \times \dfrac{\overset{1}{\cancel{2}}}{\underset{1}{\cancel{3}}} \times \dfrac{1}{\underset{1}{\cancel{4}}} = \dfrac{1}{7}$

7 (1) 세 수의 곱셈은 순서를 바꾸어 곱해도 계산 결과는 같습니다.
(2) 어떤 수에 큰 수를 곱할수록 계산 결과는 커집니다.

8 ■ × (진분수) < ■, ■ × (대분수) > ■이므로 8 × (대분수)인 식을 찾습니다.

9 (마름모의 둘레)
$= 2\dfrac{1}{6} \times 4 = \dfrac{13}{\underset{3}{6}} \times \overset{2}{4} = \dfrac{26}{3} = 8\dfrac{2}{3}$ (cm)

10 $\overset{3}{9} \times \dfrac{2}{\underset{1}{3}} = 6$ (m)

11 ㉠ 1 L = 1000 mL이므로 1000 mL의 $\dfrac{1}{5}$은
$\overset{200}{1000} \times \dfrac{1}{\underset{1}{5}} = 200$ (mL)입니다.

㉡ 1시간 = 60분이므로 60분의 $\dfrac{1}{6}$은
$\overset{10}{60} \times \dfrac{1}{\underset{1}{6}} = 10$(분)입니다.

㉢ 1 m = 100 cm이므로 100 cm의 $\dfrac{3}{10}$은
$\overset{10}{100} \times \dfrac{3}{\underset{1}{10}} = 30$ (cm)입니다.

12 ㉠ $2\dfrac{5}{7} \times 21 = \dfrac{19}{\underset{1}{7}} \times \overset{3}{21} = 57$

㉡ $\overset{4}{36} \times \dfrac{5}{\underset{1}{9}} = 20$

㉢ $\dfrac{11}{\underset{1}{12}} \times \overset{4}{48} = 44$

㉣ $30 \times 1\dfrac{5}{18} = \overset{5}{30} \times \dfrac{23}{\underset{3}{18}} = \dfrac{115}{3} = 38\dfrac{1}{3}$

13 (가의 넓이) $= 4 \times 2\dfrac{1}{8} = \overset{1}{4} \times \dfrac{17}{\underset{2}{8}} = \dfrac{17}{2}$
$= 8\dfrac{1}{2}$ (cm²)

(나의 넓이) $= 2\dfrac{3}{5} \times 3\dfrac{2}{13} = \dfrac{13}{5} \times \dfrac{41}{\underset{1}{13}} = \dfrac{41}{5}$
$= 8\dfrac{1}{5}$ (cm²)

따라서 $8\dfrac{1}{2} > 8\dfrac{1}{5}$이므로 가가 더 넓습니다.

14 전체 입장료는 $9000 \times 5 = 45000$(원)이므로 축제 기간에 입장권 5장을 사고 내야 하는 금액은
$\overset{15000}{45000} \times \dfrac{2}{\underset{1}{3}} = 30000$(원)입니다.

15 어제 마신 우유의 양은 $1800 \times \dfrac{1}{6} = 300$ (mL)이고,

어제 마시고 남은 우유의 양은

$1800 - 300 = 1500 \,(\text{mL})$이므로

오늘 마신 우유의 양은 $\overset{150}{\cancel{1500}} \times \dfrac{3}{\cancel{10}} = 450 \,(\text{mL})$

입니다.

따라서 어제와 오늘 마신 우유는 모두

$300 + 450 = 750 \,(\text{mL})$입니다.

16 10년 전 산림의 $\dfrac{1}{6}$이 없어졌으므로 $1 - \dfrac{1}{6} = \dfrac{5}{6}$가

남아있습니다.

따라서 현재 진우네 마을의 산림은 마을 전체의

$\dfrac{\cancel{2}}{3} \times \dfrac{5}{\cancel{6}} = \dfrac{5}{9}$입니다.

17 어떤 수를 $\square$라고 하면 $\square - \dfrac{3}{4} = 3\dfrac{1}{2}$,

$\square = 3\dfrac{1}{2} + \dfrac{3}{4} = 3 + \left(\dfrac{1}{2} + \dfrac{3}{4}\right) = 3 + \left(\dfrac{2}{4} + \dfrac{3}{4}\right)$

$= 3 + 1\dfrac{1}{4} = 4\dfrac{1}{4}$

입니다. 따라서 바르게 계산하면

$4\dfrac{1}{4} \times \dfrac{3}{4} = \dfrac{17}{4} \times \dfrac{3}{4} = \dfrac{51}{16} = 3\dfrac{3}{16}$입니다.

18 $\dfrac{3}{14} \times \dfrac{7}{10} \times 1\dfrac{2}{3} = \dfrac{\overset{1}{\cancel{3}}}{\cancel{14}} \times \dfrac{\overset{1}{\cancel{7}}}{\cancel{10}} \times \dfrac{\overset{1}{\cancel{5}}}{\cancel{3}} = \dfrac{1}{4}$이므로

$\dfrac{1}{4} < \dfrac{1}{\square}$에서 $\square$ 안에 들어갈 수 있는 자연수는 1, 2, 3

입니다.

따라서 $\square$ 안에 들어갈 수 있는 자연수 중에서 가장 큰

수는 3입니다.

^{서술형}
19 예 대분수를 가분수로 나타낸 뒤 자연수와 분모를 약분

해야 하는 데 바꾸지 않고 바로 자연수와 대분수의 분모

를 약분하여 틀렸습니다.

평가 기준	배점
잘못 계산한 이유를 바르게 설명했나요?	3점
계산을 바르게 했나요?	2점

^{서술형}
20 예 (전체 사과의 수) $= \overset{30}{\cancel{210}} \times \dfrac{3}{\cancel{7}} = 90$(개),

(청사과의 수) $= \overset{10}{\cancel{90}} \times \dfrac{2}{\cancel{9}} = 20$(개)이므로

(홍사과의 수) $=$ (전체 사과의 수) $-$ (청사과의 수)

$= 90 - 20 = 70$(개)입니다.

평가 기준	배점
전체 사과의 수를 구했나요?	2점
홍사과의 수를 구했나요?	3점

3 합동과 대칭

합동과 대칭은 자연물뿐 아니라 일상생활에서 쉽게 접할 수 있는 주제이고, 수학 교과의 내용 외적으로 예술적, 조형적 아름다움과 밀접한 관련이 있습니다. 합동과 대칭의 학습을 통해 생활용품, 광고, 건축 디자인 등 다양한 실생활 장면에서 수학의 유용성을 확인할 수 있으며 자연 환경과 예술 작품에 대한 미적 감각과 예술적 소양을 기를 수 있습니다. 이 단원에서 학습하는 도형의 합동은 도형의 대칭을 이해하기 위한 선수 학습 요소이며, 도형의 대칭은 이후 직육면체, 각기둥과 각뿔을 배우는 데 기본이 되는 학습 요소이므로 학생들이 합동과 대칭의 개념과 원리에 대한 정확한 이해를 바탕으로 도형에 대한 기본 개념과 공간 감각이 잘 형성될 수 있도록 지도해야 합니다.

^{교과서}^{개념 이해} **1** 완전히 겹치는 두 도형을 서로
합동이라고 해.
60쪽

1 합동

2 (1) ( ) (○) ( )

(2) ( ) ( ) (○)

2 왼쪽 도형과 모양과 크기가 같아서 포개었을 때 완전히 겹치는 도형을 찾습니다.

^{교과서}^{개념 이해} **2** 서로 합동인 두 도형에서 겹치는
부분은 똑같아.
61쪽

1 (1) ㅁ, ㅂ

(2) ㄹㅁ, ㅁㅂ

(3) ㄹㅁㅂ, ㅁㅂㄹ, ㅂㄹㅁ

2 (1) ㄱㄴ, 6

(2) ㅁㅇㅅ, 120

1 포개었을 때 서로 겹치는 점, 변, 각을 각각 찾습니다.

2 (1) (변 ㅇㅅ) $=$ (변 ㄱㄴ) $= 6 \,\text{cm}$

(2) (각 ㄹㄱㄴ) $=$ (각 ㅁㅇㅅ) $= 120°$

개념 적용 1 도형의 합동

62~63쪽

1 다, 라

2
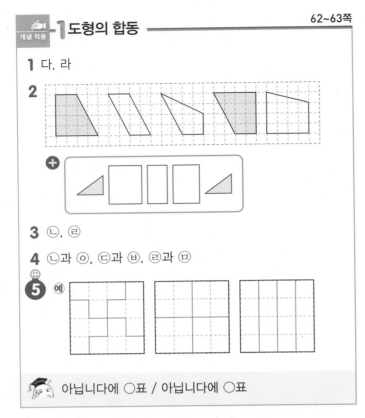

3 ㉡, ㉣

4 ㉡과 ㉧, ㉢과 ㉧, ㉣과 ㉢

5 (예)

아닙니다에 ○표 / 아닙니다에 ○표

1 모양과 크기가 같아서 포개었을 때 완전히 겹치는 도형은 다와 라입니다.

2 모양과 크기가 같아서 포개었을 때 완전히 겹치는 도형을 찾아 같은 색으로 칠합니다.

3 점선을 따라 자른 두 도형을 포개었을 때 완전히 겹치는 것은 ㉡, ㉣입니다.

4 모양과 크기가 같아서 포개었을 때 완전히 겹치는 표지판을 찾습니다.

😊 내가 만드는 문제
5 정사각형을 합동인 도형 4개로 나누는 방법은 여러 가지가 있습니다.

개념 적용 2 합동인 도형의 성질

64~65쪽

6 점 ㅇ, 변 ㅅㅂ, 각 ㅅㅇㅁ

7 5쌍, 5쌍, 5쌍

8
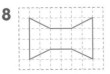

9 (위쪽에서부터) 115, 6

10 85°

11 (예)
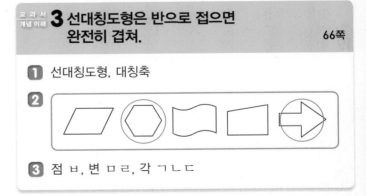

🎓 대응점에 ○표

7 두 도형은 서로 합동인 오각형이므로 대응점, 대응변, 대응각이 각각 5쌍씩 있습니다.

8 주어진 도형과 포개었을 때 완전히 겹치도록 그립니다.

9 각 ㅁㅇㅅ의 대응각은 각 ㄴㄱㄹ이므로 115°이고, 변 ㅂㅅ의 대응변은 변 ㄷㄹ이므로 6 cm입니다.

10 각 ㄹㅁㅂ의 대응각은 각 ㄱㄷㄴ입니다.
삼각형 ㄱㄴㄷ에서 삼각형의 세 각의 크기의 합은 180°이므로
(각 ㄹㅁㅂ) = (각 ㄱㄷㄴ)
= 180° − (30° + 65°) = 85°입니다.

교과서 개념 이해 3 선대칭도형은 반으로 접으면 완전히 겹쳐.

66쪽

1 선대칭도형, 대칭축

2
(도형들)

3 점 ㅂ, 변 ㅁㄹ, 각 ㄱㄴㄷ

2 한 직선을 따라 접었을 때 완전히 겹치는 도형을 찾습니다.

3 • 대칭축 ㅅㅇ을 따라 접었을 때 점 ㄴ과 겹치는 점을 찾아 씁니다.
• 대칭축 ㅅㅇ을 따라 접었을 때 변 ㄷㄹ과 겹치는 변을 찾아 씁니다.
• 대칭축 ㅅㅇ을 따라 접었을 때 각 ㄱㅂㅁ과 겹치는 각을 찾아 씁니다.

4 선대칭도형의 성질을 이용하면 선대칭도형을 그릴 수 있어.
67쪽

■ (1) (위쪽에서부터) 80, 6
　(2) (위쪽에서부터) 90, 7

②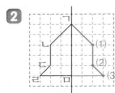

② (1)~(3) 대칭축에서 각 점과 반대 방향, 같은 거리에 대응점을 찍습니다.
　(4) 대응점을 차례로 이어 선대칭도형을 완성합니다.

5 점대칭도형은 반 바퀴 돌리면 완전히 겹쳐.
68쪽

■ (1) 점대칭도형, 대칭의 중심
　(2) ㉢

② (　) (○) (　) (　) (○)

③ (1) ㄹ　(2) ㅂㄱ　(3) ㄷㄴㄱ

② 점대칭도형은 한 점을 중심으로 180° 돌렸을 때 처음 도형과 완전히 겹치는 도형입니다.

③ 대칭의 중심을 중심으로 180° 돌려서 겹치는 점, 변, 각을 찾으면 대응점, 대응변, 대응각을 찾을 수 있습니다.

6 점대칭도형의 성질을 이용하면 점대칭도형을 그릴 수 있어.
69쪽

■ (1) 2　(2) 60　(3) ㅇ　(4) ㄹㅇ

②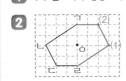

■ (4) 대칭의 중심은 대응점끼리 이은 선분을 둘로 똑같이 나누므로 선분 ㄱㅇ과 길이가 같은 선분은 선분 ㄹㅇ입니다.

② (3) 대응점을 차례로 이어 점대칭도형을 완성합니다.

---

3 선대칭도형

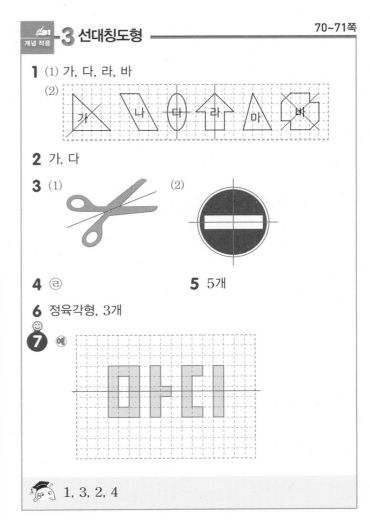

1 (1) 가, 다, 라, 바

2 가, 다

3 (1) 　(2)

4 ㉣　　　　5 5개

6 정육각형, 3개

7 예

1, 3, 2, 4

1 (1) 한 직선을 따라 접었을 때 완전히 겹치는 도형을 찾으면 가, 다, 라, 바입니다.
　(2) 도형이 완전히 겹치도록 접을 수 있는 직선을 그립니다.

2 도형이 완전히 겹치도록 접을 수 있는 직선을 찾습니다.

3 그림이 완전히 겹치도록 접을 수 있는 직선을 그립니다.

4 원은 원의 중심을 지나는 직선을 대칭축으로 하는 선대칭도형입니다. 원의 중심을 지나는 직선은 셀 수 없이 많습니다.

5 한 직선을 따라 접었을 때 완전히 겹치는 알파벳을 찾으면 A, H, M, V, X로 모두 5개입니다.

6

정삼각형의 대칭축은 3개이고, 정육각형의 대칭축은 6개입니다.
따라서 정육각형의 대칭축이 6 − 3 = 3(개) 더 많습니다.

개념 적용 4 선대칭도형의 성질

8 ㉡, ㉣

9 (1) 7 cm (2) 6 cm (3) 90°

10 105°

11

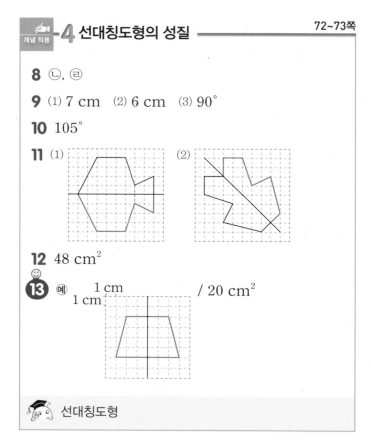

12 48 cm²

13 예

 1 cm / 20 cm²

선대칭도형

8 ㉠ 선대칭도형의 모양에 따라 대칭축은 1개일 수도 있고, 여러 개일 수도 있습니다.
ㄷ 대응점끼리 이은 선분은 대칭축과 수직입니다.

9 (1) 변 ㄴㄷ의 대응변은 변 ㄹㄷ이므로 7 cm입니다.
(2) 선분 ㄱㅂ의 대응변은 선분 ㅁㅂ입니다.
➡ (변 ㄱㅁ) = (선분 ㅁㅂ) × 2 = 3 × 2 = 6 (cm)
(3) 점 ㄱ의 대응점은 점 ㅁ이고, 대응점끼리 이은 선분은 대칭축과 수직으로 만나므로 변 ㄱㅁ이 대칭축과 만나서 이루는 각은 90°입니다.

10 대응각의 크기는 같으므로
(각 ㄱㄹㄷ) = (각 ㄹㄱㄴ) = 75°이고, 대응점끼리 이은 선분은 대칭축과 수직으로 만나므로
(각 ㄹㅁㅂ) = (각 ㄷㅂㅁ) = 90°입니다.
사각형 ㅁㅂㄷㄹ의 네 각의 크기의 합은 360°이므로
(각 ㄴㄷㄹ) = 360° − (75° + 90° + 90°)
= 360° − 255° = 105°입니다.

11 대응점을 찾아 표시한 후 차례로 연결하여 선대칭도형을 완성합니다.

12 완성한 선대칭도형의 넓이는 주어진 도형의 넓이의 2배입니다.
➡ (완성한 선대칭도형의 넓이) = (6 × 8 ÷ 2) × 2
= 24 × 2 = 48 (cm²)

😊 내가 만드는 문제
13 (4 + 6) × 4 ÷ 2 = 20 (cm²)

개념 적용 5 점대칭도형

14 나, 다, 라, 마

15 4쌍

16 (1) 4개 (2) 2개

17 ㉠, ㉢

18 예 테트로미노에 ○표 /

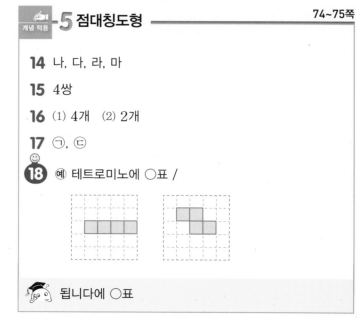

됩니다에 ○표

14 어떤 점을 중심으로 180° 돌렸을 때 처음 도형과 완전히 겹치는 도형을 찾습니다.

15 점 ㄱ의 대응점은 점 ㅁ, 점 ㄴ의 대응점은 점 ㅂ, 점 ㄷ의 대응점은 점 ㅅ, 점 ㄹ의 대응점은 점 ㅇ입니다.
따라서 점대칭도형에서 찾을 수 있는 대응점은 모두 4쌍입니다.

16 (1) 어떤 점을 중심으로 180° 돌렸을 때 처음 알파벳과 완전히 겹치는 알파벳을 찾으면 H, N, S, X로 모두 4개입니다.
(2) 선대칭도형: A, D, H, K, V, X
점대칭도형: H, N, S, X
➡ 선대칭도형도 되고 점대칭도형도 되는 것은 H, X로 모두 2개입니다.

17 ㉠

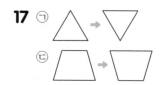

😊 내가 만드는 문제
18 점대칭도형이 되는 테트로미노는

 이고,

점대칭도형이 되는 펜토미노는

입니다.

19 (1) 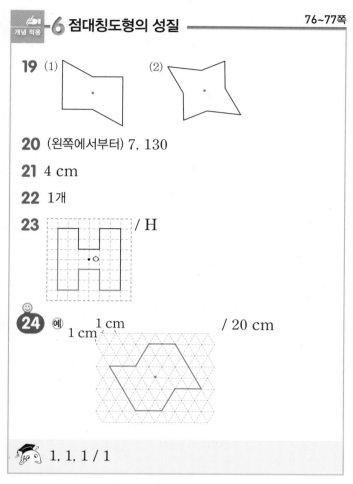 (2)

20 (왼쪽에서부터) 7, 130

21 4 cm

22 1개

23 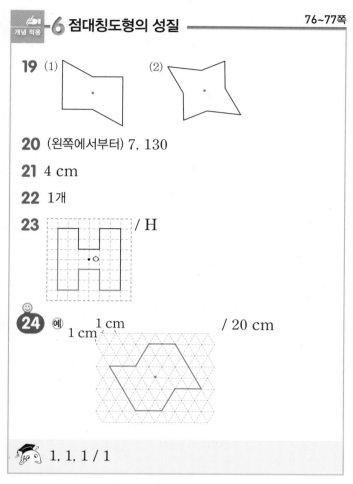 / H

24 예 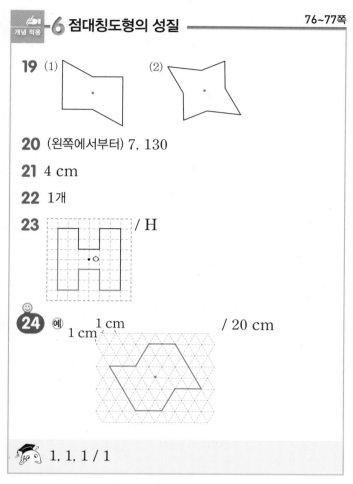 / 20 cm
1 cm
1 cm

1, 1, 1 / 1

19 대응점끼리 이은 선분이 만나는 점을 찾습니다.

20 점대칭도형에서 각각의 대응변의 길이는 서로 같고, 각각의 대응각의 크기는 서로 같습니다.

21 대응점에서 대칭의 중심까지의 거리가 서로 같으므로
(선분 ㅅㅈ) = (선분 ㄷㅈ) = 4 cm입니다.

22 점대칭도형에서 대칭의 중심은 도형의 모양에 관계없이 항상 1개입니다.

23 대응점을 찾아 표시한 후 차례로 연결하여 점대칭도형을 완성합니다.

☺ 내가 만드는 문제
24 도형의 일부분과 대칭의 중심을 그린 다음 대응점을 찾아 표시한 후 차례로 연결하여 점대칭도형을 그립니다.

개념 완성 발전 문제　　78~81쪽

1	23 cm	2	30 cm
3	50 cm	4	75°
5	40°	6	140°
7	60°	8	72°

9 48° 　　**10** 48 cm

11 16 cm² 　　**12** 288 cm²

13 변 ㄹㄷ, 변 ㄹㅁ 　　**14** ㄱ, ㄹ

15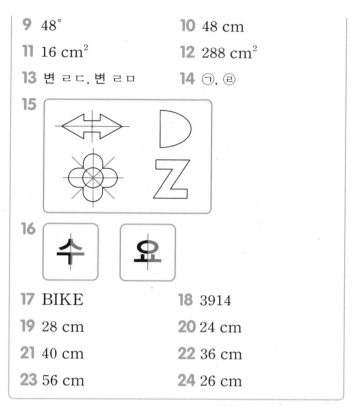

16 수　요

17 BIKE 　　**18** 3914

19 28 cm 　　**20** 24 cm

21 40 cm 　　**22** 36 cm

23 56 cm 　　**24** 26 cm

1 각각의 대응변의 길이는 서로 같으므로 대응변을 찾아보면
(변 ㄱㄷ) = (변 ㅂㄹ) = 10 cm,
(변 ㄴㄷ) = (변 ㅁㄹ) = 8 cm입니다.
➡ (삼각형 ㄱㄴㄷ의 둘레) = 5 + 8 + 10 = 23 (cm)

2 각각의 대응변의 길이는 서로 같으므로 대응변을 찾아보면
(변 ㄴㄷ) = (변 ㅁㅂ) = 10 cm,
(변 ㄱㄹ) = (변 ㅇㅅ) = 5 cm입니다.
➡ (사각형 ㄱㄴㄷㄹ의 둘레) = 7 + 10 + 8 + 5 = 30 (cm)

3 각각의 대응변의 길이는 서로 같으므로 대응변을 찾아보면
(변 ㄹㄷ) = (변 ㄱㅁ) = 5 cm,
(변 ㄱㄴ) = (변 ㄹㅁ) = 12 cm입니다.
➡ (사각형 ㄱㄴㄷㄹ의 둘레) = (5 + 12) × 2 + 16
= 34 + 16 = 50 (cm)

4

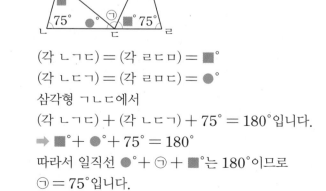

(각 ㄴㄱㄷ) = (각 ㄹㅁㅁ) = ■°
(각 ㄴㄷㄱ) = (각 ㄹㅁㄷ) = ●°
삼각형 ㄱㄴㄷ에서
(각 ㄴㄱㄷ) + (각 ㄴㄷㄱ) + 75° = 180°입니다.
➡ ■° + ●° + 75° = 180°
따라서 일직선 ●° + ㉠ + ■°는 180°이므로
㉠ = 75°입니다.

5 삼각형 ㄱㄴㄹ과 삼각형 ㄹㄷㄱ은 서로 합동이므로
(각 ㄷㄹㄱ) = (각 ㄴㄱㄹ) = 100°,
(각 ㄹㄷㄱ) = (각 ㄱㄴㄹ) = 40°입니다.
삼각형 ㄹㄷㄱ에서 두 각이 각각 100°, 40°이므로
나머지 한 각은 180° − (100° + 40°) = 40°입니다.

6 삼각형 ㄱㄴㄷ과 삼각형 ㄹㄴㅁ은 서로 합동이므로
(각 ㄴㄹㅁ) = (각 ㄴㄱㄷ) = 25°입니다.
삼각형 ㄹㄴㅁ에서 두 각이 각각 90°, 25°이므로
(각 ㄴㅁㄹ) = 180° − (90° + 25°) = 65°입니다.
삼각형 ㄱㄴㄷ에서 (각 ㄴㄷㄱ) = (각 ㄴㅁㄹ) = 65°
입니다.
따라서 사각형 ㅁㄴㄷㅂ에서 세 각이 각각 90°, 65°,
65°이므로 나머지 한 각은
360° − (90° + 65° + 65°) = 140°입니다.

7
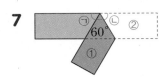
접은 사각형 ①과 사각형 ②는 서로 합동이므로 ㉡은
60°입니다.
따라서 ㉠은 180° − (60° + 60°) = 60°입니다.

8 삼각형 ㄱㄴㅁ과 삼각형 ㄱㅂㅁ은 서로 합동이므로
(각 ㄴㄱㅁ) = (각 ㅂㄱㅁ) = 18°입니다.
➡ (각 ㄱㅁㄴ) = 180° − (18° + 90°) = 72°

9 접은 삼각형 ㄱㅁㅂ과 삼각형 ㄱㄹㅂ은 서로 합동입니다.
대응각의 크기는 서로 같으므로
(각 ㅁㄱㅂ) = (각 ㄹㄱㅂ) = (90° − 42°) ÷ 2 = 24°
입니다.
삼각형 ㄱㅁㅂ에서 두 각이 각각 24°, 90°이므로
(각 ㄱㅂㅁ) = 180° − (90° + 24°) = 66°입니다.
(각 ㄱㅂㄹ) = (각 ㄱㅂㅁ) = 66°이므로
(각 ㅁㅂㄷ) = 180° − (66° + 66°) = 48°입니다.

10

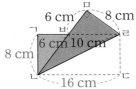
삼각형 ㄱㄴㅂ과 삼각형 ㅁㄹㅂ이 서로 합동이므로
(변 ㄱㅂ) = (변 ㅁㅂ) = 6 cm이고
(변 ㄱㄴ) = (변 ㅁㄹ) = 8 cm입니다.
따라서 직사각형의 가로는 10 + 6 = 16 (cm)이고,
세로는 8 cm이므로 둘레는 (16 + 8) × 2 = 48 (cm)
입니다.

11 삼각형 ㄴㅁㅂ과 삼각형 ㄹㄷㅂ이 서로 합동이므로
(변 ㄴㅁ) = (변 ㄹㄷ) = 4 cm 이고
(변 ㄴㅂ) = (변 ㄹㅂ) = 5 cm입니다.
따라서 삼각형 ㄴㄹㅁ의 밑변은 3 + 5 = 8 (cm)이고,
높이는 4 cm이므로 넓이는 8 × 4 ÷ 2 = 16 (cm²)입
니다.

12 삼각형 ㄱㅁㅂ과 삼각형 ㄷㄹㅂ이 서로 합동이므로
(변 ㄹㅂ) = (변 ㅁㅂ) = 9 cm이고
(변 ㄹㄷ) = (변 ㅁㄱ) = 12 cm입니다.
따라서 직사각형의 가로는 15 + 9 = 24(cm)이고,
세로는 12 cm이므로 넓이는 24 × 12 = 288 (cm²)
입니다.

14
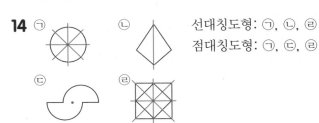
선대칭도형: ㉠, ㉡, ㉣
점대칭도형: ㉠, ㉢, ㉣

15

선대칭도형   점대칭도형

17
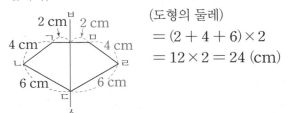

18
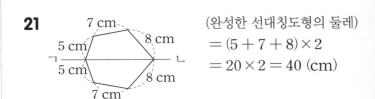
➡ 103 × 38 = 3914

19 대응변의 길이는 같으므로
(변 ㄱㄴ) = (변 ㄱㄹ) = 9 cm,
(선분 ㄷㄹ) = (선분 ㄷㄴ) = 5 cm입니다.
➡ (도형의 둘레) = 9 + 5 + 5 + 9 = 28 (cm)

20 대응변의 길이는 서로 같으므로 길이가 같은 변은 2개씩
입니다.

2 cm ㅂ 2 cm
4 cm ㄱ ㅁ 4 cm
ㄴ
6 cm ㄷ 6 cm
ㅅ

(도형의 둘레)
= (2 + 4 + 6) × 2
= 12 × 2 = 24 (cm)

21

7 cm
5 cm   8 cm
ㄱ   ㄴ
5 cm   8 cm
7 cm

(완성한 선대칭도형의 둘레)
= (5 + 7 + 8) × 2
= 20 × 2 = 40 (cm)

22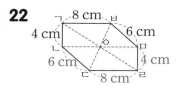

대응변의 길이는 서로 같으므로 길이가 같은 변은 2개씩입니다.

(도형의 둘레) = (4 + 8 + 6) × 2
= 18 × 2 = 36 (cm)

23 (선분 ㄴㅇ) = (선분 ㅁㅇ) = 6 cm이므로
(변 ㄴㄷ) = 18 − 6 − 6 = 6 (cm)입니다.
(변 ㄹㅁ) = (변 ㄱㄴ) = 7 cm,
(변 ㅁㅂ) = (변 ㄴㄷ) = 6 cm,
(변 ㄱㅂ) = (변 ㄹㄷ) = 15 cm입니다.
➡ (도형의 둘레) = (7 + 6 + 15) × 2 = 56 (cm)

24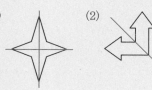

(완성한 점대칭도형의 둘레)
= (6 + 5 + 2) × 2
= 13 × 2 = 26 (cm)

3단원 **단원 평가** 82~84쪽

1 합동
2 라
3 ㉢
4 ㉠, ㉣
5 ㉡, ㉣
6 (1)   (2)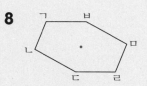
7 ㉢
8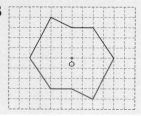
9 점 ㄹ / 변 ㅁㅂ / 각 ㄴㄱㅂ
10 (왼쪽에서부터) 10, 60
11 (왼쪽에서부터) 5, 45
12 (왼쪽에서부터) 135, 4
13

14

15 36 cm   **16** 150
17 30 cm   **18** 20°
19 2 cm   **20** 75°

3 ㉠, ㉡, ㉣, ㉤, ㉥은 한 직선을 따라 접으면 완전히 겹치므로 선대칭도형입니다.

4 ㉡, ㉢, ㉤, ㉥은 도형을 어떤 점을 중심으로 180° 돌렸을 때 처음 도형과 완전히 겹치므로 점대칭도형입니다.

5 선대칭도형: ㉡, ㉢, ㉣, 점대칭도형: ㉠, ㉡, ㉣
➡ 선대칭도형이면서 점대칭도형인 것: ㉡, ㉣

6 대칭축은 가로, 세로 방향만 있는 것은 아닙니다.

7 ㉢ 변 ㄱㄹ의 대응변은 변 ㅂㅅ이므로 6 cm입니다.

8 대응점끼리 이은 선분이 만나는 점을 찾습니다.

10 (변 ㄱㄴ) = (변 ㄹㅂ) = 10 cm
(각 ㄹㅂㅁ) = (각 ㄱㄴㄷ) = 60°

11 선대칭도형에서 대응변의 길이와 대응각의 크기는 각각 같습니다.

12 점대칭도형에서 대응변의 길이와 대응각의 크기는 각각 같습니다.

13 각 점의 대응점을 찾아 점대칭도형을 완성합니다.

15 (변 ㄱㄴ) = (변 ㅁㅂ) = 9 cm
➡ (삼각형 ㄱㄴㄷ의 둘레) = 9 + 15 + 12
= 36 (cm)

16 대응각의 크기는 서로 같으므로
(각 ㄷㄹㅁ) = (각 ㄱㅂㅁ)
= 360° − (60° + 110° + 40°) = 150°입니다.

17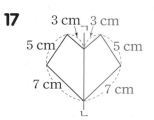

(완성한 선대칭도형의 둘레)
= (3 + 5 + 7) × 2 = 15 × 2 = 30 (cm)

18 접은 삼각형 ㄱㅁㅂ과 삼각형 ㄱㄹㅂ은 서로 합동입니다.
대응각의 크기는 같으므로
(각 ㄱㅂㅁ) = (각 ㄱㅂㄹ) = 55°입니다.
삼각형의 세 각의 크기의 합은 180°이므로
삼각형 ㄱㅁㅂ에서
(각 ㅁㄱㅂ) = 180° − (90° + 55°) = 35°입니다.
(각 ㄹㄱㅂ) = (각 ㅁㄱㅂ) = 35°이므로
㉠ = 90° − (35° + 35°) = 20°입니다.

서술형
19 예 (변 ㄴㄷ) = (변 ㅂㅅ) = 6 cm이므로
(선분 ㄷㅅ) = 10 − 6 = 4 (cm)입니다.
점대칭도형에서 대칭의 중심은 대응점을 이은 선분을
이등분하므로 (선분 ㄷㅈ) = 4 ÷ 2 = 2 (cm)입니다.

평가 기준	배점
점대칭도형의 성질을 이용하여 선분 ㄷㅅ의 길이를 구했나요?	2점
선분 ㄷㅈ의 길이를 구했나요?	3점

서술형
20 예 (각 ㄴㄷㄱ) = 180° − 45° − 75° = 60°입니다.
대응각의 크기는 같으므로
(각 ㅁㄷㄹ) = (각 ㄴㄱㄷ) = 45°입니다.
따라서 (각 ㄱㄷㅁ) = 180° − 60° − 45° = 75°입니다.

평가 기준	배점
각 ㄴㄷㄱ의 크기와 각 ㅁㄷㄹ의 크기를 구했나요?	3점
각 ㄱㄷㅁ의 크기를 구했나요?	2점

💡 사고력이 반짝   85쪽

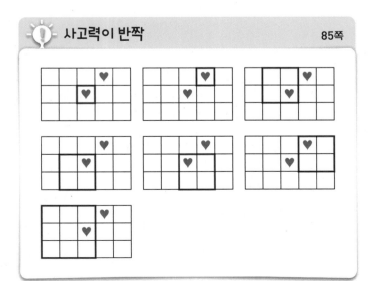

4 소수의 곱셈

소수는 자연수와 같이 십진법이 적용되며 분수에 비해 크기 비교가 쉽기 때문에 일상생활에서 자주 활용됩니다. 소수의 개념뿐만 아니라 소수의 덧셈과 뺄셈, 곱셈과 나눗셈은 일상생활에서 접하는 여러 가지 문제를 해결하는 데 유용할 뿐 아니라 이후에 학습하게 될 유리수 개념과 유리수의 계산 학습의 기초가 됩니다. 소수의 곱셈 계산을 하기 전에 여러 가지 방법으로 소수의 곱셈 결과를 어림해 보도록 함으로써 수 감각을 기르도록 지도하고, 곱의 소수점 위치를 찾는 활동을 지나치게 기능적으로 접근하지 않도록 주의합니다. 분수와 소수의 관계를 바탕으로 개념적으로 이해하도록 활동을 제공하고 안내하는 것이 필요합니다.

교과서 개념 이해 1 (소수)×(자연수)를 자연수의 곱셈으로
계산할 수 있어.   88~89쪽

1 (1) 2.4
(2) 2.4
(3) 3, 2.4

2 방법 1   17, 17, 68, 68, 6.8
방법 2   17, 17, 68, 6.8

3 (1) 7.2
(2) 1.5

4 (1) 3.6
(2) 19.2
(3) 1.62
(4) 4.36

5

5 $0.7 \times 8 = \dfrac{7}{10} \times 8 = \dfrac{7 \times 8}{10} = \dfrac{56}{10} = 5.6$

$1.82 \times 4 = \dfrac{182}{100} \times 4 = \dfrac{182 \times 4}{100} = \dfrac{728}{100} = 7.28$

$1.02 \times 7 = \dfrac{102}{100} \times 7 = \dfrac{102 \times 7}{100} = \dfrac{714}{100} = 7.14$

❶ 1.4, 1.4

❷ 방법1 8, 8, 32, 3.2

방법2 32, 3.2

❸ (1) 7.8 (2) 40.5 (3) 2.75 (4) 6.15

❹ (1) 17.1, 17.1 (2) 16.8, 16.8

❺ ㉢

❹ 곱하는 두 수의 순서를 바꾸어도 계산 결과는 같습니다.

❺ ㉠ 2.05를 약 2로 생각하면 $3 \times 2 = 6$이므로 3×2.05의 계산 결과는 5보다 큽니다.

㉡ 1.28은 1보다 크므로 5×1.28은 5의 1배인 5보다 큽니다.

㉢ 0.69를 약 0.7로 생각하면 $6 \times 0.7 = 4.2$이므로 6×0.69의 계산 결과는 5보다 작습니다.

❶ 0.21, 0.21

❷ $2.3 \times 1.5 = \dfrac{23}{10} \times \dfrac{15}{10} = \dfrac{23 \times 15}{10 \times 10} = \dfrac{345}{100} = 3.45$

❸ (1) 2.76 (2) 26.98

❹ (1) 0.36 (2) 2.34 (3) 0.09 (4) 6.685

❺ ㉡

❹ (1) $0.9 \times 0.4 = \dfrac{9}{10} \times \dfrac{4}{10} = \dfrac{9 \times 4}{10 \times 10} = \dfrac{36}{100} = 0.36$

(2) $1.3 \times 1.8 = \dfrac{13}{10} \times \dfrac{18}{10} = \dfrac{13 \times 18}{10 \times 10}$

$= \dfrac{234}{100} = 2.34$

(3) $0.18 \times 0.5 = \dfrac{18}{100} \times \dfrac{5}{10} = \dfrac{18 \times 5}{100 \times 10}$

$= \dfrac{90}{1000} = 0.09$

(4) $1.91 \times 3.5 = \dfrac{191}{100} \times \dfrac{35}{10} = \dfrac{191 \times 35}{100 \times 10}$

$= \dfrac{6685}{1000} = 6.685$

❺ 2.9×3.15를 3×3으로 어림하면 9에 가까운 ㉡ 9.135입니다.

❶ (1) 2.9, 29, 290

(2) 532, 53.2, 5.32, 0.532

❷ ( )( )(○)( )

❸ (1) 100 (2) 0.1 (3) 10 (4) 0.01

❹ (1) 132.66, 1.3266

(2) 16762, 1.6762

❺ 100배

❶ (1) 곱하는 수의 0이 하나씩 늘어날 때마다 곱의 소수점이 오른쪽으로 한 자리씩 옮겨집니다.

(2) 곱하는 소수의 소수점 아래 자리 수가 하나씩 늘어날 때마다 곱의 소수점이 왼쪽으로 한 자리씩 옮겨집니다.

❷ $9.03 \times 10 = 90.3$ ➡ 소수 한 자리 수

$0.008 \times 100 = 0.8$ ➡ 소수 한 자리 수

$723 \times 0.01 = 7.23$ ➡ 소수 두 자리 수

$50 \times 0.01 = 0.5$ ➡ 소수 한 자리 수

주의 | 소수점 아래 마지막 0은 생략되므로 소수점 아래 자리 수로 생각하지 않습니다.

❸ (1) 소수점이 오른쪽으로 두 자리 옮겨졌으므로 100을 곱한 것입니다. ➡ $14.3 \times 100 = 1430$

(2) 소수점이 왼쪽으로 한 자리 옮겨졌으므로 0.1을 곱한 것입니다. ➡ $536 \times 0.1 = 53.6$

(3) 소수점이 오른쪽으로 한 자리 옮겨졌으므로 10을 곱한 것입니다. ➡ $25.48 \times 10 = 254.8$

(4) 소수점이 왼쪽으로 두 자리 옮겨졌으므로 0.01을 곱한 것입니다. ➡ $4920 \times 0.01 = 49.2$

❹ 곱하는 두 수의 소수점 아래 자리 수를 더한 값만큼 곱의 소수점이 왼쪽으로 옮겨집니다.

(1) $40.2 \times 3.3 = 132.66$, $4.02 \times 0.33 = 1.3266$

(2) $57.8 \times 290 = 16762$, $0.578 \times 2.9 = 1.6762$

❺ ㉠ $38 \times 5.6 = 38 \times 56 \times \dfrac{1}{10}$

㉡ $3.8 \times 0.56 = 38 \times \dfrac{1}{10} \times 56 \times \dfrac{1}{100}$

$= 38 \times 56 \times \dfrac{1}{1000}$

따라서 ㉠은 ㉡의 100배입니다.

1 (소수)×(자연수)　96~97쪽

1 (1) 7, 8.4, 9.8 / 2.1, 2.52, 2.94

2 ㄹ

3 <u>0.01의 개수로 계산하기</u>
　(예) 0.54는 0.01이 54개인 수이므로
　　0.54×6＝0.01×54×6＝0.01×324입니다.
　　0.01이 모두 324개이므로 0.54×6＝3.24입니다.

<u>분수의 곱셈으로 계산하기</u>

　(예) $0.54 \times 6 = \dfrac{54}{100} \times 6 = \dfrac{54 \times 6}{100} = \dfrac{324}{100} = 3.24$

4 (1) ＞　(2) ＜

5 10.8
　➕ 92.5

　😊 **6** (예) 2.6 / 15.6 m

🐬 7

---

1 $1.4 \times 5 = 7$ 〉+1.4　　$0.42 \times 5 = 2.1$ 〉+0.42
　$1.4 \times 6 = 8.4$ 〉+1.4　　$0.42 \times 6 = 2.52$ 〉+0.42
　$1.4 \times 7 = 9.8$ 　　　　　$0.42 \times 7 = 2.94$

2 ㄱ 0.4＋0.4＋0.4＝1.2
　ㄴ 0.4×3＝1.2
　ㄷ $\dfrac{4}{10} \times 3 = \dfrac{4 \times 3}{10} = \dfrac{12}{10} = 1.2$
　ㄹ 0.4＋3＝3.4
　따라서 계산 결과가 다른 하나는 ㄹ입니다.

4 (1) 0.6×13＝7.8, 0.52×8＝4.16
　　➡ 0.6×13＞0.52×8
　(2) 2.31×5＝11.55, 1.8×7＝12.6
　　➡ 2.31×5＜1.8×7

5 □÷12＝0.9 ➡ 0.9×12＝10.8
　따라서 빈칸에 알맞은 수는 10.8입니다.
　➕ 어떤 소수를 □라고 하여 식을 세웁니다.
　　□÷5＝3.7 ➡ 3.7×5＝□
　　□＝3.7×5＝18.5
　　따라서 바르게 계산하면 18.5×5＝92.5입니다.

😊 내가 만드는 문제
6 한 변의 길이가 2.6 m인 정육각형을 만들었다면
　둘레는 2.6×6＝15.6 (m)입니다.

 **2** (자연수)×(소수)　98~99쪽

7 $21 \times 1.3 = 21 \times \dfrac{13}{10} = \dfrac{21 \times 13}{10} = \dfrac{273}{10} = 27.3$

8 (○)(　)(　)

9 ㄱ, ㄹ

10 2.22, 39.2, 32.4

11 29.75 m²

12 3.15 m

😊 **13** (예) 7 / 5개

🐬 ＞, ＞ / ＜, ＜

---

8 ・9의 1.9배는 9의 2배인 18보다 작습니다.
　・7×3.49는 7의 3배인 21보다 큽니다.
　・8의 3.09는 8의 3배인 24보다 조금 큽니다.
　따라서 계산 결과가 20보다 작은 것은 9의 1.9배입니다.

9 6×2.4＝14.4
　ㄱ 18×0.8＝14.4
　ㄴ 11×1.4＝15.4
　ㄷ 19×0.6＝11.4
　ㄹ 9×1.6＝14.4
　따라서 계산 결과가 6×2.4와 같은 것은 ㄱ, ㄹ입니다.

10
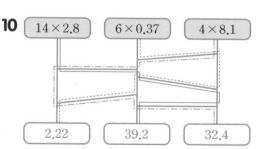
14×2.8	6×0.37	4×8.1
2.22	39.2	32.4

　14×2.8＝39.2, 6×0.37＝2.22, 4×8.1＝32.4

11 (7 L의 페인트로 칠할 수 있는 벽의 넓이)
　＝7×4.25＝29.75 (m²)

12 (사용한 노란색 끈의 길이)＝2×0.7＝1.4 (m)
　(사용한 파란색 끈의 길이)＝5×0.35＝1.75 (m)
　따라서 선물을 포장하는데 사용한 끈은 모두
　1.4＋1.75＝3.15 (m)입니다.

😊 내가 만드는 문제
13 ●＜ 7 ×0.8
　7×0.8＝5.6이므로 ●가 될 수 있는 자연수는 1, 2,
　3, 4, 5로 모두 5개입니다.

14 (1) ( )( )(×)
     (2) (×)( )( )

15 1.35, 2.43

16 (위에서부터) 7.812 / 1.84 / 5.04, 2.852

17 ㉡

18 182.86 cm²

19 1.792 m

20 (예) 1.4×2.8=3.92

 0.48, 0.48

---

14 (1) 1.2×2.3=2.76
       0.12×23=2.76
       12×0.023=0.276
   (2) 1.72×0.8=1.376
       1.72×0.08=0.1376
       17.2×0.008=0.1376

15 1.5×0.9=1.35, 1.35×1.8=2.43

16 6.3×1.24=7.812
     0.8×2.3=1.84
     6.3×0.8=5.04
     1.24×2.3=2.852

17 ㉠ 9.2를 약 9로 생각하면 9×0.7=6.3이므로
     9.2의 0.7배는 4보다 큽니다.
     ㉡ 3.8을 약 4로 생각하면 0.9×4=3.6이므로
     0.9×3.8은 4보다 작습니다.
     ㉢ 3.3을 약 3으로 생각하면 3×1.5=4.5이므로
     3.3의 1.5는 4보다 큽니다.
     따라서 어림하여 계산 결과가 4보다 작은 것은 ㉡입니다.

18 (평행사변형의 넓이) = (밑변의 길이) × (높이)
                      = 22.3 × 8.2 = 182.86 (cm²)

19 (첫 번째로 튀어 오른 공의 높이)
     = 2.8 × 0.8 = 2.24 (m)
     (두 번째로 튀어 오른 공의 높이)
     = 2.24 × 0.8 = 1.792 (m)

☺ 내가 만드는 문제
20 1.2×4.8=5.76, 1.2×8.4=10.08,
     2.1×4.8=10.08, 2.1×8.4=17.64, …등
     여러 가지 방법으로 곱셈식을 만들 수 있습니다.

21 175, 17.5, 1.75

22 ㉣

23 0.24 / 0.007

24 유미

25 0.68, 13 / 6.8, 1.3

26 (예) 우유, 바나나 / 6.83점

☺ <

---

21 곱하는 소수의 소수점 아래 자리 수가 하나씩 늘어날 때
마다 곱의 소수점이 왼쪽으로 한 자리씩 옮겨집니다.

22 곱하는 수의 0의 수만큼 곱의 소수점이 오른쪽으로 한
자리씩 옮겨집니다.
     곱하는 소수의 소수점 아래 자리 수만큼 곱의 소수점이
왼쪽으로 한 자리씩 옮겨집니다.
     따라서 ㉣ 315×0.01=3.15입니다.

23 •곱의 소수점이 168에서 1.68로 왼쪽으로 두 자리 옮
겨졌으므로 □=0.24입니다.
     •곱의 소수점이 168에서 0.168로 왼쪽으로 세 자리 옮
겨졌으므로 □=0.007입니다.

24 민수가 모은 폐휴지의 단위를 kg으로 나타내면
     1 kg = 1000 g이므로 452 g = 0.452 kg입니다.
     따라서 0.452 < 0.461이므로 폐휴지를 더 많이 모은 사
람은 유미입니다.

25 0.68×1.3=0.884이어야 하는데 수 하나의 소수점
위치를 잘못 눌러 8.84가 되었으므로 두 수 중 한 수에
10배를 한 것입니다. 따라서 0.68×13 또는 6.8×1.3
입니다.

☺ 내가 만드는 문제
26 고른 물건이 우유, 바나나이면 구입 금액은
     3010 + 3820 = 6830(원)이므로 적립한 마일리지는
     6830×0.001 = 6.83(점)입니다.

발전 문제

104~106쪽

1 0.1, 3.16 **2** 60

3 0.572 **4** 1, 2, 3, 4, 5, 6

5 6 **6** 3개

7 (1) (위에서부터) 0.56, 0.7, 0.56
(2) (위에서부터) 0.56, 0.16, 0.56

8 (1) 0.432 (2) 0.432 **9** 6.72 L

10 $0.275 \times 250 = 68.75$ / 68.75 L

11 중력분 밀가루 **12** 14.07 km

13 4.86 km **14** 160.44 km

15 12.801 L **16** ㉠

17 6, 5, 9

18 5, 4, 8, 2 또는 8, 2, 5, 4 / 44.28

1 • 곱의 소수점이 402에서 40.2로 왼쪽으로 한 자리 옮겨졌으므로 □ = 0.1입니다.
 • 어떤 수에 100을 곱하면 곱의 소수점이 오른쪽으로 두 자리 옮겨지므로 □는 곱의 소수점을 왼쪽으로 두 자리 옮긴 3.16입니다.

2 0.01을 곱하면 곱의 소수점이 왼쪽으로 두 자리 옮겨집니다. 어떤 수에서 소수점이 왼쪽으로 두 자리 옮겨진 수가 0.6이므로 어떤 수는 60입니다.

3 소수 한 자리 수와 곱해서 소수 네 자리 수가 되었으므로 □는 소수 세 자리 수입니다.
$4.8 \times □ = □ \times 4.8$이므로 $572 \times 48 = 27456$을 이용하면 □ = 0.572입니다.

4 $2.1 \times 3 = 6.3$이므로 □ < 6.3입니다.
따라서 □ 안에 들어갈 수 있는 자연수는 1, 2, 3, 4, 5, 6입니다.

5 $5.3 \times 1.15 = 6.095$이므로 $6.095 > □$입니다.
따라서 □ 안에 들어갈 수 있는 가장 큰 자연수는 6입니다.

6 $2.8 \times 0.8 = 2.24$, $4.9 \times 1.21 = 5.929$이므로 $2.24 < □ < 5.929$입니다.
따라서 □ 안에 들어갈 수 있는 자연수는 3, 4, 5로 3개입니다.

7 세 수의 곱셈은 곱하는 순서를 바꾸어도 계산 결과는 같습니다.

8 • $0.8 \times 0.6 \times 0.9$에서 0.8, 0.6, 0.9는 각각 8, 6, 9의 0.1배이므로 곱은 432의 0.001배입니다.
 • $0.08 \times 6 \times 0.9$에서 0.08은 8의 0.01배, 0.9는 9의 0.1배이므로 곱은 432의 0.001배입니다.

9 (세영이가 일주일 동안 마신 물의 양)
= (승혜가 하루에 마신 물의 양) $\times 0.8 \times 7$
= $1.2 \times 0.8 \times 7 = 6.72$ (L)

10 (캔 음료 250개의 양) = $0.275 \times 250 = 68.75$ (L)

11 (사용한 중력분 밀가루의 양)
= $3 \times 0.56 = 1.68$ (kg)
(사용한 강력분 밀가루의 양)
= $2.8 \times 0.4 = 1.12$ (kg)
$1.68 > 1.12$이므로 중력분 밀가루의 양이 더 많습니다.

12 4 km 20 m = 4.02 km이고 3바퀴 반을 소수로 나타내면 3.5바퀴입니다.
(은주가 자전거를 타고 공원 둘레를 돈 거리)
= $4.02 \times 3.5 = 14.07$ (km)

13 (현수가 걸을 수 있는 거리)
= (한 시간에 걷는 거리) $\times$ (걸은 시간)
= $3.24 \times 1.5 = 4.86$ (km)

14 2시간 6분 = $2\frac{6}{60}$시간 = $2\frac{1}{10}$시간 = 2.1시간
(자동차가 갈 수 있는 거리)
= (한 시간에 달리는 거리) $\times$ (달린 시간)
= $76.4 \times 2.1 = 160.44$ (km)

15 3시간 24분 = $3\frac{24}{60}$시간 = $3\frac{4}{10}$시간 = 3.4시간
(3.4시간 동안 가는 거리)
= $75.3 \times 3.4 = 256.02$ (km)
(3.4시간 동안 가는 데 필요한 휘발유의 양)
= $256.02 \times 0.05 = 12.801$ (L)

16 ㉠ $28 \times 2.7 = 75.6$
㉡ $4.1 \times 15 = 61.5$
㉢ $6.38 \times 11 = 70.18$
㉣ $34 \times 2.03 = 69.02$
➡ 계산 결과가 가장 큰 것은 ㉠입니다.

17 곱이 가장 큰 곱셈식을 만들려면 높은 자리에 큰 숫자를 넣어야 합니다.
$5 < 6 < 9$이므로 일의 자리에 6, 9를, 소수 첫째 자리에 5를 넣습니다.
$9.5 \times 6 = 57$, $6.5 \times 9 = 58.5$이므로 곱이 가장 큰 곱셈식은 6.5×9입니다.

18 곱이 가장 큰 곱셈식을 만들려면 높은 자리에 큰 숫자를 넣어야 합니다.

$2<4<5<8$이므로 일의 자리에 5, 8을, 소수 첫째 자리에 2, 4를 넣습니다.

$5.2\times8.4=43.68$, $5.4\times8.2=44.28$이므로 곱이 가장 큰 곱셈식은 $5.4\times8.2=44.28$입니다.

참고 | 곱이 가장 크게(작게) 되는 곱셈식 만들기
① 높은 자리에 큰(작은) 수를 넣습니다.
② 남은 수를 □ 안에 넣는 경우를 모두 찾아봅니다.
③ 각 경우의 곱의 크기를 비교하여 답을 구합니다.

4단원   단원 평가   107~109쪽

1 1.5

2 $2.3\times7=\dfrac{23}{10}\times7=\dfrac{23\times7}{10}=\dfrac{161}{10}=16.1$

3 528 / 52.8

4 (1) 4.05 (2) 57.2

5 40.3, 4.03, 0.403

6 (1) 0.86 (2) 0.384

7 (1) 3.33, 3.33 (2) 0.35, 0.35

8 (1) > (2) <

9 ㉠

10 0.477

11 (1) 0.54 (2) 5.4

12 10배

13 41.6 kg

14 $12.3\times1.9=23.37$ / 23.37 km

15 8개

16 ㉡

17 2.16

18 12.04 cm²

19 리라 /
㈜ 우리나라 돈 1000원은 중국 돈으로 약 5위안, 가나 돈으로 약 10세디, 튀르키예 돈으로 약 13리라입니다. 따라서 우리나라 돈 3000원은 중국 돈으로 약 15위안, 가나 돈으로 약 30세디, 튀르키예 돈으로 약 39리라입니다.

20 ㈜ 곱하는 수가 0.01배이면 계산 결과가 0.01배가 됩니다. /
㈜ $15\times28=420$이고 0.28은 28의 0.01배이므로 15×0.28은 15×28의 0.01배인 4.2입니다.

---

1 0.3씩 5번 뛰었으므로 0.3의 5배입니다.
따라서 $0.3\times5=1.5$입니다.

2 2.3은 소수 한 자리 수이므로 분모가 10인 분수로 고쳐서 계산합니다.

4 (1) $45\times9=405$이고, 0.45는 45의 $\dfrac{1}{100}$배이므로

0.45×9는 405의 $\dfrac{1}{100}$배인 4.05입니다.

(2) $11\times52=572$이고, 5.2는 52의 $\dfrac{1}{10}$배이므로

11×5.2는 572의 $\dfrac{1}{10}$배인 57.2입니다.

5 0.1배는 소수점이 왼쪽으로 한 자리, 0.01배는 소수점이 왼쪽으로 두 자리, 0.001배는 소수점이 왼쪽으로 세 자리 옮겨집니다.

6 (1) $4.3\times0.2=\dfrac{43}{10}\times\dfrac{2}{10}=\dfrac{43\times2}{10\times10}$

$=\dfrac{86}{100}=0.86$

(2) $64\times6=384$
➡ $6.4\times0.06=0.384$

7 곱셈에서 곱하는 두 수의 순서를 바꾸어도 계산 결과는 같습니다.

8 (1) $3.16\times2.5=7.9$이므로 $3.16\times2.5>7.5$입니다.
(2) $18\times0.8=0.8\times18$입니다.
➡ $0.8\times17<0.8\times18$

9 ㉠ 0.47×5.3에서 0.47을 0.5로 생각하면 계산 결과는 5의 반 정도 됩니다. 따라서 4보다 작습니다.
㉡ 2.7의 2배는 2.7이 2보다 크므로 2.7의 2배는 4보다 큽니다.
㉢ 6의 0.9는 6과 가까우므로 4보다 큽니다.

10 $0.9>0.78>0.6>0.53$
➡ $0.9\times0.53=0.477$

11 곱하는 두 수의 소수점 아래 자리 수를 더한 것과 곱의 소수점 아래 자리 수가 같습니다. 이때, 소수점 뒤의 0은 생략됩니다.

12 ㉠ 0.36의 7배는 36×7의 0.01배
㉡ 360의 0.07배는 36×7의 0.1배
따라서 ㉡은 ㉠의 10배입니다.

13 (은호의 몸무게) = (지우의 몸무게) × 0.8
$=52\times0.8=41.6$ (kg)

14 (집에서 동물원까지의 거리)

= (동물원에서 놀이공원까지의 거리) $\times$ 1.9

= 12.3×1.9

= 23.37 (km)

15 $8 \times 3.7 = 29.6$, $5.1 \times 7.3 = 37.23$이므로

$29.6 < \square < 37.23$입니다.

따라서 $\square$ 안에 들어갈 수 있는 자연수는

30, 31, 32, 33, 34, 35, 36, 37로 모두 8개입니다.

16 ㉠ 75에서 0.75로 소수점이 왼쪽으로 두 자리 옮겨졌으

므로 $\square = 0.01$입니다.

㉡ 312에서 31.2로 소수점이 왼쪽으로 한 자리 옮겨졌

으므로 $\square = 0.1$입니다.

㉢ 2640에서 26.4로 소수점이 왼쪽으로 두 자리 옮겨졌

으므로 $\square = 0.01$입니다.

17 어떤 수를 $\square$라고 하면

$\square \times 1000 = 21.6$, $\square = 0.0216$입니다.

따라서 바르게 계산하면 $0.0216 \times 100 = 2.16$입니다.

18 색칠한 부분의 넓이는 가로가 $(5.2 - 0.9)$ cm, 세로가

2.8 cm인 직사각형의 넓이와 같습니다.

(직사각형의 가로) = $5.2 - 0.9$

= 4.3 (cm)

(직사각형의 넓이) = 4.3×2.8

= 12.04 (cm^2)

서술형
19

평가 기준	배점
$\square$ 안에 알맞은 단위를 써넣었나요?	3점
그 이유를 바르게 썼나요?	2점

서술형
20

평가 기준	배점
잘못 계산한 이유를 설명했나요?	2점
바르게 계산했나요?	3점

5 직육면체

우리는 일상생활에서 도형을 쉽게 발견할 수 있습니다. 도형에 대한 학습으로 1학년 때 여러 가지 모양을 관찰하고 만들어 보는 활동을 통해 기본적인 감각을 익혔고, 2학년 1학기 때 도형의 이름을 알아보는 활동을 하였습니다. 초등학교에서는 도형의 개념을 형식화된 방법으로 구성해 나가는 것이 아니라 직관에 의한 관찰을 통하여 도형의 기본적인 구성 요소와 성질을 파악하게 됩니다. 생활 주변의 물건들을 기하학적 관점에서 바라보고 입체도형의 일부로 인식함으로써 학생들은 공간 지각 능력이 발달하는 기회를 가지게 됩니다. 직육면체에 대한 구체적이고 다양한 활동으로 학생들이 주변 사물에 대한 공간 지각 능력을 향상시킬 수 있도록 지도하는 것이 바람직합니다.

교과서
개념 이해
1 사각형 6개로 둘러싸인 도형은 사각형의 모양에 따라 이름이 달라. 112~113쪽

1 (1) 6, 직육면체

(2) 6, 정육면체

2 (위에서부터) 꼭짓점, 면, 모서리

3 (○)( )(○)( )

4 ( )(○)( )( )(○)

5 6, 12, 8

2 선분으로 둘러싸인 부분을 면, 면과 면이 만나는 선분을 모서리, 모서리와 모서리가 만나는 점을 꼭짓점이라고 합니다.

3 직사각형 6개로 둘러싸인 도형을 모두 찾습니다.

4 직육면체는 직사각형 6개로 둘러싸인 도형이므로 직육면체의 면이 될 수 있는 도형은 직사각형입니다.

2 직육면체에서 서로 마주 보는 면과 만나는 면을 찾을 수 있어.

114~115쪽

1 (1) 밑면, 3
(2) 옆면, 4

2 ( )( )(○)( )

3 ( )( )(×)( )

4 면 ㅁㅂㅅㅇ, 면 ㄹㅇㅅㄷ, 면 ㄴㅂㅅㄷ

5 면 ㄱㄴㅂㅁ, 면 ㄱㅁㅇㄹ, 면 ㄴㅂㅅㄷ, 면 ㄷㅅㅇㄹ
에 ○표

6 90°

2 직육면체에서 서로 마주 보는 면은 평행합니다.

3 색칠한 면과 마주 보는 면을 제외한 4개의 면이 수직입니다.

6 직육면체에서 서로 만나는 면은 수직이므로 색칠한 두 면이 만나서 이루는 각의 크기는 90°입니다.

1 직육면체와 정육면체

116~117쪽

1 나, 라, 바 / 나
➕ 직육면체, 사각기둥에 ○표

2 (위에서부터) 7, 7

3 6, 12, 8, 26

4 상우 / ㉠ 직육면체는 면의 모양이 직사각형이고, 정육면체는 면의 모양이 정사각형입니다.

5 ㉠ 3 / 36

🐟 ○, ○

1 • 직사각형 6개로 둘러싸인 도형은 나, 라, 바입니다.
• 정사각형 6개로 둘러싸인 도형은 나입니다.
➕ 직사각형 6개로 둘러싸인 도형이므로 직육면체이고, 서로 평행한 두 면이 합동이고, 밑면의 모양이 사각형이므로 사각기둥입니다.

2 정육면체는 정사각형 6개로 둘러싸인 도형이므로 모서리의 길이가 모두 같습니다.

3 정육면체의 면의 수는 6, 모서리의 수는 12, 꼭짓점의 수는 8입니다.
➡ 6 + 12 + 8 = 26(개)

5 정육면체는 모서리가 모두 12개입니다.
따라서 정육면체의 모든 모서리의 길이의 합은
(한 모서리의 길이)×12로 구할 수 있습니다.
➡ 정육면체의 한 변의 길이를 3 cm라고 하면
(정육면체의 모든 모서리의 길이의 합)
= 3 × 12 = 36 (cm)입니다.

2 직육면체의 성질

118~119쪽

6 면 ㅁㅂㅅㅇ

7 4개

8 ㉡

9 면 ㄱㄴㄷㄹ, 면 ㄴㅂㅅㄷ, 면 ㄷㅅㅇㄹ

10 ㉣

11 ㉠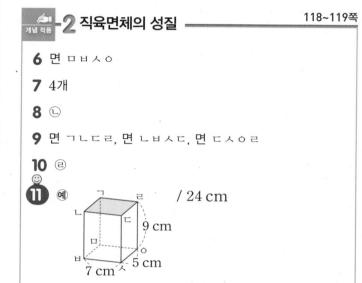

🐟 3

6 면 ㄱㄴㄷㄹ과 평행한 면은 면 ㄱㄴㄷㄹ과 마주 보는 면이므로 면 ㅁㅂㅅㅇ입니다.

7 면 ㄴㅂㅁㄱ과 수직인 면은 면 ㄴㅂㅁㄱ과 평행한 면인 면 ㄷㅅㅇㄹ을 제외한 나머지 4개의 면입니다.

8 ㉠ 직육면체의 한 면과 평행한 면은 1개이고, 직육면체의 한 면에 수직인 면이 4개입니다.
㉢ 한 꼭짓점에서 만나는 면은 3개입니다.

10 ㉠, ㉡, ㉢은 주어진 두 면이 서로 수직이고, ㉣은 주어진 두 면이 서로 평행합니다.

11 면 ㄱㄴㄷㄹ 또는 면 ㅁㅂㅅㅇ을 색칠한 경우 평행한 면의 모서리의 길이의 합은 5 + 7 + 5 + 7 = 24 (cm)입니다.
면 ㄴㅂㅁㄱ 또는 면 ㄷㅅㅇㄹ을 색칠한 경우 평행한 면의 모서리의 길이의 합은 9 + 5 + 9 + 5 = 28 (cm)입니다.
면 ㄱㅁㅇㄹ 또는 면 ㄴㅂㅅㄷ을 색칠한 경우 평행한 면의 모서리의 길이의 합은 9 + 7 + 9 + 7 = 32 (cm)입니다.

3 직육면체의 보이지 않는 부분까지 나타낸 그림을 직육면체의 겨냥도라고 해. 120~121쪽

1 실선, 점선에 ○표

2 ( )( )(○)( )

3 3, 3, 1

4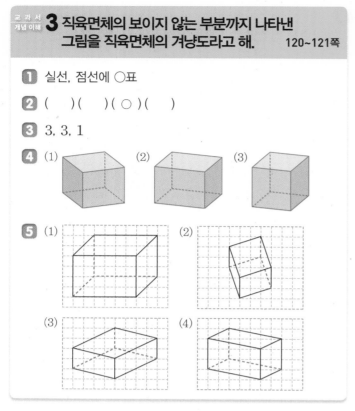
(1) (2) (3)

5 (1) (2) (3) (4)

2 보이는 모서리는 실선으로, 보이지 않는 모서리는 점선으로 그린 것을 찾습니다.

4 보이는 모서리 9개를 모두 실선으로 그립니다.

5 보이지 않는 모서리 3개를 모두 점선으로 그립니다.

4 직육면체의 모서리를 잘라서 펼친 그림을 직육면체의 전개도라고 해. 122~123쪽

1 (1) 전개도 (2) 3

2 ( )(○)( )

3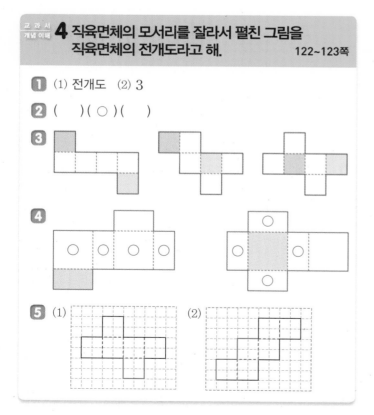

4

5 (1) (2)

---

1 (2) 직육면체에서 서로 평행한 면끼리 모양과 크기가 같습니다.

2 첫 번째 전개도는 면이 5개이므로 정육면체의 전개도가 될 수 없습니다.
세 번째 전개도는 접었을 때 겹치는 면이 있으므로 정육면체의 전개도가 될 수 없습니다.

3 전개도를 접었을 때 색칠한 면과 마주 보는 면을 찾습니다.

4 직육면체에서 한 면과 수직인 면은 모두 4개입니다.

5 정육면체의 전개도에서 잘린 모서리는 실선으로, 잘리지 않은 모서리는 점선으로 그립니다.

-3 직육면체의 겨냥도 124~125쪽

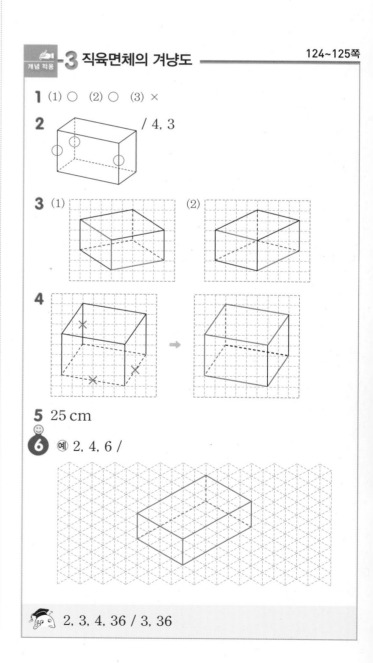

1 (1) ○ (2) ○ (3) ×

2 / 4, 3

3 (1) (2)

4 →

5 25 cm

6 예 2, 4, 6 /

2, 3, 4, 36 / 3, 36

1 (3) 보이지 않는 꼭짓점은 1개입니다.

3 보이는 모서리는 실선으로, 보이지 않는 모서리는 점선으로 그립니다.

5 보이지 않는 모서리는 점선으로 나타낸 모서리입니다.
➡ (보이지 않는 모서리의 길이의 합)
＝12＋6＋7＝25 (cm)

7

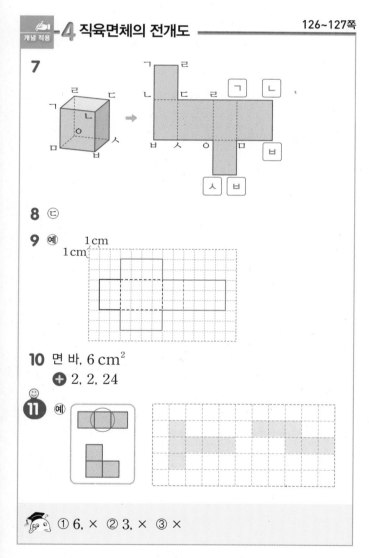

8 ㉢

9 예

10 면 바, 6 cm²
➕ 2, 2, 24

⑪ 예

🐬 ① 6, ×   ② 3, ×   ③ ×

9 서로 마주 보는 3쌍의 면을 모양과 크기가 같게 그리고, 서로 겹치는 면이 없으며 만나는 모서리의 길이가 같게 그립니다.

10 면 가와 평행한 면은 면 바이고, 면 바는 가로가 3 cm, 세로가 2 cm인 직사각형입니다. 따라서 면 바의 넓이는 3×2＝6 (cm²)입니다.

1 ㉠, ㉢   **2** ㉡

3 80 cm   **4** 4

5 1, 3, 4, 6   **6** 14

7 20 cm   **8** 240 cm

9 84 cm   **10**

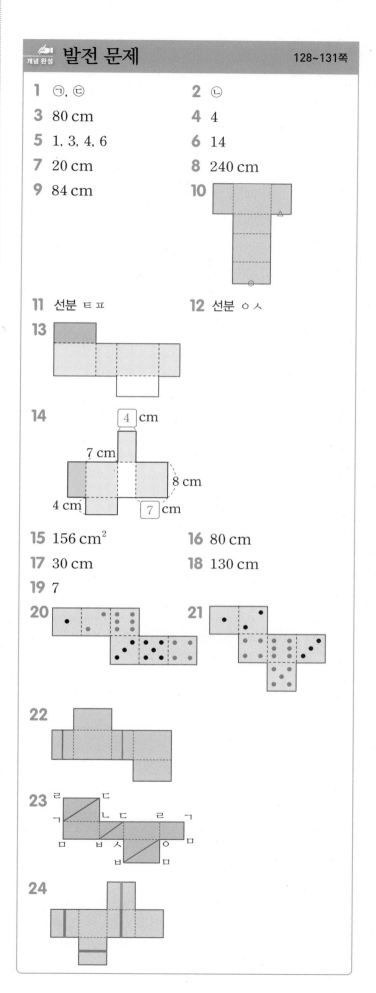

11 선분 ㅌㅍ   **12** 선분 ㅇㅅ

13

14

15 156 cm²   **16** 80 cm

17 30 cm   **18** 130 cm

19 7

20   **21**

22

23

24

1 직육면체의 면이 될 수 있는 도형은 직사각형입니다.

2 직육면체의 모양은 오른쪽과 같습니다.
길이가 같은 모서리는 4개씩 있습니다.

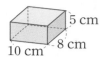

3 직육면체의 모양은 오른쪽과 같습니다.
따라서 모든 모서리의 길이의 합은
$(7 + 4 + 9) \times 4 = 80$ (cm)입니다.

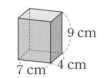

4 주사위에서 눈의 수가 3인 면과 마주 보는 면은 눈의 수가 3인 면과 평행하므로 눈의 수는 $7 - 3 = 4$입니다.

5 주사위에서 눈의 수가 2인 면은 평행한 면을 제외한 나머지 4개의 면과 수직입니다. 눈의 수가 2인 면과 평행한 면의 눈의 수는 $7 - 2 = 5$이므로 눈의 수가 2인 면과 수직인 면들의 눈의 수는 1, 3, 4, 6입니다.

6 주사위에서 눈의 수가 6인 면은 평행한 면을 제외한 나머지 4개의 면과 수직입니다. 눈의 수가 6인 면과 평행한 면의 눈의 수는 $7 - 6 = 1$이므로 눈의 수가 6인 면과 수직인 면들의 눈의 수는 2, 3, 4, 5입니다. 따라서 눈의 수가 6인 면과 수직인 면들의 눈의 수의 합은 $2 + 3 + 4 + 5 = 14$입니다.

7 보이지 않는 모서리는 3개로 길이가 각각 5 cm, 6 cm, 9 cm입니다. 따라서 보이지 않는 모서리의 길이의 합은 $5 + 6 + 9 = 20$ (cm)입니다.

8 길이가 20 cm인 모서리가 12개 있으므로 모든 모서리의 길이의 합은 $20 \times 12 = 240$ (cm)입니다.

9 길이가 10 cm, 6 cm, 5 cm인 모서리가 4개씩 있으므로 모든 모서리의 길이의 합은
$(10 + 6 + 5) \times 4 = 84$ (cm)입니다.

11 점 ㅊ과 점 ㅌ, 점 ㅈ과 점 ㅍ이 만나므로 선분 ㅊㅈ과 겹치는 선분은 선분 ㅌㅍ입니다.

12 점 ㄴ과 점 ㅇ, 점 ㄷ과 점 ㅅ이 만나므로 선분 ㄴㄷ과 겹치는 선분은 선분 ㅇㅅ입니다.

13 전개도를 접었을 때 색칠한 면과 평행한 면을 제외한 나머지 4개의 면에 색칠합니다.

14 전개도를 접었을 때 만나는 모서리의 길이는 같습니다.

15 면 가와 수직인 면은 면 가와 평행한 면을 제외한 나머지 4개의 면입니다.
(면 가와 수직인 면의 넓이) $= (9 + 4 + 9 + 4) \times 6$
$= 156$ (cm²)

16 정육면체이므로 모든 모서리의 길이는 10 cm입니다.
사용한 끈은 길이가 10 cm인 부분은 8개입니다.
➡ (사용한 끈의 길이) $= 10 \times 8 = 80$ (cm)

17 사용한 끈은 10 cm인 부분 2개, 5 cm인 부분 2개입니다.
➡ (사용한 끈의 길이) $= 10 \times 2 + 5 \times 2 = 20 + 10$
$= 30$ (cm)

18 사용한 끈은 20 cm인 부분 2개, 15 cm인 부분 2개, 10 cm인 부분 4개와 매듭 20 cm입니다.
➡ (사용한 끈의 길이)
$= 20 \times 2 + 15 \times 2 + 10 \times 4 + 20$
$= 40 + 30 + 40 + 20 = 130$ (cm)

19 ㉠과 마주 보는 면은 ㉡입니다. 주사위에서 마주 보는 면의 눈의 수의 합은 7이므로 ㉠과 ㉡에 알맞은 눈의 수의 합은 7입니다.

20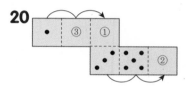

한쪽 방향으로 한 개의 면을 건너 뛰면 평행한 면을 찾을 수 있습니다. 주사위 눈 1과 평행한 면은 면 ①이므로 눈 6개를 그려 넣습니다. 같은 방법으로 면 ②에 눈 4개를 그려 넣습니다. 남은 주사위 눈 2는 면 ③이므로 눈 2개를 그려 넣습니다.

21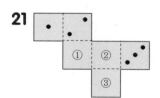

주사위 눈 3에서 한쪽 방향으로 한 개의 면을 건너 뛰면 면 ①이므로 눈 4개를 그려 넣습니다. 주사위 눈 1과 평행한 면은 면 ②이므로 눈 6개를 그려 넣습니다. 주사위 눈 2와 평행한 면은 면 ③이므로 눈 5개를 그려 넣습니다.

22 표시된 두 선은 서로 평행하므로 전개도를 접었을 때 표시된 선과 평행한 선을 그려 넣습니다.

23 선이 지나간 꼭짓점을 잘 살펴보고 선을 그려 넣습니다.

24 전개도에서 색 테이프를 붙인 면과 수직인 면, 평행한 면을 찾아 색 테이프가 지나간 자리에 선을 그려 넣습니다.

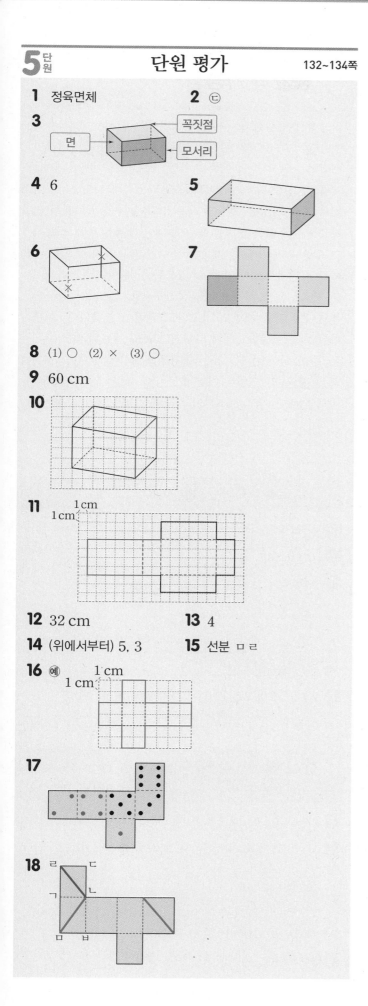

1 정육면체

2 ㉢

3 꼭짓점 / 면 / 모서리

4 6

5

6

7

8 (1) ○ (2) × (3) ○

9 60 cm

10

11 1 cm / 1 cm

12 32 cm

13 4

14 (위에서부터) 5, 3

15 선분 ㅁㄹ

16 예 1 cm / 1 cm

17

18

---

19 예 직육면체와 정육면체는 면의 수가 6개, 모서리의 수가 12개, 꼭짓점의 수가 8개입니다. /
예 면의 모양이 직육면체는 직사각형, 정육면체는 정사각형입니다. 또, 직육면체는 길이가 같은 모서리가 4개씩 3쌍이 있고, 정육면체는 모서리의 길이가 모두 같습니다.

20 80 cm

---

1 **참고** | 직육면체라 써도 맞는 답이지만 이 단원에서는 직육면체와 정육면체의 포함 관계를 묻는 문제가 아니므로 정육면체로 답합니다.

2 직육면체는 직사각형 6개로 둘러싸인 도형입니다. 따라서 직육면체의 면이 될 수 있는 도형은 직사각형입니다.

4 정육면체의 모서리의 길이는 모두 같습니다.

5 색칠한 면과 마주 보고 있는 면에 색칠합니다.

6 직육면체의 겨냥도는 보이는 모서리는 실선으로, 보이지 않는 모서리는 점선으로 그려야 합니다.

7 전개도를 접었을 때 색칠한 면과 평행한 면을 제외한 나머지 4개의 면에 색칠합니다.

8 (2) 직육면체에서 한 면과 수직으로 만나는 면은 4개입니다.

9 길이가 5 cm인 모서리가 모두 12개 있으므로 정육면체의 모든 모서리의 길이의 합은 5 × 12 = 60 (cm)입니다.

10 보이는 모서리 3개는 실선으로, 보이지 않는 모서리 1개는 점선으로 그립니다.

12 면 ㅁㅂㅅㅇ과 평행한 면은 면 ㄱㄴㄷㄹ입니다.
➡ (모서리의 길이의 합) = (7 + 9) × 2 = 32 (cm)

13 정육면체에서 보이는 면은 3개, 보이지 않는 꼭짓점은 1개입니다. ➡ 3 + 1 = 4

14 직육면체와 전개도에서 색칠한 면은 같은 면이므로 전개도에서 색칠한 면의 가로는 5 cm, 세로는 3 cm입니다.

15 점 ㄱ과 점 ㅁ, 점 ㄴ과 점 ㄹ이 만나므로 선분 ㄱㄴ과 겹치는 선분은 선분 ㅁㄹ입니다.

16 전개도를 접었을 때 서로 겹치는 부분이 없도록 그립니다.

17

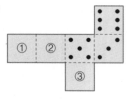

주사위 눈 5와 평행한 면은 면 ①이므로 눈 2개를 그려 넣습니다. 주사위 눈 3과 평행한 면은 면 ②이므로 눈 4개를 그려 넣습니다. 주사위 눈 6과 평행한 면은 면 ③이므로 눈 1개를 그려 넣습니다.

18

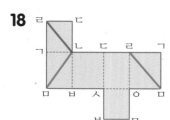

면 ㄱㄴㄷㄹ을 기준으로 각 꼭짓점을 전개도에 나타낸 다음 점 ㄴ과 점 ㅁ, 점 ㄹ과 점 ㅁ을 선으로 연결합니다.

주의 | 직육면체에서 붙어 있는 면에 선이 그려져 있다고 해서 전개도에서도 붙어 있는 면에 선을 그리지 않도록 주의합니다.

서술형
19

평가 기준	배점
직육면체와 정육면체의 같은 점을 바르게 설명했나요?	2점
직육면체와 정육면체의 다른 점을 바르게 설명했나요?	3점

참고 | 직육면체와 정육면체는 면, 모서리, 꼭짓점의 수가 같으나 면의 모양, 모서리의 길이가 다릅니다.

서술형
20 예 직육면체에서 7 cm인 모서리, 4 cm인 모서리, 9 cm인 모서리가 각각 4개씩 있습니다.
따라서 모든 모서리의 길이의 합은
$(7 + 4 + 9) \times 4 = 20 \times 4 = 80$ (cm)입니다.

평가 기준	배점
길이가 같은 모서리가 각각 몇 개씩인지 구했나요?	2점
모든 모서리의 길이의 합을 바르게 구했나요?	3점

💡 **사고력이 반짝**   135쪽

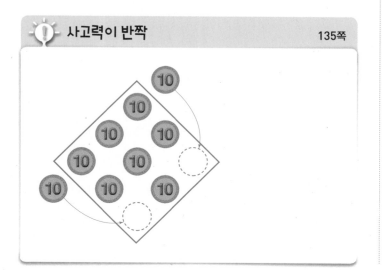

6 평균과 가능성

일상생활에서 접하는 많은 상황들에는 제시된 정보의 특성을 파악하고 그와 관련된 자료들을 수집하고 정리하며 해석하는 등 통계적 이해를 바탕으로 정보를 처리하고 문제를 해결해야 하는 경우가 포함되어 있습니다. 이러한 정보 처리 과정은 수집된 자료의 각 값들을 고르게 하여 자료의 대푯값을 정하는 평균에 대한 개념을 바탕으로 하고 있습니다. 평균의 개념은 주어진 자료들이 분포된 상태를 직관적으로 파악할 수 있도록 할 뿐만 아니라, 제시된 자료들을 통계적으로 분석하는 데 가장 기초가 되는 개념이며 확률 개념의 기초와도 관련이 있습니다. 한편 확률 개념은 중학교에서 다루지만 확률 개념의 기초가 되는 '일이 일어날 가능성'은 초등학교에서 다룹니다. 이와 같은 '평균' 및 '일이 일어날 가능성'에 대한 개념은 통계적 이해를 위한 가장 기초적이고도 핵심적인 개념으로써 중요성을 가집니다.

교과서 개념 이해 **1 자료를 대표하는 값을 평균이라고 해.** 138~139쪽

1 아래칸에 ○표

2 2, 40, 40

3

6					/ 4
5					
4	○	○	○	○	
3	○	○	○	○	
2	○	○	○	○	
1	○	○	○	○	
책 수(권) 월	7월	8월	9월	10월	

4 (1) 17, 20, 22, 100 (2) 5 (3) 100, 5, 20

교과서 개념 이해 **2 실생활에서 평균을 다양하게 이용할 수 있어.** 140~141쪽

1 (1) 6, 8 / 4, 12 / 8, 6 (2) 나

2 (1) 207, 246, 4, 880, 4, 220 / 264, 243, 3, 726, 3, 242
(2) 영호에 ○표
(3) 영호에 ○표

3 (1) 5, 40 (2) 40, 7, 9, 4, 8

4 (1) 92 kg (2) 12 kg

4 (1) (3월부터 6월까지 수집한 재활용 종이의 무게)
$= 23 \times 4 = 92$ (kg)
(2) (4월에 수집한 재활용 종이의 무게)
$= 92 - (32 + 27 + 21) = 12$ (kg)

 1 평균 구하기　　　　　　　　　142~143쪽

1 (1) 예 50명　(2) 5, 5, 50

2 방법 1 예 서아네 가족이 캔 감자의 무게 65, 50, 50, 35를 고르게 하면 50, 50, 50, 50이 되므로 한 사람당 캔 감자의 무게의 평균은 50 kg입니다.
방법 2 예 서아네 가족이 캔 감자의 무게의 합은 $65 + 50 + 50 + 35 = 200$ (kg)이므로 한 사람당 캔 감자의 무게의 평균은 $200 \div 4 = 50$ (kg)입니다.

3 7권
➕ (1) 5, 70, 5, 14　(2) 15　(3) 20

4 예

아빠	엄마	나	동생	/ 47 kg
75	58	39	16	

🤓 2, 4.5

3 (현아네 모둠이 한 달 동안 빌린 책 수의 평균)
$= (6 + 5 + 9 + 11 + 4) \div 5$
$= 35 \div 5 = 7$(권)

😊 내가 만드는 문제
4 (가족의 평균 몸무게)
$= (75 + 58 + 39 + 16) \div 4$
$= 188 \div 4 = 47$ (kg)

2 평균을 이용하여 문제 해결하기　　144~145쪽

5 민우네 모둠

6 (1) 32개　(2) 4명　(3) 8개

7 3400개

8 44번

9 예

11	/ 동생,	12	/ 동생
19		31	
24		14	

🤓 3, 20 / 4, 15 / 5, 12

5 (지아네 모둠의 제기차기 기록의 평균)
$= 156 \div 12 = 13$(번)
(민우네 모둠의 제기차기 기록의 평균)
$= 195 \div 13 = 15$(번)
13 < 15이므로 한 사람당 제기차기 기록의 수가 더 많다고 할 수 있는 모둠은 민우네 모둠입니다.

6 (1) (송편 수) ÷ (모둠 수) $= 128 \div 4 = 32$(개)이므로 한 모둠당 송편을 평균 32개씩 만들어야 합니다.
(2) (학생 수) $= 5 + 6 + 3 + 2 = 16$(명)이므로 (한 모둠당 학생 수의 평균) $= 16 \div 4 = 4$(명)입니다.
(3) 한 모둠당 송편을 평균 32개씩 만들어야 하고, 한 모둠당 학생이 평균 4명이므로 한 학생당 송편을 평균 $32 \div 4 = 8$(개)씩 만들어야 합니다.

7 (배나무에 열린 배의 수) $= 85 \times 40 = 3400$(개)

8 현수네 모둠의 단체 줄넘기 기록의 평균을 먼저 구하면 $(17 + 24 + 35 + 28) \div 4 = 104 \div 4 = 26$(번)입니다. 따라서 윤하네 모둠은 단체 줄넘기를 모두 $26 \times 5 = 130$(번) 넘었습니다.
➡ (윤하네 모둠의 2회 기록)
$= 130 - (20 + 32 + 16 + 18) = 44$(번)

9 (나의 균형 잡기 기록의 평균)
$= (11 + 19 + 24) \div 3 = 54 \div 3 = 18$(초)
(동생의 균형 잡기 기록의 평균)
$= (12 + 31 + 14) \div 3 = 57 \div 3 = 19$(초)
18 < 19이므로 균형 잡기 기록의 평균이 더 높은 사람은 동생입니다.

교과서 개념 이해 **3 가능성은 어떠한 상황에서 특정한 일이 일어나길 기대하는 정도를 말해.**　146쪽

1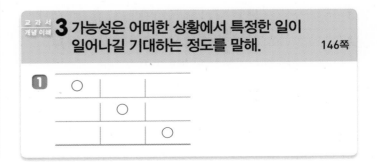

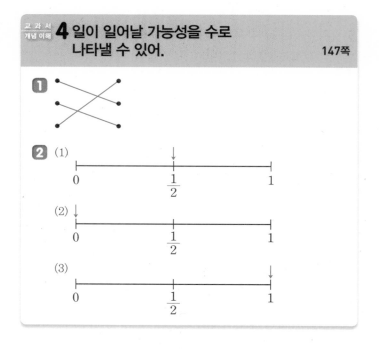

교과서
개념 이해 **4** 일이 일어날 가능성을 수로
나타낼 수 있어.　　　147쪽

개념 적용 **3** 일이 일어날 가능성을 말로 표현하고 비교하기　148~149쪽

1 나율, 소진, 윤아, 영호, 민준

2 ㉡

3 ㉡ / 예 귤만 들어 있는 상자에서 꺼낸 과일은 귤일 것입니다.

4 ㉢

5 ㉢, ㉠, ㉣, ㉡, ㉤

6 예 　　　/ 반반이다

🐟 반반입니다에 ○표 / 3, 1

2 빨간색, 노란색, 파란색 모두 일이 일어날 가능성이 비슷합니다.
따라서 빨간색, 노란색, 파란색이 같은 넓이로 색칠된 회전판을 찾습니다.

3 ㉠ 가능성은 '반반이다', ㉡ 가능성은 '~일 것 같다'입니다.

4 ㉠ 회전판의 수 중 3의 배수는 절반이므로 화살이 3의 배수에 멈출 가능성이 반반입니다.
㉡ 회전판의 수는 모두 3의 배수가 아니므로 화살이 3의 배수에 멈추는 것이 불가능합니다.
㉢ 회전판의 수는 모두 3의 배수이므로 화살이 3의 배수에 멈추는 것이 확실합니다.

5 일이 일어날 가능성을 말로 표현하면 다음과 같습니다.
㉠ ~일 것 같다　　㉡ ~ 아닐 것 같다　　㉢ 확실하다
㉣ 반반이다　　㉤ 불가능하다
따라서 가능성이 높은 순서대로 기호를 쓰면 ㉢, ㉠, ㉣, ㉡, ㉤입니다.

☺ 내가 만드는 문제
6 2장의 카드 중 한 장에만 빨간색을 칠했으므로 2장 중 한 장을 뽑을 때 빨간색 카드를 뽑을 가능성은 반반입니다.

개념 적용 **4** 일이 일어날 가능성을 수로 표현하기　150~151쪽

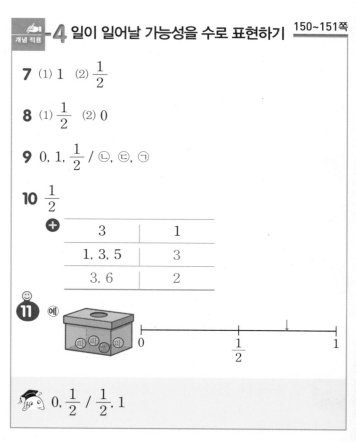

7 (1) 1　(2) $\frac{1}{2}$

8 (1) $\frac{1}{2}$　(2) 0

9 0, 1, $\frac{1}{2}$ / ㉡, ㉢, ㉠

10 $\frac{1}{2}$

➕	3	1
	1, 3, 5	3
	3, 6	2

11 예

🐟 0, $\frac{1}{2}$ / $\frac{1}{2}$, 1

7 (1) 10보다 작은 수가 나올 가능성은 '확실하다'이므로 수로 표현하면 1입니다.
(2) 홀수가 나올 가능성은 '반반이다'이므로 수로 표현하면 $\frac{1}{2}$입니다.

8 (1) 2칸 중 1칸이 초록색입니다. 화살이 초록색에 멈출 가능성은 '반반이다'이므로 수로 표현하면 $\frac{1}{2}$입니다.
(2) 회전판에 초록색이 없습니다. 화살이 초록색에 멈출 가능성은 '불가능하다'이므로 수로 표현하면 0입니다.

9 ㉠ 노란색 구슬이 0개이므로 꺼낸 구슬이 노란색일 가능성은 0입니다.

㉡ 노란색 구슬이 4개이므로 꺼낸 구슬이 노란색일 가능성은 1입니다.

㉢ 노란색 구슬이 2개이므로 꺼낸 구슬이 노란색일 가능성은 $\frac{1}{2}$입니다.

10 1부터 8까지의 자연수 중 8의 약수는 1, 2, 4, 8로 4개이므로 8의 약수가 적힌 공은 전체 공 수의 반만큼 있습니다. 따라서 8의 약수가 적힌 공을 꺼낼 가능성을 수로 표현하면 $\frac{1}{2}$입니다.

☺ 내가 만드는 문제
11 상자에서 구슬 한 개를 꺼냈을 때 꺼낸 구슬이 파란색일 가능성은 '~일 것 같다'이므로 $\frac{1}{2}$과 1 사이에 ↓로 표시합니다.

🚀 개념 완성 발전 문제　　　　　　　152~154쪽

1 238명		**2** 21896개	
3 8.9 kg		**4** 88점	
5 물빛 농장		**6** 90번	
7 40번		**8** 9번	
9 26 km		**10** 150대	
11 19살		**12** 60 m	
13 $\frac{1}{2}$		**14** 0	
15 ㉢, ㉡, ㉠		**16** 예	

17 예	**18**

1 (버스 7대에 탄 학생 수) $= 34 \times 7 = 238$(명)

2 (3개월 동안의 날수) $= 31 + 31 + 30 = 92$(일)
(3개월 동안 만들 수 있는 인형의 수)
$= 238 \times 92 = 21896$(개)

---

3 (닭 15마리의 무게의 합) $= 1.5 \times 15 = 22.5$ (kg)
(수탉 8마리의 무게의 합) $= 1.7 \times 8 = 13.6$ (kg)
(암탉 7마리의 무게의 합) $= 22.5 - 13.6 = 8.9$ (kg)

4 (네 과목의 총점) $= 89 \times 4 = 356$(점)
(수학 점수) $= 356 - (92 + 86 + 90) = 88$(점)

5 (배 수확량의 합) $=$ (배 수확량의 평균) $\times$ (농장 수)
$= 326 \times 5 = 1630$ (kg)
(햇빛 농장의 수확량)
$= 1630 - (420 + 320 + 280 + 300)$
$= 1630 - 1320 = 310$ (kg)
따라서 배 수확량이 가장 적은 농장은 물빛 농장입니다.

6 하루 동안 줄넘기 기록의 평균이 90번 이상이 되려면 월요일부터 일요일까지 전체 줄넘기 횟수가
$90 \times 7 = 630$(번) 이상이 되어야 합니다.
토요일까지 한 줄넘기 횟수가
$86 + 88 + 89 + 88 + 95 + 94 = 540$(번)이므로
일요일에 줄넘기를 적어도 $630 - 540 = 90$(번) 넘어야 합니다.

7 희주, 지민, 원진, 석주 4명의 기록의 합은
$41 \times 4 = 164$(번)이므로 5명의 기록은 모두
$164 + 36 = 200$(번)입니다.
➡ (5명의 윗몸 말아 올리기 기록의 평균)
$= 200 \div 5 = 40$(번)

8 남학생 3명의 기록의 합은 $13 \times 3 = 39$(번),
여학생 4명의 기록의 합은 $6 \times 4 = 24$(번)입니다.
따라서 모둠 7명의 기록을 모두 더하면
$39 + 24 = 63$(번)입니다.
➡ (모둠 7명의 기록의 평균) $= 63 \div 7 = 9$(번)

9 처음 20일 동안 걸은 거리는 모두
$27 \times 20 = 540$ (km), 마지막 5일 동안 걸은 거리는 모두 $22 \times 5 = 110$ (km)이므로 25일 동안 걸은 거리는 모두 $540 + 110 = 650$ (km)입니다.
➡ (하루 동안 걸은 거리의 평균)
$= 650 \div 25 = 26$ (km)

10 (5년 동안 자동차 판매량의 평균)
$= (95 + 110 + 150 + 180 + 210) \div 5$
$= 745 \div 5 = 149$(대)
따라서 2023년의 판매량이 2022년까지의 판매량의 평균보다 높으려면 2023년에는 적어도 150대를 팔아야 합니다.

11 (네 명의 평균 나이)
$= (13 + 16 + 15 + 12) \div 4$
$= 56 \div 4 = 14$(살)
새로운 회원 한 명이 들어와서 평균 나이가
$14 + 1 = 15$(살)이 되었으므로 회원 5명의 나이의 합은
$15 \times 5 = 75$(살)입니다. 따라서 새로운 회원의 나이는
$75 - (13 + 16 + 15 + 12) = 19$(살)입니다.

12 5명의 공 멀리 던지기 기록의 평균은
$(25 + 44 + 36 + 55 + 50) \div 5$
$= 210 \div 5 = 42$ (m) 입니다.
우혁이를 포함한 6명의 공 멀리 던지기 기록의 평균을
3 m 늘리려면 우혁이는 공을 적어도
$42 + 3 \times 6 = 42 + 18 = 60$ (m) 던져야 합니다.

13 500원짜리 동전을 던졌을 때 그림면이 나올 가능성은
'반반이다'이므로 수로 표현하면 $\frac{1}{2}$입니다.

14 지폐 6장 중에서 꺼낸 지폐가 10000원일 가능성은 '불
가능하다'이므로 수로 표현하면 0입니다.

15 ㉠ 뽑은 수 카드에 쓰여 있는 수가 10 이하일 가능성은
'확실하다'이므로 수로 표현하면 1입니다.
㉡ 뽑은 수 카드에 쓰여 있는 수가 2의 배수일 가능성은
'반반이다'이므로 수로 표현하면 $\frac{1}{2}$입니다.
㉢ 뽑은 수 카드에 쓰여 있는 수가 11 이상일 가능성은
'불가능하다'이므로 수로 표현하면 0입니다.
따라서 일이 일어날 가능성이 낮은 순서대로 기호를 쓰
면 ㉢, ㉡, ㉠입니다.

16 가능성이 $\frac{1}{2}$인 경우는 '반반이다'이므로 회전판 4칸 중
2칸에 파란색을 칠합니다.

17 주사위를 한 번 굴릴 때 나온 주사위 눈의 수가 짝수일
가능성은 '반반이다'이므로 회전판 6칸 중 3칸에 초록색
을 칠합니다.

18 화살이 노란색에 멈출 가능성은 두 번째로 높으므로 회
전판에서 두 번째로 넓은 부분에 노란색을 칠합니다. 화
살이 빨간색에 멈출 가능성은 초록색에 멈출 가능성의 3
배이므로 회전판에서 가장 좁은 부분에 초록색, 가장 넓
은 부분에 빨간색을 칠합니다.

6단원 **단원 평가** 155~157쪽

1 예
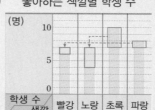
좋아하는 색깔별 학생 수

2 340점

3 85점

4 국어, 수학

5 0, $\frac{1}{2}$, 1

6 위칸에 ○표

7 $\frac{1}{2}$

8 0

9 불가능하다

10 1

11 45명

12 ㉢

13 77권 / 74권

14 미연이네 모둠

15 선희 / 예 두 모둠의 학생 수가 각각 다르므로 읽은 책 수
의 합으로는 어느 모둠이 더 많이 읽었는지 알 수 없습
니다.

16 868번

17 42 kg

18 20살

19 $\frac{1}{2}$

20 방법1 예 윗몸 말아 올리기 기록의 합은
$30 + 30 + 34 + 30 = 124$(번)이므로 평균은
$124 \div 4 = 31$(번)입니다.
방법2 예 4명 중 3명의 기록이 30번이고 현정이만
34번이므로 현정이의 기록을 세 사람에게 1번씩 나눠
주면 모두 31번이 됩니다. 따라서 평균은 31번입니다.
/ 31번

2 $75 + 80 + 100 + 85 = 340$(점)

3 (평균) $= 340 \div 4 = 85$(점)
다른 풀이 | 85를 기준 수로 정하고 사회 점수에서 국어에 10점을,
수학에 5점을 나누어 주면 모두 85점이 되므로 평균은 85점입니다.

4 수행 평가 점수의 평균이 85점이므로 85점보다 낮은 과
목은 국어, 수학입니다.

6 1년은 365일이므로 가능성은 '불가능하다'입니다.

7 빨간색 구슬과 파란색 구슬이 각각 2개씩 있으므로 꺼낸
구슬이 파란색일 가능성은 '반반이다'이므로 수로 표현하
면 $\frac{1}{2}$입니다.

8 주머니 속에 노란색 구슬은 하나도 없으므로 꺼낸 구슬
이 노란색일 가능성은 '불가능하다'이므로 수로 표현하면
0입니다.

9 상자 안에는 1번부터 9번까지의 번호표가 있으므로 15번 번호표를 꺼낼 가능성은 '불가능하다'입니다.

10 제비뽑기 상자에 당첨 제비만 5개 들어 있습니다. 따라서 이 상자에서 뽑은 제비 한 개가 당첨 제비일 가능성은 '확실하다'이므로 수로 표현하면 1입니다.

11 버스 한 대에 탄 학생의 평균은 $360 \div 8 = 45$(명)입니다.

12 ㉠ 동전을 던지면 숫자 면이나 그림면이 나오므로 3개 모두 숫자 면이 나올 가능성은 '~ 아닐 것 같다'입니다.

㉡ 2월은 28일 또는 29일까지 있으므로 내년 2월 달력에 날짜가 30일까지 있을 가능성은 '불가능하다'입니다.

㉢ 주사위에는 1부터 6까지의 눈이 있으므로 주사위의 눈의 수가 2 이상으로 나올 가능성은 '~일 것 같다'입니다.

13 미연이네 모둠: $(67 + 75 + 83 + 78 + 82) \div 5$
$$= 385 \div 5 = 77(권)$$
창수네 모둠: $(77 + 68 + 59 + 92) \div 4$
$$= 296 \div 4 = 74(권)$$

14 평균을 비교하면 $77 > 74$이므로 미연이네 모둠이 책을 더 많이 읽었다고 할 수 있습니다.

16 (돌린 훌라후프의 전체 횟수)
= (하루 평균 횟수) × (훌라후프를 돌린 날수)
$= 124 \times 7 = 868$(번)

17 (경희네 모둠 학생 수) $= 5 + 3 = 8$(명)
(모둠 학생들의 몸무게의 합)
$= 45 \times 5 + 37 \times 3 = 336 \, (kg)$
(모둠 학생들의 몸무게의 평균) $= 336 \div 8 = 42 \, (kg)$

18 (네 명의 나이의 평균) $= (13 + 16 + 14 + 17) \div 4$
$$= 60 \div 4 = 15(살)$$
새로운 회원 한 명이 들어와서 평균 나이가 1살 많아지려면 새로운 회원의 나이는 $15 + 1 \times 5 = 20$(살)이어야 합니다.

19 예 회전판에서 빨간색과 파란색이 각각 3칸씩 있습니다. 화살이 빨간색에 멈출 가능성은 '반반이다'이므로 수로 표현하면 $\frac{1}{2}$입니다.

평가 기준	배점
회전판에서 빨간색과 파란색이 차지하는 부분을 알고 있나요?	2점
화살이 빨간색에 멈출 가능성을 수로 표현했나요?	3점

서술형
20

평가 기준	배점
한 가지 방법으로 구했나요?	2점
다른 한 가지 방법으로 구했나요?	3점

1 수의 범위와 어림하기

➕ 개념 적용

2쪽

1

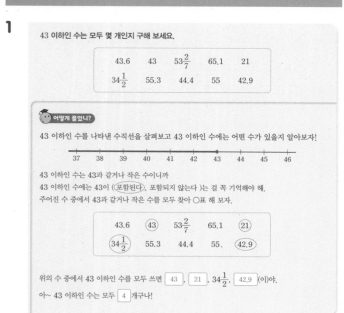

43 이하인 수는 모두 몇 개인지 구해 보세요.

| 43.6 | 43 | $53\frac{2}{7}$ | 65.1 | 21 |
| $34\frac{1}{2}$ | 55.3 | 44.4 | 55 | 42.9 |

어떻게 풀었니?

43 이하인 수를 나타낸 수직선을 살펴보고 43 이하인 수에는 어떤 수가 있을지 알아보자!

37 38 39 40 41 42 43 44 45 46

43 이하인 수는 43과 같거나 작은 수이니까

43 이하인 수에는 43이 (포함된다), 포함되지 않는다)는 걸 꼭 기억해야 해.

주어진 수 중에서 43과 같거나 작은 수를 모두 찾아 ○표 해 보자.

| 43.6 | ㉘43㉘ | $53\frac{2}{7}$ | 65.1 | ㉘21㉘ |
| ㉘$34\frac{1}{2}$㉘ | 55.3 | 44.4 | 55 | ㉘42.9㉘ |

위의 수 중에서 43 이하인 수를 모두 쓰면 43 , 21 , $34\frac{1}{2}$, 42.9 (이)야.

아~ 43 이하인 수는 모두 4 개구나!

2 5개

3

민지와 친구들의 100 m 달리기 기록을 조사한 표입니다. 기록이 14초 미만인 사람이 교내 육상 대회 결승전에 나갑니다. 결승전에 나가는 사람의 이름을 모두 써 보세요.

100 m 달리기 기록

이름	기록(초)	이름	기록(초)
민지	14.0	아란	13.4
서준	12.3	지훈	15.2

어떻게 풀었니?

14 미만인 수는 14보다 작은 수인걸 기억하지? 먼저 14초 미만인 기록을 찾아보자!

14초 미만인 수를 나타낸 수직선에 민지와 친구들의 기록을 ↓로 표시해 보자.

12.3   13.4 14.0   15.2

10   11   12   13   14   15   16

14초 미만인 기록은 14초보다 (빠른 , 느린) 기록이니까 14.0초를 포함하지 않아.

위의 수직선에서 14초보다 빠른 기록을 모두 찾으면 12.3 초, 13.4 초야.

즉, 기록이 14초 미만인 사람은 서준 , 아란 (이)야.

아~ 기록이 14초 미만인 사람이 결승전에 나가니까

결승전에 나가는 사람은 서준 , 아란 (이)구나!

4 정우, 윤기

5

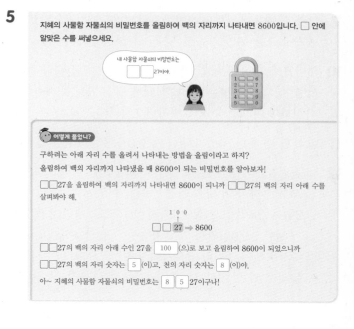

지혜의 사물함 자물쇠의 비밀번호를 올림하여 백의 자리까지 나타내면 8600입니다. □ 안에 알맞은 수를 써넣으세요.

내 사물함 자물쇠의 비밀번호는 □□27이야.

어떻게 풀었니?

구하려는 아래 자리 수를 올려서 나타내는 방법을 올림이라고 하지?

올림하여 백의 자리까지 나타냈을 때 8600이 되는 비밀번호를 알아보자!

□□27을 올림하여 백의 자리까지 나타내면 8600이 되니까 □□27의 백의 자리 아래 수를 살펴봐야 해.

100
□□27 → 8600

□□27의 백의 자리 아래 수인 27을 100 (으)로 보고 올림하여 8600이 되었으니까

□□27의 백의 자리 숫자는 5 (이)고, 천의 자리 숫자는 8 (이)야.

아~ 지혜의 사물함 자물쇠의 비밀번호는 8 5 27이구나!

6 4, 8

7

수 카드 3장을 한 번씩만 사용하여 반올림하여 백의 자리까지 나타내면 300이 되는 수를 만들어 보세요.

3 5 0

어떻게 풀었니?

수 카드 3 , 5 , 0 을 한 번씩만 사용하여 만들 수 있는 세 자리 수 중에서 반올림하여 백의 자리까지 나타내면 300이 되는 수를 알아보자!

반올림은 구하려는 자리 바로 아래 자리의 숫자가 0 , 1, 2, 3, 4이면 버리고, 5 , 6, 7, 8, 9이면 올리는 방법이야.

반올림하여 백의 자리까지 나타냈을 때 300이 되려면 백의 자리 숫자는 2나 3 (이)여야 해.

이 중 수 카드에 적힌 수는 3 (이)니까 만들려는 수의 백의 자리 숫자는 3 (이)야.

만들려는 수를 3□□라고 하면 십의 자리 숫자가 0, 1, 2, 3, 4이어야 버림하여 300이 돼.

그러니까 3□□의 십의 자리 숫자는 0 , 일의 자리 숫자는 5 (이)야.

아~ 수 카드 3장을 한 번씩만 사용하여 만들 수 있는 수 중에서 반올림하여 백의 자리까지 나타내면 300이 되는 수는 305 (이)구나!

8 627   **9** 8614, 8641

---

2 58 이상인 수는 58과 같거나 큰 수이므로 $58\frac{1}{4}$, 60.6, 58, 64, 59.3으로 모두 5개입니다.

4 공 멀리 던지기 기록이 39 m보다 긴 사람은 정우(39.1 m), 윤기(40.8 m)입니다.

6 백의 자리 아래 수인 86을 100으로 보고 올림하여 4900이 되었으므로 올림하기 전의 수는 4886입니다. 따라서 준기의 휴대 전화의 비밀번호는 4886입니다.

8 반올림하여 백의 자리까지 나타내면 600이 되므로 백의 자리 숫자는 6입니다. 6□□의 십의 자리 숫자가 0, 1, 2, 3, 4이어야 버림하여 600이 되므로 십의 자리 숫자는 2, 일의 자리 숫자는 7입니다.
따라서 수 카드 3장을 한 번씩만 사용하여 만들 수 있는 수 중에서 반올림하여 백의 자리까지 나타내면 600이 되는 수는 627입니다.

9 반올림하여 천의 자리까지 나타내면 9000이 되므로 천의 자리 숫자는 8입니다. 8□□□의 백의 자리 숫자는 5, 6, 7, 8, 9이어야 올림하여 9000이 되므로 백의 자리 숫자는 6입니다. 남은 수 카드에 적힌 수 1, 4가 십의 자리와 일의 자리에 올 수 있으므로 반올림하여 천의 자리까지 나타내면 9000이 되는 수는 8614, 8641입니다.

▤ 쓰기 쉬운 서술형　6쪽

1 19, 20, 21, 19 / 19
1-1 64
2 45, 29, 74, 70, 80, 우수상 / 우수상
2-1 9000원
3 401, 500, 100 / 100개
3-1 3999
3-2 5개
3-3 999
4 32, 4, 32, 33 / 33개
4-1 874봉지
4-2 48000원
4-3 1890명

1-1 예 65 미만인 자연수는 65보다 작은 자연수이므로 64, 63, 62, …입니다. ···· ❶
따라서 65 미만인 자연수 중에서 가장 큰 수는 64입니다. ···· ❷

단계	문제 해결 과정
①	65 미만인 자연수를 구했나요?
②	65 미만인 자연수 중에서 가장 큰 수를 찾았나요?

2-1 예 11세는 6세 초과 12세 이하에 속하므로 재현이는 2000원을 내야 하고, 40세는 18세 초과에 속하므로 어머니는 7000원을 내야 합니다. ···· ❶
따라서 두 사람이 미술관에 입장하려면 2000 + 7000 = 9000(원)을 내야 합니다. ···· ❷

단계	문제 해결 과정
①	재현이와 어머니가 내야 할 입장료를 각각 구했나요?
②	두 사람이 내야 할 입장료를 구했나요?

3-1 예 버림하여 백의 자리까지 나타내면 3900이 되는 자연수는 3900부터 3999까지의 자연수입니다. ···· ❶
따라서 이 중에서 가장 큰 수는 3999입니다. ···· ❷

단계	문제 해결 과정
①	버림하여 백의 자리까지 나타내면 3900이 되는 자연수의 범위를 구했나요?
②	버림하여 백의 자리까지 나타내면 3900이 되는 자연수 중에서 가장 큰 수를 찾았나요?

3-2 예 반올림하여 십의 자리까지 나타내면 1000이 되는 세 자리 수는 995, 996, 997, 998, 999입니다. ···· ❶
따라서 반올림하여 십의 자리까지 나타내면 1000이 되는 세 자리 수는 모두 5개입니다. ···· ❷

단계	문제 해결 과정
①	반올림하여 십의 자리까지 나타내면 1000이 되는 세 자리 수를 모두 구했나요?
②	반올림하여 십의 자리까지 나타내면 1000이 되는 세 자리 수는 모두 몇 개인지 구했나요?

3-3 예 올림하여 천의 자리까지 나타내면 70000이 되는 자연수는 69001부터 70000까지의 자연수입니다. ···· ❶
이 중에서 가장 큰 수는 70000이고 가장 작은 수는 69001입니다. ···· ❷
따라서 가장 큰 수와 가장 작은 수의 차는 70000 − 69001 = 999입니다. ···· ❸

단계	문제 해결 과정
①	올림하여 천의 자리까지 나타내면 70000이 되는 자연수의 범위를 구했나요?
②	올림하여 천의 자리까지 나타내면 70000이 되는 자연수 중에서 가장 큰 수와 가장 작은 수를 찾았나요?
③	가장 큰 수와 가장 작은 수의 차를 구했나요?

4-1 📖 제과점에서 만든 빵을 10개씩 봉지에 담으면 874봉지에 담고 5개가 남습니다. ···· ❶

따라서 남은 빵 5개는 봉지에 담아서 팔 수 없으므로 팔 수 있는 빵은 최대 874봉지입니다. ···· ❷

단계	문제 해결 과정
①	담을 수 있는 봉지 수와 남은 빵의 수를 구했나요?
②	팔 수 있는 빵의 봉지 수를 구했나요?

4-2 📖 10원짜리 동전 287개는 2870원이고 100원짜리 동전 461개는 46100원이므로 윤서가 모은 돈은 모두 2870 + 46100 = 48970(원)입니다. ···· ❶

따라서 1000원보다 적은 돈은 바꿀 수 없으므로 1000원짜리 지폐로 최대 48000원까지 바꿀 수 있습니다. ···· ❷

단계	문제 해결 과정
①	윤서가 모은 돈은 모두 얼마인지 구했나요?
②	1000원짜리 지폐로 최대 얼마까지 바꿀 수 있는지 구했나요?

4-3 📖 (우진이네 학교 전체 학생 수)

= 252 + 285 + 297 + 307 + 344 + 400

= 1885(명) ···· ❶

따라서 1885를 반올림하여 십의 자리까지 나타내면 1890이므로 우진이네 학교 전체 학생 수를 반올림하여 십의 자리까지 나타내면 1890명입니다. ···· ❷

단계	문제 해결 과정
①	우진이네 학교 전체 학생 수를 구했나요?
②	우진이네 학교 전체 학생 수를 반올림하여 십의 자리까지 나타냈나요?

1단원 수행 평가

12~13쪽

1 29에 ○표, 16, 13, 9에 △표

2 840

3
+---+---+---+---+---+---+---+
  52 53 54 55 56 57 58 59

4 ㉡, ㉢

5 1200 / = / 1200   **6** 2명

7 46   **8** 42개

9 8   **10** 20000

---

1 27 초과인 수는 27보다 큰 수입니다. ➡ 29

16 이하인 수는 16과 같거나 작은 수입니다.

➡ 16, 13, 9

2 십의 자리 아래 수인 9를 0으로 보고 버림하면 840이 됩니다.

3 53 초과인 수는 53에 ○을 이용하여 나타내고, 57 이하인 수는 57에 ●을 이용하여 나타냅니다.

4 ㉡ 48보다 크고 50보다 작은 수의 범위이므로 48을 포함하지 않습니다.

㉢ 42와 같거나 크고 48보다 작은 수의 범위이므로 48을 포함하지 않습니다.

5 • 1201을 반올림하여 십의 자리까지 나타내면 일의 자리 숫자가 1이므로 버림하여 1200이 됩니다.

• 1196을 반올림하여 백의 자리까지 나타내면 십의 자리 숫자가 9이므로 올림하여 1200이 됩니다.

6 발 길이가 230 mm보다 크고 240 mm보다 작은 사람은 종현(231.3 mm), 태우(239.4 mm)입니다.

따라서 발 길이가 230 mm 초과 240 mm 미만인 학생은 모두 2명입니다.

7 □보다 작은 수에 45가 포함되므로 □ 안에 들어갈 수 있는 자연수는 46, 47, 48, …입니다.

따라서 □ 안에 들어갈 수 있는 가장 작은 자연수는 46입니다.

8 4.26 kg = 4260 g

설탕을 100 g씩 사용하여 빵을 만들면 빵 42개를 만들고 60 g이 남습니다.

따라서 남은 설탕 60 g으로 빵을 만들 수 없으므로 만들 수 있는 빵은 최대 42개입니다.

9 올림하여 십의 자리까지 나타내면 60이 되는 자연수는 51부터 60까지의 자연수입니다. 이 중에서 7의 배수는 56이므로 준성이가 처음에 생각한 자연수는 56 ÷ 7 = 8입니다.

서술형

10 📖 수 카드로 만들 수 있는 가장 작은 다섯 자리 수는 20348입니다. 20348을 반올림하여 천의 자리까지 나타내면 백의 자리 숫자가 3이므로 버림하여 20000이 됩니다.

평가 기준	배점
수 카드로 만들 수 있는 가장 작은 다섯 자리 수를 구했나요?	4점
만든 수를 반올림하여 천의 자리까지 나타냈나요?	6점

2 분수의 곱셈

➕ 개념 적용

14쪽

1

계산 결과가 다른 하나를 찾아 기호를 써 보세요.

$$\bigcirc\ 5\frac{1}{2}+5\frac{1}{2}+5\frac{1}{2}+5\frac{1}{2} \qquad \bigcirc\ 5\frac{1}{2}\times 4$$
$$\bigcirc\ 5+\frac{1}{2}\times 4 \qquad \bigcirc\ \frac{11}{2}\times 4$$

어떻게 풀었니?

주어진 식을 계산한 다음 계산 결과를 비교해 보자!

$\bigcirc\ 5\frac{1}{2}+5\frac{1}{2}+5\frac{1}{2}+5\frac{1}{2}$ 은 $5\frac{1}{2}$ 을 $\boxed{4}$ 번 더한 거니까 $5\frac{1}{2}\times\boxed{4}$ 와/과 같아.

$$5\frac{1}{2}+5\frac{1}{2}+5\frac{1}{2}+5\frac{1}{2}=5\frac{1}{2}\times\boxed{4}=\dfrac{\boxed{11}}{\underset{1}{2}}\times\overset{2}{\cancel{4}}=\boxed{22}$$

$\bigcirc\ 5\frac{1}{2}\times 4$ 의 계산 결과는 $\bigcirc$ 을 계산하는 과정에서 알 수 있지? $5\frac{1}{2}\times 4=\boxed{22}$ (이)야.

$\bigcirc$ 덧셈과 곱셈이 섞여 있는 식은 (덧셈 , (곱셈))을 먼저 계산해야 해.

$$5+\dfrac{1}{2}\times\overset{2}{\cancel{4}}=5+\boxed{2}=\boxed{7}$$

$\bigcirc\ \dfrac{11}{2}=5\frac{1}{2}$ 이고 $5\frac{1}{2}\times 4=\boxed{22}$ (이)니까 $\dfrac{11}{2}\times 4=\boxed{22}$ (이)야.

아~ 계산 결과가 다른 하나를 찾아 기호를 쓰면 $\bigcirc$ 이구나!

2 $\bigcirc$

3

계산 결과가 7보다 큰 식에 ○표, 7보다 작은 식에 △표 하세요.

| $7\times\dfrac{2}{9}$ | $7\times2\dfrac{3}{5}$ | $7\times\dfrac{7}{10}$ | $7\times1\dfrac{1}{2}$ | $7\times\dfrac{1}{4}$ |

어떻게 풀었니?

주어진 분수의 곱셈을 계산하지 않고 7보다 큰지 작은지 알아보자!

진분수는 1보다 작고, 대분수는 1보다 크지?
그러니까 7에 진분수를 곱하면 7보다 작아지고 7에 대분수를 곱하면 7보다 커져.

・$7\times\dfrac{2}{9}$ 에서 $\dfrac{2}{9}$ 는 ((진분수) , 대분수)니까 $7\times\dfrac{2}{9}$ $\bigcirc<$ 7이야.

・$7\times2\dfrac{3}{5}$ 에서 $2\dfrac{3}{5}$ 은 (진분수 , (대분수))니까 $7\times2\dfrac{3}{5}$ $\bigcirc>$ 7이야.

・$7\times\dfrac{7}{10}$ 에서 $\dfrac{7}{10}$ 은 ((진분수) , 대분수)니까 $7\times\dfrac{7}{10}$ $\bigcirc<$ 7이야.

・$7\times1\dfrac{1}{2}$ 에서 $1\dfrac{1}{2}$ 은 (진분수 , (대분수))니까 $7\times1\dfrac{1}{2}$ $\bigcirc>$ 7이야.

・$7\times\dfrac{1}{4}$ 에서 $\dfrac{1}{4}$ 은 ((진분수) , 대분수)니까 $7\times\dfrac{1}{4}$ $\bigcirc<$ 7이야.

아~ 계산 결과가 7보다 큰 식에 ○표, 7보다 작은 식에 △표 하면 다음과 같구나!

$7\times\dfrac{2}{9}$	$7\times2\dfrac{3}{5}$	$7\times\dfrac{7}{10}$	$7\times1\dfrac{1}{2}$	$7\times\dfrac{1}{4}$
(△)	(○)	(△)	(○)	(△)

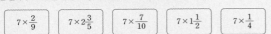

4 (○) (○) (△) (△) (○)

5

가장 큰 수와 가장 작은 수의 곱을 구해 보세요.

| $\dfrac{1}{13}$ | $\dfrac{1}{9}$ | $\dfrac{1}{10}$ | $\dfrac{1}{5}$ | $\dfrac{1}{6}$ |

어떻게 풀었니?

먼저 분수의 크기를 비교한 다음 가장 큰 수와 가장 작은 수의 곱을 구해 보자!

$\dfrac{1}{13},\ \dfrac{1}{9},\ \dfrac{1}{10},\ \dfrac{1}{5},\ \dfrac{1}{6}$ 은 모두 분자가 1로 같으니까 분모가 작을수록 ((큰) , 작은) 분수야.

분모의 크기를 비교하여 작은 수부터 차례로 쓰면 5, 6, 9, 10, 13이니까 큰 분수부터 차례로 쓰면

$$\dfrac{1}{\boxed{5}},\ \dfrac{1}{\boxed{6}},\ \dfrac{1}{\boxed{9}},\ \dfrac{1}{\boxed{10}},\ \dfrac{1}{\boxed{13}}\ \text{이야.}$$

이 중 가장 큰 수는 $\dfrac{1}{\boxed{5}}$ 이고, 가장 작은 수는 $\dfrac{1}{\boxed{13}}$ 이지.

단위분수끼리 곱할 때는 분자 1은 그대로 두고 분모끼리 곱해야 해.
그럼 가장 큰 수와 가장 작은 수를 곱해 보자.

$$\dfrac{1}{\boxed{5}}\times\dfrac{1}{\boxed{13}}=\dfrac{1}{\boxed{5}\times\boxed{13}}=\dfrac{1}{\boxed{65}}$$

아~ 가장 큰 수와 가장 작은 수의 곱은 $\dfrac{1}{\boxed{65}}$ (이)구나!

6 $\dfrac{1}{72}$

7 $\dfrac{5}{8}$

8

테니스 경기장은 가로가 $22\dfrac{7}{9}$ m, 세로가 $10\dfrac{40}{41}$ m인 직사각형 모양입니다. 테니스 경기장의 넓이는 몇 m²인지 구해 보세요.

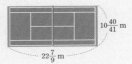

어떻게 풀었니?

직사각형 모양인 테니스 경기장의 넓이를 구해 보자!

직사각형의 넓이는 (가로)×(세로)로 구할 수 있어.
테니스 경기장의 가로와 세로는 대분수야. (대분수)×(대분수)를 계산하는 방법을 알고 있니?
(대분수)×(대분수)는 대분수를 가분수로 나타낸 후 분자는 분자끼리, 분모는 분모끼리 곱해야 해.
자, 이제 테니스 경기장의 넓이를 구해 봐.

$$(\text{테니스 경기장의 넓이})=\boxed{22}\dfrac{\boxed{7}}{9}\times\boxed{10}\dfrac{\boxed{40}}{41}$$
$$=\dfrac{\overset{5}{\cancel{205}}}{\underset{1}{9}}\times\dfrac{\overset{50}{\cancel{450}}}{\underset{1}{41}}=\boxed{250}\ (\text{m}^2)$$

아~ 테니스 경기장의 넓이는 $\boxed{250}$ m²구나!

9 $495\ \text{m}^2$

2
$\bigcirc\ 4\dfrac{2}{9}\times3=\dfrac{38}{\underset{3}{\cancel{9}}}\times\overset{1}{\cancel{3}}=\dfrac{38}{3}=12\dfrac{2}{3}$

$\bigcirc\ (4\times3)+\left(\dfrac{2}{\underset{3}{\cancel{9}}}\times\overset{1}{\cancel{3}}\right)=12+\dfrac{2}{3}=12\dfrac{2}{3}$

$\bigcirc\ 4\dfrac{2}{9}+4\dfrac{2}{9}+4\dfrac{2}{9}=4\dfrac{2}{9}\times3=12\dfrac{2}{3}$

$\bigcirc\ 4+\dfrac{2\times\overset{1}{\cancel{3}}}{\underset{3}{\cancel{9}}}=4+\dfrac{2}{3}=4\dfrac{2}{3}$

따라서 계산 결과가 다른 하나는 $\bigcirc$ 입니다.

4 어떤 수에 진분수를 곱하면 곱한 결과는 어떤 수보다 작고, 어떤 수에 대분수를 곱하면 곱한 결과는 어떤 수보다 큽니다.

6 분자가 1로 같으므로 분모가 작을수록 큰 분수입니다.

$\dfrac{1}{4} > \dfrac{1}{7} > \dfrac{1}{8} > \dfrac{1}{15} > \dfrac{1}{18}$ 이므로 가장 큰 수와 가장 작은 수의 곱은 $\dfrac{1}{4} \times \dfrac{1}{18} = \dfrac{1}{72}$ 입니다.

7 분모의 최소공배수 24를 공통분모로 하여 통분한 후 분수의 크기를 비교하면

$\dfrac{5}{6}\left(=\dfrac{20}{24}\right) > \dfrac{3}{4}\left(=\dfrac{18}{24}\right) > \dfrac{17}{24} > \dfrac{7}{12}\left(=\dfrac{14}{24}\right)$

이므로 가장 큰 수와 두 번째로 큰 수의 곱은

$\overset{1}{\underset{2}{\dfrac{5}{6}}} \times \dfrac{\overset{}{3}}{4} = \dfrac{5}{8}$ 입니다.

9 (잔디밭의 넓이) = (가로) × (세로)

$= 32\dfrac{5}{8} \times 15\dfrac{5}{29} = \dfrac{\overset{9}{261}}{\underset{1}{8}} \times \dfrac{\overset{55}{440}}{\underset{1}{29}}$

$= 495 \ (\text{m}^2)$

🖊 쓰기 쉬운 서술형 18쪽

1 $5\dfrac{1}{5}$, 9, 26, 9, 234, $46\dfrac{4}{5}$, $46\dfrac{4}{5}$ / $46\dfrac{4}{5}$ kg

1-1 $7\dfrac{1}{2}$ kg

1-2 $\dfrac{8}{35}$

1-3 $\dfrac{3}{20}$

2 13, 13, 169, $4\dfrac{1}{42}$, $4\dfrac{1}{42}$, 1, 2, 3, 4, 4 / 4개

2-1 3개

2-2 14

2-3 7

3 $4\dfrac{1}{3}$, $1\dfrac{3}{4}$, $4\dfrac{1}{3}$, $1\dfrac{3}{4}$, 13, 7, 91, $7\dfrac{7}{12}$ / $7\dfrac{7}{12}$

3-1 $\dfrac{1}{432}$

4 $\dfrac{1}{5}$, $\dfrac{3}{8}$, $\dfrac{3}{8}$, $\dfrac{1}{5}$, 15, 8, 23, $\dfrac{23}{40}$, $\dfrac{1}{5}$, $\dfrac{23}{200}$ / $\dfrac{23}{200}$

4-1 $2\dfrac{1}{24}$

1-1 예 (철근 $1\dfrac{4}{5}$ m의 무게)

= (철근 1 m의 무게) × (철근의 길이)

$= 4\dfrac{1}{6} \times 1\dfrac{4}{5} = \dfrac{\overset{5}{25}}{\underset{2}{6}} \times \dfrac{\overset{3}{9}}{\underset{1}{5}}$

$= \dfrac{15}{2} = 7\dfrac{1}{2} \ (\text{kg})$ ···· ❶

따라서 철근 $1\dfrac{4}{5}$ m의 무게는 $7\dfrac{1}{2}$ kg입니다. ···· ❷

단계	문제 해결 과정
①	철근 $1\dfrac{4}{5}$ m의 무게를 구하는 과정을 썼나요?
②	철근 $1\dfrac{4}{5}$ m의 무게를 구했나요?

1-2 예 배추를 심고 난 나머지는 전체의 $1 - \dfrac{4}{7} = \dfrac{3}{7}$ 입니다. ···· ❶

따라서 지성이네 밭에서 무를 심은 부분은 전체의

$\dfrac{\overset{1}{3}}{7} \times \dfrac{8}{\underset{5}{15}} = \dfrac{8}{35}$ 입니다. ···· ❷

단계	문제 해결 과정
①	배추를 심고 난 나머지는 전체의 몇 분의 몇인지 구했나요?
②	무를 심은 부분은 전체의 몇 분의 몇인지 구했나요?

1-3 예 여학생은 전체의 $\dfrac{1}{2}$ 이고, 과일을 좋아하는 여학생은 전체의 $\dfrac{1}{2} \times \dfrac{4}{5}$ 이므로 포도를 좋아하는 여학생은 전체의 $\dfrac{1}{2} \times \dfrac{\overset{1}{4}}{5} \times \dfrac{3}{\underset{2}{8}} = \dfrac{3}{20}$ 입니다. ···· ❶

따라서 하연이네 반에서 포도를 좋아하는 여학생은 전체의 $\dfrac{3}{20}$ 입니다. ···· ❷

단계	문제 해결 과정
①	포도를 좋아하는 여학생은 전체의 몇 분의 몇인지 구하는 과정을 썼나요?
②	포도를 좋아하는 여학생은 전체의 몇 분의 몇인지 구했나요?

2-1 ⓔ $\overset{2}{\cancel{10}} \times \dfrac{3}{\cancel{5}} = 6$, $\overset{2}{\cancel{14}} \times \dfrac{5}{\cancel{7}} = 10$이므로 $6 < \square < 10$

입니다. ---- ❶

따라서 □ 안에 들어갈 수 있는 자연수는 7, 8, 9로 모두 3개입니다. ---- ❷

단계	문제 해결 과정
①	분수의 곱셈을 계산하여 □의 범위를 구했나요?
②	□ 안에 들어갈 수 있는 자연수의 개수를 구했나요?

2-2 ⓔ $1\dfrac{1}{6} \times \dfrac{5}{8} \times 1\dfrac{2}{7} = \dfrac{\overset{1}{\cancel{7}}}{\underset{2}{\cancel{6}}} \times \dfrac{5}{8} \times \dfrac{\overset{3}{\cancel{9}}}{\underset{1}{\cancel{7}}} = \dfrac{15}{16}$이므로

$\dfrac{\square}{16} < \dfrac{15}{16}$에서 $\square < 15$입니다. ---- ❶

따라서 □ 안에 들어갈 수 있는 자연수는 1부터 14까지의 자연수이므로 이 중에서 가장 큰 수는 14입니다. ---- ❷

단계	문제 해결 과정
①	세 분수의 곱셈을 계산하여 □의 범위를 구했나요?
②	□ 안에 들어갈 수 있는 자연수 중에서 가장 큰 수를 구했나요?

2-3 ⓔ $\dfrac{\overset{1}{\cancel{5}}}{\underset{8}{\cancel{32}}} \times \dfrac{\overset{1}{\cancel{4}}}{\underset{3}{\cancel{15}}} = \dfrac{1}{24}$, $\dfrac{1}{4} \times \dfrac{1}{\square} = \dfrac{1}{4 \times \square}$이므로

$\dfrac{1}{24} > \dfrac{1}{4 \times \square}$에서 $24 < 4 \times \square$입니다. ---- ❶

따라서 □ 안에 들어갈 수 있는 자연수는 7, 8, 9, 10, ...이므로 이 중에서 가장 작은 수는 7입니다. ---- ❷

단계	문제 해결 과정
①	분수의 곱셈을 계산하여 □의 범위를 구했나요?
②	□ 안에 들어갈 수 있는 자연수 중에서 가장 작은 수를 구했나요?

3-1 ⓔ 분모가 클수록 계산 결과가 작아집니다.

$9 > 8 > 6 > 5 > 2$이므로 계산 결과가 가장 작은

곱셈식은 $\dfrac{1}{9} \times \dfrac{1}{8} \times \dfrac{1}{6} = \dfrac{1}{432}$입니다. ---- ❶

따라서 계산 결과가 가장 작을 때의 곱은 $\dfrac{1}{432}$입니다. ---- ❷

단계	문제 해결 과정
①	계산 결과가 가장 작을 때의 곱을 구하는 과정을 썼나요?
②	계산 결과가 가장 작을 때의 곱을 구했나요?

4-1 ⓔ 어떤 분수를 □라고 하면 $\square + 1\dfrac{3}{4} = 2\dfrac{11}{12}$이므로

$\square = 2\dfrac{11}{12} - 1\dfrac{3}{4} = 2\dfrac{11}{12} - 1\dfrac{9}{12} = 1\dfrac{\overset{1}{\cancel{2}}}{\underset{6}{\cancel{12}}} = 1\dfrac{1}{6}$

입니다. ---- ❶

따라서 바르게 계산한 값은

$1\dfrac{1}{6} \times 1\dfrac{3}{4} = \dfrac{7}{6} \times \dfrac{7}{4} = \dfrac{49}{24} = 2\dfrac{1}{24}$입니다. ---- ❷

단계	문제 해결 과정
①	어떤 분수를 구했나요?
②	바르게 계산한 값을 구했나요?

2단원 수행 평가 *24~25쪽*

1 9, $2\dfrac{1}{4}$

2 $1\dfrac{3}{5} \times 3\dfrac{1}{3} = \dfrac{8}{\cancel{5}} \times \dfrac{\overset{2}{\cancel{10}}}{3} = \dfrac{16}{3} = 5\dfrac{1}{3}$

3 (1) $2\dfrac{2}{5}$ (2) $\dfrac{5}{6}$ **4** $1\dfrac{1}{14}$, $22\dfrac{1}{2}$

5 $\dfrac{1}{27}$ **6** 영재

7 $3\dfrac{3}{4}$ cm²   **8** 9000원

9 $\dfrac{21}{64}$ **10** $\dfrac{3}{4}$

1 $\dfrac{3}{4} \times 3 = \dfrac{3}{4} + \dfrac{3}{4} + \dfrac{3}{4} = \dfrac{9}{4} = 2\dfrac{1}{4}$

3 (1) $\overset{2}{\cancel{14}} \times \dfrac{6}{\underset{5}{\cancel{35}}} = \dfrac{12}{5} = 2\dfrac{2}{5}$

(2) $1\dfrac{4}{5} \times \dfrac{2}{9} \times 2\dfrac{1}{12} = \dfrac{\overset{1}{\cancel{9}}}{\underset{1}{\cancel{5}}} \times \dfrac{\overset{1}{\cancel{2}}}{\underset{1}{\cancel{9}}} \times \dfrac{\overset{5}{\cancel{25}}}{\underset{6}{\cancel{12}}} = \dfrac{5}{6}$

4 $\dfrac{6}{7} \times 1\dfrac{1}{4} = \dfrac{\overset{3}{\cancel{6}}}{7} \times \dfrac{5}{\underset{2}{\cancel{4}}} = \dfrac{15}{14} = 1\dfrac{1}{14}$

$1\dfrac{1}{14} \times 21 = \dfrac{15}{\underset{2}{\cancel{14}}} \times \overset{3}{\cancel{21}} = \dfrac{45}{2} = 22\dfrac{1}{2}$

5 단위분수는 분모가 클수록 작은 분수입니다.

$\frac{1}{3} > \frac{1}{4} > \frac{1}{7} > \frac{1}{9}$ 이므로 가장 큰 수와 가장 작은 수

의 곱은 $\frac{1}{3} \times \frac{1}{9} = \frac{1}{27}$ 입니다.

6 민수: 1 m는 100 cm이므로 1 m의 $\frac{1}{2}$은

$\overset{50}{\cancel{100}} \times \frac{1}{\underset{1}{\cancel{2}}} = 50$ (cm)입니다.

영재: 1시간은 60분이므로 1시간의 $\frac{1}{4}$은

$\overset{15}{\cancel{60}} \times \frac{1}{\underset{1}{\cancel{4}}} = 15$(분)입니다.

7 (직사각형의 넓이) = (가로) × (세로)

$$= 2\frac{1}{4} \times 1\frac{2}{3} = \frac{\overset{3}{\cancel{9}}}{4} \times \frac{5}{\underset{1}{\cancel{3}}}$$

$$= \frac{15}{4} = 3\frac{3}{4} \text{ (cm}^2\text{)}$$

8 전체 입장료는 $2000 \times 6 = 12000$(원)이므로

할인 기간에 $\overset{3000}{\cancel{12000}} \times \frac{3}{\underset{1}{\cancel{4}}} = 9000$(원)을 내야 합니다.

9 만들 수 있는 진분수는 $\frac{3}{7}$, $\frac{3}{8}$, $\frac{7}{8}$이고 이 중 가장 큰 진

분수는 $\frac{7}{8}$, 가장 작은 진분수는 $\frac{3}{8}$입니다.

따라서 가장 큰 진분수와 가장 작은 진분수의 곱은

$\frac{7}{8} \times \frac{3}{8} = \frac{21}{64}$입니다.

서술형
10 예) 가 대신에 $\frac{3}{64}$을, 나 대신에 4를 넣습니다.

따라서 $\frac{3}{64} ⊚ 4 = \frac{3}{\underset{16}{\underset{4}{\cancel{64}}}} \times \cancel{4}^{1} \times \cancel{4}^{1} = \frac{3}{4}$입니다.

평가 기준	배점
$\frac{3}{64} ⊚ 4$를 계산하는 식을 세웠나요?	4점
$\frac{3}{64} ⊚ 4$의 값을 구했나요?	6점

3 합동과 대칭

➕ 개념 적용
26쪽

1

2 25°

3

4 정팔각형, 4개

5 직선 ㅅㅇ을 대칭축으로 하는 선대칭도형입니다. 각 ㄴㄷㄹ의 크기를 구해 보세요.

6 115°

7 선대칭도형도 되고 점대칭도형도 되는 것은 모두 몇 개인지 구해 보세요.

A D H K N P S V X

8 3개

---

2 각 ㄹㅂㅁ의 대응각은 각 ㄱㄴㄷ입니다. 삼각형 ㄱㄴㄷ
에서 삼각형의 세 각의 크기의 합은 180°이므로

(각 ㄹㅂㅁ) = (각 ㄱㄴㄷ)

= 180° − (35° + 120°)

= 25°입니다.

4

정사각형의 대칭축은 4개이고, 정팔각형의 대칭축은 8개
입니다.
따라서 정팔각형의 대칭축이 8 − 4 = 4(개) 더 많습니다.

6 대응각의 크기는 서로 같으므로

(각 ㄹㄷㄴ) = (각 ㄱㄴㄷ) = 65°이고,

대응점끼리 이은 선분은 대칭축과 수직으로 만나므로

(각 ㄹㅁㅂ) = (각 ㄷㅁㅂ) = 90°입니다.

사각형 ㅁㅂㄷㄹ에서 사각형의 네 각의 크기의 합은
360°이므로

(각 ㄱㄹㄷ) = 360° − (90° + 90° + 65°)

= 360° − 245° = 115°입니다.

8 선대칭도형: ㄷ, ㅁ, ㅂ, ㅅ, ㅇ, ㅍ
점대칭도형: ㄹ, ㅁ, ㅇ, ㅍ
따라서 선대칭도형도 되고 점대칭도형도 되는 것은
ㅁ, ㅇ, ㅍ으로 모두 3개입니다.

▤ 쓰기 쉬운 서술형   30쪽

1 10, 12, 10, 12, 29 / 29 cm

1-1 21 cm

1-2 84 cm²

1-3 148 cm

2 180, 180, 75, 75, 180, 75, 75, 30 / 30°

2-1 140°

3 ㉠, ㉡, ㉣, 3 / 3개

3-1 2개

4 7, 4, 9, 9, 4, 40 / 40 cm

4-1 24 cm

4-2 72 cm

4-3 6 cm

1-1 ⑩ 각각의 대응변의 길이가 서로 같으므로

(변 ㄱㄴ) = (변 ㅇㅅ) = 5 cm,

(변 ㄷㄹ) = (변 ㅂㅁ) = 6 cm입니다. ···· ❶

따라서 사각형 ㄱㄴㄷㄹ의 둘레는

$5 + 6 + 6 + 4 = 21$ (cm)입니다. ···· ❷

단계	문제 해결 과정
①	변 ㄱㄴ과 변 ㄷㄹ의 길이를 각각 구했나요?
②	사각형 ㄱㄴㄷㄹ의 둘레를 구했나요?

1-2 ⑩ 대응변의 길이가 서로 같으므로

(변 ㄷㄹ) = (변 ㅂㅅ) = 12 cm입니다. ···· ❶

따라서 직사각형 ㄱㄴㄷㄹ의 넓이는

$7 × 12 = 84$ (cm²)입니다. ···· ❷

단계	문제 해결 과정
①	직사각형 ㄱㄴㄷㄹ의 세로의 길이를 구했나요?
②	직사각형 ㄱㄴㄷㄹ의 넓이를 구했나요?

1-3 ⑩ 각각의 대응변의 길이가 서로 같으므로

(변 ㄱㅁ) = (변 ㄹㄷ) = 14 cm,

(변 ㄹㅁ) = (변 ㄱㄴ) = 34 cm입니다. ···· ❶

따라서 사각형 ㄱㄴㄷㄹ의 둘레는

$34 + 52 + 14 + 34 + 14 = 148$ (cm)입니다. ···· ❷

단계	문제 해결 과정
①	변 ㄱㅁ과 변 ㄹㅁ의 길이를 각각 구했나요?
②	사각형 ㄱㄴㄷㄹ의 둘레를 구했나요?

2-1 ⑩ 삼각형의 세 각의 크기의 합은 180°이므로

각 ㄹㄴㄷ은 $180° - (30° + 130°) = 20°$입니다.

대응각의 크기가 서로 같으므로

(각 ㄱㄷㄴ) = (각 ㄹㄴㄷ) = 20°입니다. ···· ❶

따라서 삼각형 ㅁㄴㄷ에서 각 ㄴㅁㄷ은

$180° - (20° + 20°) = 140°$입니다. ···· ❷

단계	문제 해결 과정
①	각 ㄱㄷㄴ의 크기를 구했나요?
②	각 ㄴㅁㄷ의 크기를 구했나요?

3-1 ⑩ 어떤 점을 중심으로 180° 돌렸을 때 처음 도형과 완전히 겹치는 도형을 모두 찾으면 ㄴ, ㄷ입니다. ···· ❶

따라서 점대칭도형은 모두 2개입니다. ···· ❷

단계	문제 해결 과정
①	점대칭도형을 모두 찾았나요?
②	점대칭도형의 개수를 구했나요?

4-1 ⑩ 각각의 대응변의 길이가 서로 같으므로

(변 ㄱㄴ) = (변 ㄹㅁ) = 3 cm,

(변 ㄷㄹ) = (변 ㅂㄱ) = 5 cm,

(변 ㅁㅂ) = (변 ㄴㄷ) = 4 cm입니다. ···· ❶

따라서 도형의 둘레는 $(3 + 4 + 5) × 2 = 24$ (cm)입니다. ···· ❷

단계	문제 해결 과정
①	변 ㄱㄴ, 변 ㄷㄹ, 변 ㅁㅂ의 길이를 각각 구했나요?
②	도형의 둘레를 구했나요?

4-2 ⑩ 선대칭도형은 대칭축을 중심으로 양쪽 모양이 같으므로 완성한 선대칭도형의 둘레는 주어진 한쪽 모양의 선분의 길이의 합의 2배입니다. ···· ❶

따라서 완성한 선대칭도형의 둘레는

$(11 + 8 + 7 + 10) × 2 = 72$ (cm)입니다. ···· ❷

단계	문제 해결 과정
①	완성한 선대칭도형의 둘레와 주어진 한쪽 모양의 선분의 길이 관계를 알았나요?
②	완성한 선대칭도형의 둘레를 구했나요?

4-3 ⑩ 점대칭도형은 각각의 대응변의 길이가 서로 같으므로 변 ㄱㄴ, 변 ㄴㄷ, 변 ㄷㄹ, 변 ㄹㅁ의 길이의 합은 둘레의 반인 $30 ÷ 2 = 15$ (cm)입니다. ···· ❶

따라서 변 ㄹㅁ은 $15 - (4 + 2 + 3) = 6$ (cm)입니다. ···· ❷

단계	문제 해결 과정
①	변 ㄱㄴ, 변 ㄴㄷ, 변 ㄷㄹ, 변 ㄹㅁ의 길이의 합을 구했나요?
②	변 ㄹㅁ의 길이를 구했나요?

3 단원 **수행 평가** 36~37쪽

1 가와 바, 다와 라

2

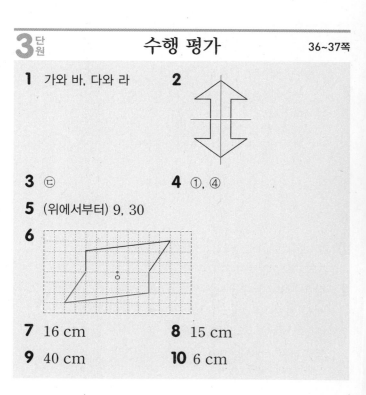

3 ㉢

4 ①, ④

5 (위에서부터) 9, 30

6

7 16 cm

8 15 cm

9 40 cm

10 6 cm

1 모양과 크기가 같아서 포개었을 때 완전히 겹치는 도형은 가와 바, 다와 라입니다.

2 도형이 완전히 겹치게 접을 수 있는 직선을 그립니다.

3 ㉢ 각 ㄱㄴㄷ의 대응각은 각 ㅇㅅㅂ입니다.

4 • 선대칭도형: ①, ②, ③, ④
• 점대칭도형: ①, ④, ⑤
따라서 선대칭도형이면서 점대칭도형인 것은 ①, ④입니다.

5 점대칭도형에서 대응변의 길이와 대응각의 크기는 각각 같습니다.

6 ① 각 점에서 대칭의 중심인 점 ㅇ을 지나는 직선을 긋습니다.
② 각 점에서 대칭의 중심까지의 길이가 같도록 대응점을 찾아 표시합니다.
③ 대응점을 모두 이어 점대칭도형을 완성합니다.

7 대응점에서 대칭축까지의 거리가 서로 같으므로
(선분 ㄷㅂ) = (선분 ㄴㅂ) = 8 cm입니다.
➡ (선분 ㄴㄷ) = (선분 ㄴㅂ) + (선분 ㄷㅂ)
$\qquad$ = 8 + 8 = 16 (cm)

8 대응변의 길이가 서로 같으므로
(변 ㄱㄷ) = (변 ㄹㅁ) = 3 cm입니다.
따라서 삼각형 ㄱㄴㄷ의 둘레는 7 + 5 + 3 = 15 (cm)입니다.

9

(완성한 선대칭도형의 둘레) = (5 + 4 + 6 + 5) × 2
$\qquad$ = 20 × 2 = 40 (cm)

서술형
10 예 각각의 대응점에서 대칭의 중심까지의 거리가 서로 같으므로 (선분 ㄴㅇ) = (선분 ㄹㅇ) = 7 cm입니다.
(선분 ㄱㄷ) = 26 − (7 + 7) = 12 (cm)이므로
(선분 ㅇㄷ) = 12 ÷ 2 = 6 (cm)입니다.

평가 기준	배점
선분 ㄱㄷ의 길이를 구했나요?	5점
선분 ㅇㄷ의 길이를 구했나요?	5점

4 소수의 곱셈

➕ 개념 적용
38쪽

1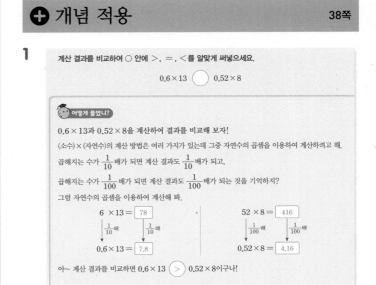

2 <

3 ㉡

4
어림하여 계산 결과가 20보다 작은 것을 찾아 ○표 하세요.

| 9의 1.9배 | 7×3.49 | 8의 3.09 |

어떻게 풀었니?

(자연수)×(소수)를 계산하지 않고 어림하여 계산 결과가 20보다 작은 걸 찾아보자!
곱해지는 수가 같을 때 곱하는 수가 클수록 곱이 더 큰 건 알고 있지?
자, 곱하는 소수를 계산하기 쉬운 자연수로 어림하여 계산해 보자.

• 1.9<2니까 (9의 1.9배) < (9의 2배)야. 즉, 9의 1.9배는 9의 2배인 18 보다 작지.
• 3.49>3이니까 7×3.49 > 7×3이야. 즉, 7×3.49는 7×3인 21 보다 크지.
• 3.09>3이니까 (8의 3.09) > (8의 3배)야. 즉, 8의 3.09는 8의 3배인 24 보다 크지.

아~ 어림하여 계산 결과가 20보다 작은 것을 찾아 ○표 하면 다음과 같구나!

| 9의 1.9배 | 7×3.49 | 8의 3.09 |
| (○) | ( ) | ( ) |

5 ( )( )(○)

6 ㉠, ㉡

7

떨어진 높이의 0.8배만큼 튀어 오르는 공이 있습니다. 이 공을 2.8 m의 높이에서 떨어뜨렸을 때 공이 두 번째로 튀어 오른 높이는 몇 m인지 구해 보세요.

2.8 m

어떻게 풀었니?

그림을 보고 첫 번째로 튀어 오른 공의 높이를 구한 다음 두 번째로 튀어 오른 공의 높이를 구해 보자!

2.8 m

첫 번째 두 번째

첫 번째로 튀어 오른 공의 높이는 떨어진 높이의 0.8배니까 $2.8 \times 0.8 = 2.24$ (m)야.
두 번째로 튀어 오른 공의 높이는 첫 번째로 튀어 오른 공의 높이의 0.8배니까 $2.24 \times 0.8 = 1.792$ (m)야.

아~ 두 번째로 튀어 오른 공의 높이는 1.792 m구나!

8 1.8 m

9

$24 \times 7 = 168$을 이용하여 □ 안에 알맞은 수를 써넣으세요.

• □ $\times 7 = 1.68$
• $24 \times$ □ $= 0.168$

어떻게 풀었니?

(소수) × (자연수), (자연수) × (소수)의 곱의 소수점 위치의 규칙을 이용하여 □ 안에 알맞은 수를 구해 보자.

• 곱하는 수가 같을 때 곱의 소수점이 왼쪽으로 옮겨진 자리 수만큼 곱해지는 수의 소수점도 똑같이 왼쪽으로 옮겨지는 것을 알고 있니?
168의 소수점을 왼쪽으로 두 자리 옮기면 1.68이 되니까 24의 소수점도 똑같이 왼쪽으로 두 자리 옮겨야 해.

$24 \times 7 = 168$ ➡ $0.24 \times 7 = 1.68$
소수점을 왼쪽으로 두 자리 옮기기

• 곱해지는 수가 같을 때 곱의 소수점이 왼쪽으로 옮겨진 자리 수만큼 곱하는 수의 소수점도 똑같이 왼쪽으로 옮겨지는 것도 알고 있지?
168의 소수점을 왼쪽으로 세 자리 옮기면 0.168이 되니까 7의 소수점도 똑같이 왼쪽으로 세 자리 옮겨야 해.

$24 \times 7 = 168$ ➡ $24 \times 0.007 = 0.168$
소수점을 왼쪽으로 세 자리 옮기기

아~ $0.24 \times 7 = 1.68$, $24 \times 0.007 = 0.168$이구나!

10 0.09, 0.065

2 $2.9 \times 6 = 17.4$, $3.63 \times 5 = 18.15$
➡ $2.9 \times 6 < 3.63 \times 5$

3 ㉠ $0.85 \times 9 = 7.65$ ㉡ $1.4 \times 7 = 9.8$
㉢ $2.16 \times 4 = 8.64$
따라서 $9.8 > 8.64 > 7.65$이므로 계산 결과가 가장 큰 것은 ㉡입니다.

5 • 7의 5.02는 7의 5배인 35보다 조금 큽니다.
• 8의 4.2배는 8의 4배인 32보다 큽니다.
• 4×6.94는 4×7인 28보다 작습니다.
따라서 어림하여 계산 결과가 30보다 작은 것은 4×6.94입니다.

6 ㉠ 5×7.86은 5×8인 40보다 작습니다.
㉡ 9의 3.96은 9의 4배인 36보다 작습니다.
㉢ 6의 7.02배는 6의 7배인 42보다 조금 큽니다.
따라서 어림하여 계산 결과가 40보다 작은 것을 모두 찾아 기호를 쓰면 ㉠, ㉡입니다.

8 (첫 번째로 튀어 오른 공의 높이)
$= 3.2 \times 0.75 = 2.4$ (m)
(두 번째로 튀어 오른 공의 높이)
$= 2.4 \times 0.75 = 1.8$ (m)

10 • 곱의 소수점이 585에서 5.85로 왼쪽으로 두 자리 옮겨졌으므로 □ $= 0.09$입니다.
• 곱의 소수점이 585에서 0.585로 왼쪽으로 세 자리 옮겨졌으므로 □ $= 0.065$입니다.

쓰기 쉬운 서술형
42쪽

1 1.5, 12.4, 18.6, 18.6 / 18.6 km
1-1 182.4 cm
1-2 48 L
1-3 42.735 km
2 9.4, 6, 56.4, 56.4 / 56.4 cm²
2-1 13.69 cm²
2-2 가
2-3 28.08 m²
3 5, 3, 5.2, 37.96, 5.3, 38.16, 38.16 / 38.16
3-1 25.16
4 100, 815, 8.15, 8.15, 8150 / 8150
4-1 37.9

1-1 ⓔ (아버지의 키) = (지윤이의 키) × 1.2
         = 152 × 1.2 = 182.4 (cm) ···· ❶
따라서 아버지의 키는 182.4 cm입니다. ···· ❷

단계	문제 해결 과정
①	아버지의 키를 구하는 과정을 썼나요?
②	아버지의 키를 구했나요?

1-2 ⓔ 9월은 30일입니다. ···· ❶
따라서 세진이가 9월 한 달 동안 마시는 물은
(하루에 마시는 물의 양) × (날수)
= 1.6 × 30 = 48 (L)입니다. ···· ❷

단계	문제 해결 과정
①	9월의 날수를 구했나요?
②	9월 한 달 동안 마시는 물의 양을 구했나요?

1-3 ⓔ 3시간 30분 = $3\frac{30}{60}$ 시간 = $3\frac{5}{10}$ 시간 = 3.5시간
입니다. ···· ❶
따라서 민경이가 달린 거리는
12.21 × 3.5 = 42.735 (km)입니다. ···· ❷

단계	문제 해결 과정
①	3시간 30분은 몇 시간인지 소수로 나타냈나요?
②	민경이가 달린 거리를 구했나요?

2-1 ⓔ (정사각형의 넓이)
       = (한 변의 길이) × (한 변의 길이)
       = 3.7 × 3.7 = 13.69 (cm²) ···· ❶
따라서 정사각형의 넓이는 13.69 cm²입니다. ···· ❷

단계	문제 해결 과정
①	정사각형의 넓이를 구하는 과정을 썼나요?
②	정사각형의 넓이를 구했나요?

2-2 ⓔ (직사각형 가의 넓이) = (가로) × (세로)
                  = 3.4 × 3.5 = 11.9 (cm²)
(평행사변형 나의 넓이) = (밑변의 길이) × (높이)
                  = 4.5 × 2.6 = 11.7 (cm²)
                                      ···· ❶
11.9 > 11.7이므로 직사각형 가의 넓이가 더 넓습니다. ···· ❷

단계	문제 해결 과정
①	직사각형 가와 평행사변형 나의 넓이를 각각 구했나요?
②	두 도형의 넓이를 바르게 비교했나요?

2-3 ⓔ (새로운 꽃밭의 가로) = 6.5 × 1.2 = 7.8 (m)
(새로운 꽃밭의 세로) = 3 × 1.2 = 3.6 (m) ···· ❶
따라서 새로운 꽃밭의 넓이는 7.8 × 3.6 = 28.08 (m²)
입니다. ···· ❷

단계	문제 해결 과정
①	새로운 꽃밭의 가로와 세로를 각각 구했나요?
②	새로운 꽃밭의 넓이를 구했나요?

3-1 ⓔ 곱이 가장 작으려면 일의 자리에 가장 작은 수와 두
번째로 작은 수를 넣어야 하므로 일의 자리에 3과 6을,
소수 첫째 자리에 7과 8을 넣습니다.
➡ 3.7 × 6.8 = 25.16, 3.8 × 6.7 = 25.46 ···· ❶
따라서 곱이 가장 작을 때의 곱은 25.16입니다. ···· ❷

단계	문제 해결 과정
①	곱이 가장 작은 곱셈식을 만들었나요?
②	곱이 가장 작을 때의 곱을 구했나요?

4-1 ⓔ 어떤 소수를 □라고 하면 □ × 1000 = 379입니다.
□의 소수점을 오른쪽으로 세 자리 옮기면 379가 되므로
□ = 0.379입니다. ···· ❶
따라서 바르게 계산하면 0.379 × 100 = 37.9입니다.
                                      ···· ❷

단계	문제 해결 과정
①	어떤 소수를 구했나요?
②	바르게 계산한 값을 구했나요?

4단원 **수행 평가** 48~49쪽

1 36, 36, 252, 2.52	**2** 54, 5.4
3 (1) 7.2 (2) 8.4	**4** ⑤
5 0.038	**6** ㄷ
7 승현	**8** 4개
9 6.3 kg	**10** 16.125 L

1 $0.36 = \dfrac{36}{100}$ 이므로 0.36×7은 $\dfrac{36}{100} \times 7$로 나타내어 계산할 수 있습니다.

2 곱하는 수가 $\dfrac{1}{10}$ 배가 되면 계산 결과도 $\dfrac{1}{10}$ 배가 됩니다.

3 (1) $18 \times 4 = 72 \Rightarrow 1.8 \times 4 = 7.2$
(2) $24 \times 35 = 840 \Rightarrow 24 \times 0.35 = 8.4$

4 ①, ②, ③, ④ 4706 ⑤ 47.06

5 ㉠ $0.32 \times 0.8 = 0.256$
㉡ $0.6 \times 0.49 = 0.294$
따라서 $0.256 < 0.294$이므로
㉡ $-$ ㉠ $= 0.294 - 0.256 = 0.038$입니다.

6 ㉠ 46에서 0.46으로 소수점이 왼쪽으로 두 자리 옮겨졌으므로 $\square = 0.01$입니다.
㉡ 124에서 1.24로 소수점이 왼쪽으로 두 자리 옮겨졌으므로 $\square = 0.01$입니다.
㉢ 2730에서 2.73으로 소수점이 왼쪽으로 세 자리 옮겨졌으므로 $\square = 0.001$입니다.

7 나무의 길이를 같은 단위로 나타내어 길이를 비교합니다.
$1\,\mathrm{m} = 100\,\mathrm{cm}$이므로 $0.51\,\mathrm{m} = 51\,\mathrm{cm}$입니다.
따라서 $51 > 50.1$이므로 승현이가 키우는 나무가 더 큽니다.

8 $5 \times 4.3 = 21.5$, $9.2 \times 2.8 = 25.76$이므로
$21.5 < \square < 25.76$입니다.
따라서 $\square$ 안에 들어갈 수 있는 자연수는 22, 23, 24, 25로 모두 4개입니다.

9 (민의가 사용한 고령토의 무게)
$= 10 \times 0.37 = 3.7\,(\mathrm{kg})$
$\Rightarrow$ (남은 고령토의 무게)
$= 10 - 3.7 = 6.3\,(\mathrm{kg})$

서술형
10 예 3시간 45분 $= 3\dfrac{45}{60}$ 시간 $= 3\dfrac{3}{4}$ 시간 $= 3.75$시간
따라서 필요한 휘발유는 $4.3 \times 3.75 = 16.125\,(\mathrm{L})$입니다.

평가 기준	배점
3시간 45분은 몇 시간인지 소수로 나타냈나요?	4점
필요한 휘발유의 양을 구했나요?	6점

5 직육면체

➕ 개념 적용
50쪽

1
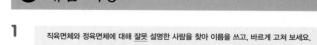

직육면체와 정육면체에 대해 잘못 설명한 사람을 찾아 이름을 쓰고, 바르게 고쳐 보세요.

이안: 직육면체와 정육면체는 면, 모서리, 꼭짓점의 수가 각각 같습니다.
솔지: 정육면체는 직육면체라고 할 수 있습니다.
상우: 직육면체와 정육면체는 면의 모양이 정사각형입니다.

어떻게 풀었니?
먼저 직육면체와 정육면체의 특징을 알아보고 잘못 설명한 사람을 찾아보자!

도형	면의 수(개)	모서리의 수(개)	꼭짓점의 수(개)	면의 모양
직육면체	6	12	8	직사각형
정육면체	6	12	8	정사각형

이안: 직육면체와 정육면체는 면, 모서리, 꼭짓점의 수가 각각 ((같아), 달라).
솔지: 정육면체의 면의 모양은 [정사각형] 이고 정사각형은 직사각형이라고 할 수 있으니까 정육면체는 직육면체라고 할 수 ((있어), 없어).
상우: 정육면체는 면의 모양이 [정사각형] (이)야.
아~ 잘못 설명한 사람은 [상우] 이고, 바르게 고치면 다음과 같구나!

바르게 고치기
직육면체는 면의 모양이 [직사각형] 이고, 정육면체는 면의 모양이 [정사각형] 입니다.

2 윤재 / 예 직육면체는 모서리가 12개입니다.

3
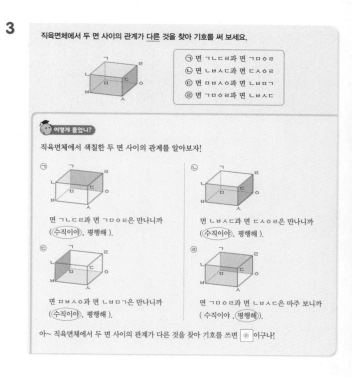

직육면체에서 두 면 사이의 관계가 다른 것을 찾아 기호를 써 보세요.

㉠ 면 ㄱㄴㄷㄹ과 면 ㄱㅁㅇㄹ
㉡ 면 ㄴㅂㅅㄷ과 면 ㄷㅅㅇㄹ
㉢ 면 ㅁㅂㅅㅇ과 면 ㄴㅂㅁㄱ
㉣ 면 ㄱㅁㅇㄹ과 면 ㄴㅂㅅㄷ

어떻게 풀었니?
직육면체에서 색칠한 두 면 사이의 관계를 알아보자!

㉠ 면 ㄱㄴㄷㄹ과 면 ㄱㅁㅇㄹ은 만나니까 ((수직이야), 평행해).
㉡ 면 ㄴㅂㅅㄷ과 면 ㄷㅅㅇㄹ은 만나니까 ((수직이야), 평행해).
㉢ 면 ㅁㅂㅅㅇ과 면 ㄴㅂㅁㄱ은 만나니까 ((수직이야), 평행해).
㉣ 면 ㄱㅁㅇㄹ과 면 ㄴㅂㅅㄷ은 마주 보니까 (수직이야, (평행해)).

아~ 직육면체에서 두 면 사이의 관계가 다른 것을 찾아 기호를 쓰면 ㉣ 이구나!

4 ㉣

5

직육면체의 겨냥도에서 보이지 않는 모서리의 길이의 합은 몇 cm일까요?

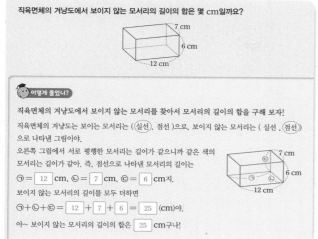

어떻게 풀었니?

직육면체의 겨냥도에서 보이지 않는 모서리를 찾아서 모서리의 길이의 합을 구해 보자!

직육면체의 겨냥도는 보이는 모서리는 (（실선）, 점선)으로, 보이지 않는 모서리는 (실선 , （점선）)
으로 나타낸 그림이야.

오른쪽 그림에서 서로 평행한 모서리의 길이가 같으니까 같은 색의
모서리는 길이가 같아. 즉, 점선으로 나타낸 모서리의 길이는
㉠ 12 cm, ㉡ 7 cm, ㉢ 6 cm지.
보이지 않는 모서리의 길이를 모두 더하면
㉠＋㉡＋㉢＝ 12 ＋ 7 ＋ 6 ＝ 25 (cm)야.
아~ 보이지 않는 모서리의 길이의 합은 25 cm구나!

6

22 cm

7

45 cm

8

오른쪽 전개도를 접어서 직육면체를 만들려고 합니다. 면 가와 평행한 면을 찾아 쓰고, 넓이는 몇 cm²인지 구해 보세요.

어떻게 풀었니?

전개도를 접었을 때 면 가와 평행한 면을 찾아 넓이를 구해 보자!

전개도를 접었을 때 면 가와 만나는 면은 모두 수직이고, 마주 보는 면은 평행해.
면 가와 마주 보는 면을 찾아 색칠해 보자.

면 가와 평행한 면은 면 바 야.
전개도를 접었을 때 서로 만나는 선분의 길이가 같아야 해.
위의 전개도에서 면 바의 선분과 같은 색 선분은 만나니까 같은 색 선분은 길이가 같아.
즉, 전개도를 접었을 때 면 바의 가로는 면 다의 가로와 만나니까 3 cm이고,
면 바의 세로는 면 나의 가로와 만나니까 2 cm야.
면 바는 가로가 3 cm, 세로가 2 cm인 직사각형이니까
넓이는 (가로)×(세로)＝ 3 × 2 ＝ 6 (cm²)야.
아~ 면 바의 넓이는 6 cm²구나!

9

면 나, 20 cm²

4

㉠, ㉡, ㉣은 서로 평행한 면이고, ㉢은 서로 수직인 면입니다.

6

보이지 않는 모서리는 점선으로 나타낸 모서리입니다.
➡ (보이지 않는 모서리의 길이의 합)
＝ 9 ＋ 3 ＋ 10 ＝ 22 (cm)

7

보이는 모서리는 실선으로 나타낸 모서리입니다.
길이가 6 cm, 4 cm, 5 cm인 모서리가 각각 3개씩 보입니다.
➡ (보이는 모서리의 길이의 합)
＝ (6 ＋ 4 ＋ 5) × 3 ＝ 45 (cm)

9

면 마와 평행한 면은 면 나이고, 면 나는 가로가 5 cm, 세로가 4 cm인 직사각형입니다.
따라서 면 나의 넓이는 5 × 4 ＝ 20 (cm²)입니다.

● 쓰기 쉬운 서술형   54쪽

1 ㄱㄴㄷㄹ, ㄷㅅㅇㄹ, ㅁㅂㅅㅇ, 4 / 4개

1-1 면 ㄴㅂㅅㄷ, 면 ㄱㅁㅇㄹ

1-2 32 cm

1-3 14

2 6, 4, 6, 4, 88 / 88 cm

2-1 132 cm

2-2 56 cm

2-3 96 cm

3 전개도, ㄹㄷ, 다르므로에 ○표

3-1 풀이 참조

4 2, 7, 2, 5 / 5

4-1 2

1-1 ⟨예⟩ 면 ㄱㄴㄷㄹ에 수직인 면은 면 ㄴㅂㅁㄱ, 면 ㄴㅂㅅㄷ, 면 ㄷㅅㅇㄹ, 면 ㄱㅁㅇㄹ이고,
면 ㄷㅅㅇㄹ에 수직인 면은 면 ㄱㄴㄷㄹ, 면 ㄴㅂㅅㄷ, 면 ㅁㅂㅅㅇ, 면 ㄱㅁㅇㄹ입니다. ···· ❶
따라서 면 ㄱㄴㄷㄹ과 면 ㄷㅅㅇㄹ에 공통으로 수직인 면은 면 ㄴㅂㅅㄷ, 면 ㄱㅁㅇㄹ입니다. ···· ❷

단계	문제 해결 과정
①	면 ㄱㄴㄷㄹ과 면 ㄷㅅㅇㄹ에 수직인 면을 각각 찾았나요?
②	면 ㄱㄴㄷㄹ과 면 ㄷㅅㅇㄹ에 공통으로 수직인 면을 찾았나요?

1-2 예 면 ㄱㅁㅇㄹ과 평행한 면은 면 ㄴㅂㅅㄷ입니다. ···· ❶
따라서 면 ㄴㅂㅅㄷ의 모서리의 길이는 10 cm, 6 cm,
10 cm, 6 cm이므로 모서리의 길이의 합은
10 + 6 + 10 + 6 = 32 (cm)입니다. ···· ❷

단계	문제 해결 과정
①	면 ㄱㅁㅇㄹ과 평행한 면을 찾았나요?
②	평행한 면의 모서리의 길이의 합을 구했나요?

1-3 예 눈의 수가 4인 면과 평행한 면의 눈의 수는
7 − 4 = 3이므로 눈의 수가 4인 면과 수직인 면들의
눈의 수는 4와 3을 제외한 1, 2, 5, 6입니다. ···· ❶
따라서 눈의 수가 4인 면과 수직인 면들의 눈의 수의 합
은 1 + 2 + 5 + 6 = 14입니다. ···· ❷

단계	문제 해결 과정
①	눈의 수가 4인 면과 수직인 면들의 눈의 수를 구했나요?
②	눈의 수가 4인 면과 수직인 면들의 눈의 수의 합을 구했나요?

2-1 예 정육면체는 모서리의 길이가 모두 같으므로 길이가
11 cm인 모서리가 12개 있습니다. ···· ❶
따라서 모든 모서리의 길이의 합은 11 × 12 = 132 (cm)
입니다. ···· ❷

단계	문제 해결 과정
①	정육면체의 특징을 알고 모서리의 수를 구했나요?
②	정육면체의 모든 모서리의 길이의 합을 구했나요?

2-2 예 직육면체는 길이가 5 cm, 3 cm, 6 cm인 모서리가
각각 4개씩 있습니다. ···· ❶
따라서 모든 모서리의 길이의 합은
(5 + 3 + 6) × 4 = 56 (cm)입니다. ···· ❷

단계	문제 해결 과정
①	직육면체의 모서리의 길이를 각각 구했나요?
②	직육면체의 모든 모서리의 길이의 합을 구했나요?

2-3 예 정육면체에서 보이지 않는 모서리는 3개입니다. ···· ❶
정육면체는 모든 모서리의 길이가 같으므로 한 모서리
의 길이는 24 ÷ 3 = 8 (cm)입니다. ···· ❷
따라서 정육면체의 모서리는 12개이므로 모든 모서리의
길이의 합은 8 × 12 = 96 (cm)입니다. ···· ❸

단계	문제 해결 과정
①	보이지 않는 모서리의 수를 구했나요?
②	정육면체의 한 모서리의 길이를 구했나요?
③	정육면체의 모든 모서리의 길이의 합을 구했나요?

3-1 예 정육면체의 모서리를 잘라서 펼친 그림을 정육면체의
전개도라고 합니다. ···· ❶
전개도를 접었을 때 겹치는 면이 있으므로 정육면체의
전개도가 아닙니다. ···· ❷

단계	문제 해결 과정
①	정육면체의 전개도에 대하여 설명했나요?
②	정육면체의 전개도가 아닌 이유를 썼나요?

4-1 예 전개도에서 면 가와 평행한 면의 눈의 수는 1이므로
면 가의 눈의 수는 7 − 1 = 6입니다.
전개도에서 면 나와 평행한 면의 눈의 수는 3이므로 면
나의 눈의 수는 7 − 3 = 4입니다. ···· ❶
따라서 면 가와 면 나의 눈의 수의 차는 6 − 4 = 2입니
다. ···· ❷

단계	문제 해결 과정
①	면 가와 면 나의 눈의 수를 각각 구했나요?
②	면 가와 면 나의 눈의 수의 차를 구했나요?

5단원 **수행 평가** 60~61쪽

1 직육면체　　　　　　　**2** ④

3 면 ㅁㅂㅅㅇ　　　　　**4** 면 가, 면 나, 면 라, 면 바

5 ⓒ　　　　　　　　　**6** 예

7 51 cm　　　　　　　**8** 72 cm

9 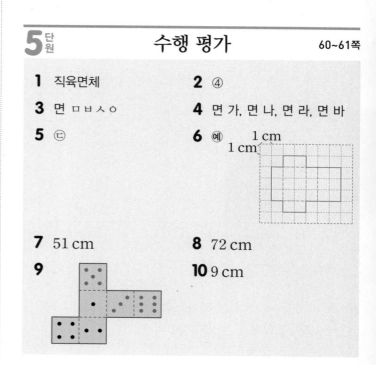　　　**10** 9 cm

1 직사각형 6개로 둘러싸인 도형이므로 직육면체라고 합니다.

2 정사각형 6개로 둘러싸인 도형을 찾아봅니다.

3 색칠한 면 ㄱㄴㄷㄹ과 마주 보는 면은 면 ㅁㅂㅅㅇ입니다.

4 면 마와 수직인 면은 면 마와 평행한 면인 면 다를 제외한 나머지 면입니다.

5 ⓒ 보이지 않는 꼭짓점은 1개입니다.

7 보이는 모서리의 길이는 5 cm, 4 cm, 8 cm가 각각 3개씩 있습니다.
따라서 직육면체에서 보이는 모서리의 길이의 합은 $(5 + 4 + 8) \times 3 = 51$ (cm)입니다.

8 정육면체이므로 모든 모서리의 길이는 9 cm입니다.
상자를 두른 끈 중에서 길이가 9 cm인 부분은 8군데입니다.
따라서 사용한 끈의 길이는 $9 \times 8 = 72$ (cm)입니다.

9
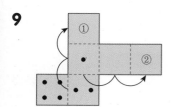

한쪽 방향으로 한 개의 면을 건너 뛰면 평행한 면을 찾을 수 있습니다.
주사위 눈 2와 평행한 면은 면 ①이므로 눈 5개를 그려 넣습니다. 주사위 눈 1과 평행한 면은 면 ②이므로 눈 6개를 그려 넣습니다.

서술형
10 예 (선분 ㅊㅈ) = (선분 ㅋㅌ) = (선분 ㅍㅌ) = 6 cm이고
(선분 ㅈㅇ) = (선분 ㄱㄴ) = 3 cm입니다.
따라서 (선분 ㅊㅇ) = (선분 ㅊㅈ) + (선분 ㅈㅇ)
    $= 6 + 3 = 9$ (cm)입니다.

평가 기준	배점
선분 ㅊㅈ과 선분 ㅈㅇ의 길이를 각각 구했나요?	6점
선분 ㅊㅇ의 길이를 구했나요?	4점

6 평균과 가능성

➕ 개념 적용
62쪽

1
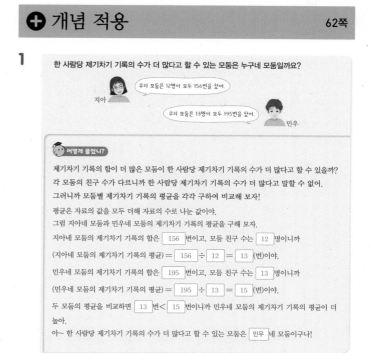

2 은호네 모둠

3
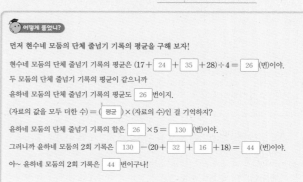

4 52

5 회전판에서 화살이 3의 배수에 멈출 가능성이 가장 높은 회전판을 찾아 기호를 써 보세요.

어떻게 풀었니?

화살이 3의 배수에 멈출 가능성이 가장 높은 회전판을 찾아보자!

3의 배수는 3을 1배, 2배, 3배, 4배, …한 수니까 3의 배수를 작은 수부터 차례로 쓰면
3 , 6 , 9 , 12 , …(이)야.

다음 회전판에서 3의 배수가 있는 칸을 색칠해 보자.

㉠ 회전판의 수 중 3의 배수는 절반이니까 화살이 3의 배수에 멈출 가능성을 말로 표현하면
반반이다 (이)야.

㉡ 회전판의 수는 모두 3의 배수가 아니니까 화살이 3의 배수에 멈출 가능성을 말로 표현하면
불가능하다 (이)야.

㉢ 회전판의 수는 모두 3의 배수니까 화살이 3의 배수에 멈출 가능성을 말로 표현하면
확실하다 (이)야.

아~ 화살이 3의 배수에 멈출 가능성이 가장 높은 회전판을 찾아 기호를 쓰면 ㉢ 이구나!

6 ㉠

7 상자 안에 1부터 8까지의 자연수가 적힌 공인 한 개씩 들어 있습니다. 상자에서 공 한 개를 꺼낼 때 8의 약수가 적힌 공을 꺼낼 가능성을 수로 표현해 보세요.

어떻게 풀었니?

공 한 개를 꺼낼 때 8의 약수가 적힌 공을 꺼낼 가능성을 수로 표현해 보자!

8의 약수는 8을 나누어떨어지게 하는 수라는 걸 알고 있지?

그러니까 8의 약수는 1, 2 , 4 , 8 (이)야.

상자 안에 다음과 같은 수가 적힌 공이 들어 있어. 이 중에서 8의 약수에 ○표 해 보자.
① ② ③ ④ ⑤ ⑥ ⑦ ⑧

8개의 공 중 8의 약수가 적힌 공이 4 개 있어.

즉, 8의 약수가 적힌 공의 수는 전체 공의 수의 반만큼 있어.

그러니까 공 한 개를 꺼낼 때 8의 약수가 적힌 공을 꺼낼 가능성을 말로 표현하면
반반이다 (이)고, 이를 수로 표현하면 $\frac{1}{2}$ (이)야.

아~ 공 한 개를 꺼낼 때 8의 약수가 적힌 공을 꺼낼 가능성을 수로 표현하면 $\frac{1}{2}$ (이)구나!

8 1

9 $\frac{1}{2}$

2 (은호네 모둠의 윗몸 말아 올리기 기록의 평균)
$= 602 \div 14 = 43$(번)
(태리네 모둠의 윗몸 말아 올리기 기록의 평균)
$= 630 \div 15 = 42$(번)
$43 > 42$이므로 한 사람당 윗몸 말아 올리기 기록의 수가 더 많다고 할 수 있는 모둠은 은호네 모둠입니다.

4 민지네 모둠의 이어달리기 기록의 평균을 먼저 구하면
$(58 + 54 + 47) \div 3 = 159 \div 3 = 53$(초)입니다.
선우네 모둠의 이어달리기 기록의 합은
$53 \times 4 = 212$(초)이므로
(선우네 모둠의 3회 기록)
$= 212 - (56 + 53 + 51) = 212 - 160 = 52$(초)
입니다.

6 6의 배수는 6, 12, 18, 24, 30, 36, 42, 48, 54, …입니다.
㉠ 회전판의 수는 모두 6의 배수가 아니므로 화살이 6의 배수에 멈출 가능성은 '불가능하다'입니다.
㉡ 회전판의 수는 모두 6의 배수이므로 화살이 6의 배수에 멈출 가능성은 '확실하다'입니다.
㉢ 회전판의 수 중 6의 배수는 절반이므로 화살이 6의 배수에 멈출 가능성은 '반반이다'입니다.

8 1부터 7까지의 자연수는 모두 7 이하의 수입니다.
따라서 주머니에서 구슬 한 개를 꺼낼 때 7 이하의 수가 적힌 구슬을 꺼낼 가능성은 '확실하다'이므로 수로 표현하면 1입니다.

9 1부터 10까지의 수 중 12의 약수는 1, 2, 3, 4, 6으로 5개입니다. 12의 약수가 적힌 번호표의 수는 전체 번호표의 수의 반만큼 있습니다.
따라서 12의 약수가 적힌 번호표를 뽑을 가능성은 '반반이다'이므로 수로 표현하면 $\frac{1}{2}$입니다.

쓰기 쉬운 서술형
66쪽

1 63, 51, 66, 340, 340, 68 / 68개

1-1 2명

2 42, 168, 168, 215, 215, 5, 43 / 43 kg

2-1 20 m

3 75, 4, 300, 300, 95, 75 / 75 mL

3-1 98점

3-2 269타

3-3 20살

4 불가능하다, 0 / 0

4-1 $\frac{1}{2}$

4-2 ㉠

4-3 ㉡, ㉠, ㉢

1-1 예 (윤서네 가족이 만든 만두 수의 평균)
$$= (35 + 56 + 29 + 48 + 22) \div 5$$
$$= 190 \div 5 = 38(개) \cdots ❶$$
따라서 만두를 평균보다 많이 만든 사람은 엄마와 오빠로 모두 2명입니다. ⋯ ❷

단계	문제 해결 과정
①	윤서네 가족이 만든 만두 수의 평균을 구했나요?
②	만두를 평균보다 많이 만든 사람 수를 구했나요?

2-1 예 (남학생의 공 멀리 던지기 기록의 합)
$$= 23 \times 12 = 276 \, (m)$$
(여학생의 공 멀리 던지기 기록의 합)
$$= 16 \times 9 = 144 \, (m) \cdots ❶$$
따라서 채연이네 반 전체 학생들의 공 멀리 던지기 기록의 평균은
$$(276 + 144) \div (12 + 9) = 420 \div 21 = 20 \, (m)입니다. \cdots ❷$$

단계	문제 해결 과정
①	남학생과 여학생의 공 멀리 던지기 기록의 합을 각각 구했나요?
②	채연이네 반 전체 학생들의 공 멀리 던지기 기록의 평균을 구했나요?

3-1 예 네 과목의 점수의 합은
$$90 \times 4 = 360(점)입니다. \cdots ❶$$
따라서 국어 점수는
$$360 - (86 + 84 + 92) = 360 - 262 = 98(점)입니다. \cdots ❷$$

단계	문제 해결 과정
①	네 과목의 점수의 합을 구했나요?
②	국어 점수를 구했나요?

3-2 예 수하의 타자 수의 합은 $282 \times 5 = 1410$(타) 이상이 되어야 합니다. ⋯ ❶
따라서 수하가 3회에 기록한 타자 수는 적어도
$$1410 - (283 + 276 + 272 + 310)$$
$$= 1410 - 1141 = 269(타)이어야 합니다. \cdots ❷$$

단계	문제 해결 과정
①	수하의 타자 수의 합이 몇 타 이상이 되어야 하는지 구했나요?
②	수하가 3회에 기록한 타자 수는 적어도 몇 타이어야 하는지 구했나요?

3-3 예 보드게임 동호회 회원의 나이의 평균은
$$(17 + 15 + 16 + 12) \div 4 = 60 \div 4 = 15(살)입니다. \cdots ❶$$
새로운 회원이 한 명 더 들어와서 전체 회원 나이의 평균에서 $1 \times 5 = 5$(살)만큼 더 늘어난 것이므로 새로운 회원의 나이는 $15 + 5 = 20$(살)입니다. ⋯ ❷

단계	문제 해결 과정
①	보드게임 동호회 회원의 나이의 평균을 구했나요?
②	새로운 회원의 나이를 구했나요?

4-1 예 6장의 카드 중 3장의 카드가 ◆이므로 ◆ 카드를 뽑을 가능성은 '반반이다'입니다. ⋯ ❶
따라서 ◆ 카드를 뽑을 가능성을 수로 표현하면 $\dfrac{1}{2}$입니다. ⋯ ❷

단계	문제 해결 과정
①	◆ 카드를 뽑을 가능성을 말로 표현했나요?
②	◆ 카드를 뽑을 가능성을 수로 표현했나요?

4-2 예 ㉠ 뽑은 수 카드에 쓰여 있는 수가 홀수일 가능성은 '불가능하다'이므로 수로 표현하면 0입니다.
㉡ 뽑은 수 카드에 쓰여 있는 수가 4의 배수일 가능성은 '반반이다'이므로 수로 표현하면 $\dfrac{1}{2}$입니다. ⋯ ❶
따라서 일이 일어날 가능성이 0인 것은 ㉠입니다. ⋯ ❷

단계	문제 해결 과정
①	일이 일어날 가능성을 각각 수로 표현했나요?
②	일이 일어날 가능성이 0인 것을 찾았나요?

4-3 예 ㉠ 주사위의 눈의 수가 짝수로 나올 가능성은 '반반이다'이므로 수로 표현하면 $\dfrac{1}{2}$입니다.
㉡ 주사위의 눈의 수가 6 이하로 나올 가능성은 '확실하다'이므로 수로 표현하면 1입니다.
㉢ 주사위의 눈의 수가 8의 배수로 나올 가능성은 '불가능하다'이므로 0입니다. ⋯ ❶
따라서 일이 일어날 가능성이 높은 것부터 차례로 쓰면 ㉡, ㉠, ㉢입니다. ⋯ ❷

단계	문제 해결 과정
①	일이 일어날 가능성을 수로 표현했나요?
②	일이 일어날 가능성을 바르게 비교했나요?

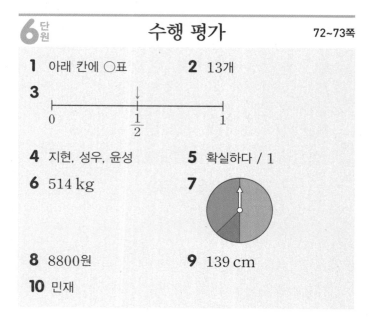

6단원 수행 평가   72~73쪽

1 아래 칸에 ○표   **2** 13개

3

4 지현, 성우, 윤성   **5** 확실하다 / 1

6 514 kg   **7**

8 8800원   **9** 139 cm

10 민재

---

2 15, 14, 11, 12를 고르게 하면 13, 13, 13, 13이므로 예진이네 모둠이 받은 칭찬 도장 수의 평균은 13개입니다.

3 짝수가 나올 가능성은 '반반이다'이므로 $\frac{1}{2}$에 ↓로 표시합니다.

4 윤성: 확실하다
지현: 불가능하다
성우: ~ 아닐 것 같다

5 주사위 눈의 수는 항상 1, 2, 3, 4, 5, 6 중 하나이므로 주사위 눈의 수가 1 이상이 나올 가능성은 '확실하다'이고, 수로 표현하면 1입니다.

6 (파란색 케이블카에 탄 사람들의 총 몸무게)
$= 61 \times 38 = 2318$ (kg)
(노란색 케이블카에 탄 사람들의 총 몸무게)
$= 59 \times 48 = 2832$ (kg)
➡ (총 몸무게의 차) $= 2832 - 2318 = 514$ (kg)

7 화살이 노란색에 멈출 가능성이 가장 높기 때문에 회전판에서 가장 넓은 곳이 노란색이 됩니다. 화살이 빨간색에 멈출 가능성이 파란색에 멈출 가능성의 3배이므로 노란색을 색칠한 부분 다음으로 넓은 부분에 빨간색, 가장 좁은 부분에 파란색을 색칠합니다.

8 네 달 동안 저금한 금액의 합이
$7200 \times 4 = 28800$(원) 이상이 되려면 10월에 적어도
$28800 - (5800 + 7800 + 6400)$
$= 28800 - 20000 = 8800$(원)을 저금해야 합니다.

9 (새로운 학생이 들어오기 전의 키의 평균)
$= (142 + 138 + 146 + 150) \div 4$
$= 576 \div 4 = 144$(cm)
새로운 학생 한 명이 더 들어와서 평균이 1 cm 줄려면 새로운 학생의 키는 $144 - 1 \times 5 = 139$(cm)이어야 합니다.

서술형
10 예 (현서의 턱걸이 기록의 평균)
$= (5 + 4 + 8 + 3) \div 4 = 20 \div 4 = 5 = 5$(번)
(민재의 턱걸이 기록의 평균)
$= (1 + 3 + 7 + 13) \div 4 = 24 \div 4 = 6 = 6$(번)
따라서 민재의 턱걸이 기록의 평균이 더 좋습니다.

평가 기준	배점
두 사람의 턱걸이 기록의 평균을 각각 구했나요?	7점
누구의 턱걸이 기록의 평균이 더 좋은지 썼나요?	3점

1 ①, ⑤

2 $1.9 \times 2.5 = \dfrac{19}{10} \times \dfrac{25}{10} = \dfrac{19 \times 25}{10 \times 10} = \dfrac{475}{100} = 4.75$

3 4 cm

4 16000 / 15000 / 15000

5 수현 / $13\dfrac{1}{3}$

6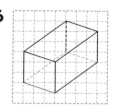

7 <

8 7.3

9 현진, 수현

10 75명

11 승우

12 마

13 ㉢, ㉠, ㉡

14 22 cm

15 민주

16 65통

17 3 cm

18 5.72 m

19 40°

20 $\dfrac{5}{6}$

---

1 직사각형 6개로 둘러싸인 도형은 ①, ⑤입니다.

2 1.9와 2.5는 소수 한 자리 수이므로 각각 분모가 10인 분수로 나타내어 계산합니다.

3 합동인 도형에서 각각의 대응변의 길이는 서로 같습니다.
변 ㅁㅂ의 대응변은 변 ㄹㄷ이므로
(변 ㅁㅂ) = (변 ㄹㄷ) = 4 cm입니다.

4 • 올림: 천의 자리 아래 수인 49를 1000으로 보고 올림 하면 16000입니다.
• 버림: 천의 자리 아래 수인 49를 0으로 보고 버림하면 15000입니다.
• 반올림: 백의 자리 숫자가 0이므로 버림하면 15000입니다.

5 수현: $\overset{8}{\cancel{16}} \times \dfrac{5}{\cancel{6}} = \dfrac{40}{3} = 13\dfrac{1}{3}$
  $_{3}$

재준: $\dfrac{7}{\cancel{10}} \times \overset{3}{\cancel{15}} = \dfrac{21}{2} = 10\dfrac{1}{2}$
  $_{2}$

6 보이는 모서리는 실선으로, 보이지 않는 모서리는 점선 으로 그려 겨냥도를 완성합니다.

7 $1\dfrac{3}{5} \times 2\dfrac{1}{4} = \dfrac{8}{5} \times \dfrac{9}{\cancel{4}} = \dfrac{18}{5} = 3\dfrac{3}{5}$
  $_{1}$

$2\dfrac{4}{9} \times 1\dfrac{7}{11} = \dfrac{\overset{2}{\cancel{22}}}{\cancel{9}} \times \dfrac{\overset{2}{\cancel{18}}}{\cancel{11}} = 4$
  $_{1} _{1}$

8 소수 두 자리 수와 곱해서 소수 세 자리 수가 되었으므 로 □는 소수 한 자리 수입니다.
따라서 □ 안에 알맞은 수는 7.3입니다.

9 45 kg보다 무겁고 49 kg과 같거나 가벼운 사람은 현진(47.5 kg), 수현(45.8 kg)입니다.

10 (하루 입장객 수의 평균)
  $= (65 + 80 + 72 + 75 + 83) \div 5$
  $= 375 \div 5 = 75(명)$

11 한 면과 수직으로 만나는 면은 모두 4개입니다.
따라서 잘못 설명한 친구는 승우입니다.

12 가: 1개, 나: 1개, 다: 2개, 라: 2개, 마: 5개, 바: 1개

13 ㉠ 일어날 가능성이 '반반이다'입니다.
㉡ 일어날 가능성이 '불가능하다'입니다.
㉢ 일어날 가능성이 '확실하다'입니다.
따라서 일이 가능성이 높은 순서대로 기호를 쓰면
㉢, ㉠, ㉡입니다.

14 면 ㄱㄴㄷㄹ과 평행한 면은 면 ㅁㅂㅅㅇ입니다.
따라서 면 ㅁㅂㅅㅇ의 모서리의 길이는 7 cm, 4 cm, 7 cm, 4 cm이므로 합은 7 + 4 + 7 + 4 = 22 (cm) 입니다.

15 네 사람이 가지고 있는 책은 모두 88 × 4 = 352(권)이 므로 현성이가 가지고 있는 책은
352 − (82 + 98 + 86) = 352 − 266 = 86(권)입니다.
따라서 책을 가장 많이 가지고 있는 친구는 민주입니다.

16 우유 643 L를 한 통에 10 L씩 담는다면 64통에 담고 남은 3 L를 담을 통이 한 통 더 필요합니다.
따라서 우유 통은 최소 64 + 1 = 65(통) 필요합니다.

17 (변 ㄷㄹ) = (변 ㅅㅈ) = 9 cm이므로
(선분 ㅈㄹ) = 15 − 9 = 6 (cm)입니다.
대칭의 중심은 대응점끼리 이은 선분을 이등분하므로
(선분 ㅇㅈ) = 6 ÷ 2 = 3 (cm)입니다.

18 (이어 붙인 색 테이프의 전체 길이)

= (색 테이프 9장의 길이) − (겹친 부분의 길이의 합)

$= 0.68 \times 9 - 0.05 \times 8 = 6.12 - 0.4 = 5.72 \, (\text{m})$

서술형

19 ⓐ 각 ㄴㄱㄷ은 각 ㄹㅁㅂ의 대응각이므로 80°입니다.

삼각형의 세 각의 크기의 합은 180°이므로

각 ㄱㄷㄴ은 $180° - (80° + 60°) = 40°$입니다.

평가 기준	배점
각 ㄴㄱㄷ의 크기를 구했나요?	3점
각 ㄱㄷㄴ의 크기를 구했나요?	2점

서술형

20 ⓐ 어떤 대분수를 □라고 하면 $\square - \dfrac{2}{3} = \dfrac{7}{12}$이므로

$$\square = \dfrac{7}{12} + \dfrac{2}{3} = \dfrac{7}{12} + \dfrac{8}{12} = \dfrac{15}{12} = 1\dfrac{\overset{1}{3}}{\underset{4}{12}} = 1\dfrac{1}{4}$$

입니다.

따라서 바르게 계산한 값은 $1\dfrac{1}{4} \times \dfrac{2}{3} = \dfrac{5}{\underset{2}{4}} \times \dfrac{\overset{1}{2}}{3} = \dfrac{5}{6}$

입니다.

평가 기준	배점
어떤 대분수를 구했나요?	2점
바르게 계산한 값을 구했나요?	3점

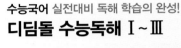

수능국어 실전대비 독해 학습의 완성!
디딤돌 수능독해 Ⅰ~Ⅲ

· 글쓴이의 작문 과정을 추론하며 생각을 읽어내는 구조 학습
· 출제자의 의도를 파악하고 예측하는 기출 속 이슈 및 특별 부록

고등 입학 전 완성하는 독해 과정 전반의 심화 학습!
디딤돌 생각독해 Ⅰ~Ⅴ

· 생각의 확장과 통합을 위한 '빅 아이디어(대주제)' 선정 및 수록
· 대주제 별 다양한 영역의 생각 읽기 및 생각의 구조화 학습

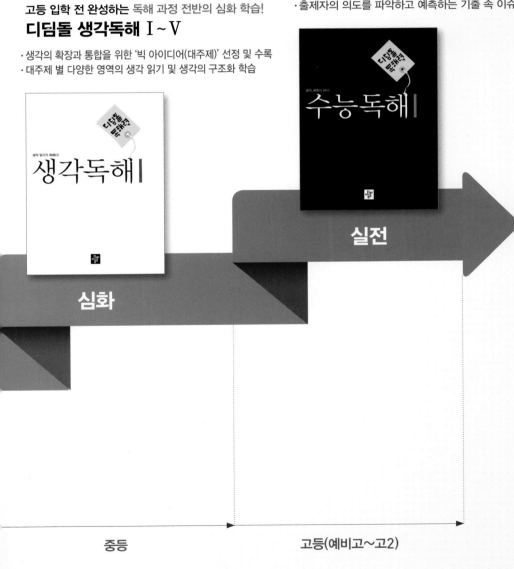

실전

심화

기초부터
실전까지

독해는 디딤돌

중등
고등(예비고~고2)

다음에는 뭐 풀지?

다음에 공부할 책을 고르기 어려우시다면, 현재 성취도를 먼저 체크해 보세요.
최상위로 가는 맞춤 학습 플랜만 있다면 내 실력에 꼭 맞는 교재를 선택할 수 있어요!
단계에 따라 내 실력을 진단해 보고, 다음 학습도 야무지게 준비해 봐요!

첫 번째, 단원평가의 맞힌 문제 수 또는 점수를 모두 더해 보세요.

단원	맞힌 문제 수	OR	점수 (문항당 5점)
1단원			
2단원			
3단원			
4단원			
5단원			
6단원			
합계			

※ 단원평가는 각 단원의 마지막 코너에 있는 20문항 문제지입니다.